高等职业教育机电类专业"十三五"规划教材

# 钳工技术应用项目教程

主　编　唐健均
副主编　赖勇聪
参　编　罗　鹏　薛鹏程　刘　仁
　　　　魏新怀　冷　榕　赵峰惠

U0317024

中国铁道出版社
CHINA RAILWAY PUBLISHING HOUSE

## 内 容 简 介

本书根据国家职业技能鉴定规范,结合钳工的岗位需要,采用项目任务式模式,介绍钳工技术的应用。

本书共十六个项目:钳工的基础知识、常用零件图的认识、划线、锉削、锯削、錾削、孔加工、螺纹加工、矫正与弯曲、刮削与研磨、铆接粘接、装配工艺及装配尺寸链、固定连接的装配、传动机构的装配、轴承和轴组、综合练习。附录中给出钳工中级、高级、技师考试试卷及参考答案。

本书以图表结合的形式展现,全面整合了钳工相关的基础知识和基本技能,使之更具有实用性,也更加符合学生的认知规律,具有通俗、直观、简明、准确、易学、易懂的特点。

本书适合作为高等职业院校及部分中职学校机电类专业的教材,也可作为相关职业人员岗位培训与鉴定的参考和自学用书。

**图书在版编目(CIP)数据**

钳工技术应用项目教程/唐健均主编 . —北京:中国铁道
出版社,2016.10(2017.6重印)
高等职业教育机电类专业"十三五"规划教材
ISBN 978-7-113-22202-4

Ⅰ.①钳… Ⅱ.①唐… Ⅲ.①钳工—高等职业教育—教材
Ⅳ.①TG9

中国版本图书馆 CIP 数据核字(2016)第 220237 号

书　　名:钳工技术应用项目教程
作　　者:唐健均　主编

| 策　　划:曹莉群 | 读者热线:(010)63550836 |
| --- | --- |
| 责任编辑:何红艳 | |
| 封面设计:付　巍 | |
| 封面制作:白　雪 | |
| 责任校对:汤淑梅 | |
| 责任印制:郭向伟 | |

出版发行:中国铁道出版社(100054,北京市西城区右安门西街 8 号)
网　　址:http://www.tdpress.com/51eds/
印　　刷:虎彩印艺股份有限公司
版　　次:2016 年 10 月第 1 版　　2017 年 6 月第 2 次印刷
开　　本:787 mm×1 092 mm　1/16　印张:17　字数:415 千
印　　数:2 001~3 000 册
书　　号:ISBN 978-7-113-22202-4
定　　价:39.00 元

随着时代的发展,我国根据新的科技革命和产业变革与我国加快转变经济发展方式,制定了《中国制造2025》第一个十年的行动纲领,坚持万众创新,实现科技创新的强国战略目标。近年来,高素质技术工人的需求量逐年上升,对技术工人的专业知识和操作技能,也提出了更高的要求。因此,从事机械制造业的人员一定要把钳工知识与技能作为必须学习和掌握的内容。

本书根据职业教育培养模式要求,立足国内实际,组织从事专业几十年工作和教学岗位的专职教师(技术带头人)参与编写,充分体现国家倡导的"以职业为导向、以岗位能力为主位、以学生为主体"的执教理念,不断创新,切实地开展理论与实践相结合的一体化教学研究,力求使学生扎实掌握专业上的相关理论知识,掌握一技之长,能够适应就业岗位技术上的能力要求。

本书依据现行国家机械类相关技术的标准要求和国家职业技能鉴定规范,采用任务驱动的教学方法,以本专业学生必备的基本知识和技能为主线,内容主要包括:钳工的工作、任务、性质,常用的设备、工具、量具,金属材料相关知识,钳工应该知悉的相关安全、文明生产与注意事项,以及零件图基础知识;钳工应该掌握的划线、锉削、锯削、錾削、铲削、刮削、孔加工、弯曲、矫正、研磨、粘接、固定连接等相关知识与技能;钳工必须知悉的装配工艺、尺寸链、带传动、链传动、齿轮传动、螺旋传动、蜗轮传动及轴承与轴承组装配等相关知识与技能。另外,编入的典型综合加工零件和中级、高级、技师试卷,有利于就读本专业学生和从事本专业人员的能力拓展和考证。

本书内容的综合性更到位,衔接层面的合理性更实用,实施教学的可操作性更合适。全书基本上以图表结合为主体形式,具有通俗、直观、简明、准确、易学、易懂的特点。

本课程的教学课时数建议如下:

| 项　目 | 课　程　内　容 | 课　时　分　配 | |
|---|---|---|---|
| | | 讲　授 | 实践训练 |
| 项目一 | 钳工的基础知识 | 16 | 8 |
| 项目二 | 常用零件图的认识 | 8 | 6 |
| 项目三 | 划　线 | 6 | 8 |
| 项目四 | 锉　削 | 2 | 4 |
| 项目五 | 锯　削 | 2 | 4 |

续表

| 项目 | 课程内容 | 课时分配 | |
|------|---------|---------|------|
| | | 讲授 | 实践训练 |
| 项目六 | 錾削 | 2 | 4 |
| 项目七 | 孔加工 | 4 | 4 |
| 项目八 | 螺纹加工 | 2 | 4 |
| 项目九 | 矫正与弯曲 | 2 | 4 |
| 项目十 | 刮削与研磨 | 4 | 6 |
| 项目十一 | 铆接粘接 | 2 | 4 |
| 项目十二 | 装配工艺及装配尺寸链 | 4 | 4 |
| 项目十三 | 固定连接的装配 | 4 | 4 |
| 项目十四 | 传动机构的装配 | 8 | 8 |
| 项目十五 | 轴承和轴组 | 4 | 6 |
| 项目十六 | 综合练习 | 12 | 120 |
| 总　计 | | 82 | 198 |

　　本书由江西现代技师学院唐健均任主编,赖勇聪任副主编,参加编写的还有罗鹏、薛鹏程、刘仁、魏新怀、冷榕、赵峰惠。具体编写分工为:唐健均、赖勇聪编写项目一~项目三;罗鹏、魏新怀编写项目四~项目八;刘仁、冷榕编写项目九~项目十三和项目十六;薛鹏程、赵峰惠编写项目十四和项目十五。

　　由于编写时间仓促,编者水平和经验有限,书中难免存在疏漏和不妥之处,恳请广大读者批评指正。

编　者

2016 年 6 月

CONTENTS | # 目　录

# 项目一 钳工的基础知识

钳工主要使用钳工工具或设备,按技术要求对工件进行加工、划线、修整、装配,是机械制造中的重要工种。

本项目主要介绍钳工实训中的相关要求和工作性质,以及常用工具、设备、量具和安全文明生产知识。

## 学习目标

1. 了解钳工实训中的相关规范要求。
2. 熟悉钳工的工作性质及种类。
3. 认知钳工的常用设备、工具、量具。
4. 熟悉钳工所常接触的金属材料知识。
5. 掌握钳工常用量具的操作技能。

# 任务 钳工的入门认识

## 任务描述

本任务是对钳工专业课相关的作用与目的、职业与素养、文明与纪律、安全与管理、工作任务与基本操作、常用设备与工量具、常用金属材料与热处理的认识。

## 相关知识

### 一、钳工课程综合性教育认识

钳工课程应知的相关认识和要求,如表 1-1 所示。

表 1-1 综合性教育

| 序号 | 主 题 | 内 容 |
|---|---|---|
| 1 | 专业的作用与目的 | 钳工是针对就读中、高职机械制造、机电一体化、模具、机械加工、汽车修理等专业的必修课,通过本课程的理论与实践相结合的一体化教学,使学生能够了解钳工所应知的基础理论知识和所需要掌握的基本操作技能,以适应所学专业的发展 |
| 2 | 职业与素养 | 必须遵循和规范如下几点:<br>(1)遵纪守法,严律自信,团结互尊,养成良好的职业综合性品德和行为习惯的素质。<br>(2)勤学求进,爱岗敬业,坚持理论与实践相结合(学:认真听记重点;思:思考问题和解决方法,通过学思才能进取),知行合一(知:所掌握的知识;行:操作中的方法和技巧),学以致用。<br>(3)严格遵守课堂纪律各项规章制度以及操作规程的规范要求。<br>(4)认真学习和参与 5S 管理(整理、整顿、清扫、清洁和素养)内容的活动 |

| 序号 | 主　题 | 内　　容 |
|---|---|---|
| 3 | 文明与纪律 | 应该遵守和做到：<br>(1)坚决遵守校规校纪,准时上课,不得迟到、早退和旷课。<br>(2)上课期间严禁做与课堂无关的事,如戏耍打闹、睡觉、玩手机、闲聊等。<br>(3)文明上课,保持教学场地清洁卫生,爱护公共设施和财产,认真遵守卫生值日制。<br>(4)进入教室场地着装整洁,严禁穿背心,打赤膊,穿拖鞋、高跟鞋。<br>(5)进入实训场地必须穿戴统一,规范符合劳保着装要求 |
| 4 | 课程安全 | 需要严格遵守和落实：<br>(1)安全:指人身安全和设备安全,防止违规操作,避免造成人身伤残、死亡以及设备损坏报废等。<br>(2)实训中必须按照各项目中的安全技术操作规程要求操作。<br>(3)工作(实训)前后要对所使用的工具、量具以及设备电源等进行检查,工作时工量具、零件摆放整齐有序(工具与量具严禁叠放、摔、敲、抛),工作台和场地保持清洁。<br>(4)正确使用工量具及设备,不准擅自使用不熟悉的工量具和设备,严禁蛮干操作 |
| 5 | 课程管理 | 能够认真落实和实施：<br>(1)课程中始终要认真听课,服从安排,按时完成作业和实训零件,遵循任务完成的测试、评定考核。<br>(2)在实训中实施岗位制,原则上要独立操作,按岗位使用各自的工量具,不得丢失、损坏工量具和公共设施,并根据丢损处理赔偿。<br>(3)按计划进度实施课程目标,确保目标达到。<br>(4)评分标准按照公正、公平、公开的原则,期末总成绩综合以下几个方面:各任务的得分、平时到课情况、文明生产情况、作业的完成情况、实训报告分数 |

## 二、钳工相关工作性质的认识

### 1. 机械加工的分类

(1)常用的机械加工方法的分类,如表 1-2 所示。

表 1-2　机械加工方法的分类

| 项　目 | 分　类 | 内　　容 |
|---|---|---|
| 机械加工方法 | 热加工 | 材料在热态下进行加工:铸造、锻造、焊接、热轧和热处理等 |
| | 冷加工 | 材料在常温下进行加工:挤压、冷轧、冲压、剪切制作切削加工(车、刨、铣、磨、镗、拉等)。<br>钳工加工(锯、锉、錾、刮、钻、攻套螺纹等) |

(2)常用的机械加工方法,如表 1-3 所示。

表 1-3 常用的机械加工方法

| | |
|---|---|
| 锻造 | 热锻 |
| 高频淬火热处理 | 热轧 |
| 焊接 | 冲压件 |
| 1—挤压杆;2—挤压模;3—挤压制品<br>挤压 | 冷轧 |

## 2. 钳工零件加工的基本操作

钳工零件加工的基本操作,如表 1-4 所示。

**表 1-4　钳工零件加工的基本操作**

| 钳工的基本操作 | 内　　容 |
|---|---|
| 辅助性操作 | 辅助性操作主要是划线,它是根据所需加工图样的要求,在毛坯或半成品表面上准确地划出加工界线的一种钳工操作 |
| 切削性操作 | 切削性操作有錾削、锯削、锉削、攻丝(或称攻螺纹)、套丝(或称套螺纹)、钻孔(扩孔、铰孔)、刮削等 |
| 装配性操作 | 装配性操作即装配,是将零件或部件按图样技术要求组装成机器的操作 |
| 维修性操作 | 维修性操作即维修,是对正在使用的机械和设备进行维修、检查、修理的操作 |

## 3. 钳工的主要工作任务

钳工的主要工作任务,如表 1-5 所示。

**表 1-5　钳工的主要工作任务**

| 主要工作 | 任　务　内　容 |
|---|---|
| 基本操作 | 包括划线、放样下料、錾削、锉削、锯削、钻孔、扩孔、锪孔、铰孔、攻螺纹与套螺纹、弯曲与矫正、铆接、刮削、研磨以及对部件或机械进行装配、调试、维修等 |
| 加工零件 | 一些采用机械方法不适宜或不能解决的加工都可由钳工来完成,如零件加工过程中的划线,精密加工(如刮削、研磨等)以及检验及修配等 |
| 装配 | 把零件按机械设备的装备技术要求进行组件、部件装配及总装配,并经过调整、检验、试车等,使之成为合格的机械设备 |
| 设备维修 | 当机械在使用过程中产生故障,出现损坏或长期使用后精度降低影响使用时,也要通过钳工进行维护和修理 |
| 工具的制造和修理 | 制造和修理各种工具、量具、夹具、模具和各种专业设备 |

## 4. 钳工的种类与工作性质

由于钳工技术应用的广泛性,可按工作内容专业性质来分工,以适应不同工作和不同场合的需要,其中主要的几类如表 1-6 所示。

**表 1-6　钳工的种类和工作性质**(主要几类)

| 钳工种类 | 工　作　性　质 |
|---|---|
| 装配钳工 | 使用钳工工具、钻床等设备,按技术要求对工件进行制造加装配调试,如各类机械设备(机床发动机、飞机装备等) |

| 钳工种类 | 工作性质 |
|---|---|
| 机修钳工 | 使用工具、量具及辅助设备,对各类设备机械部分进行维护和修理,如各类机械设备、机床、发动机、飞机装备等 |
| 工具钳工 | 使用钳工工具、钻床等设备,进行刃具、量具、模具、夹具、索具等工件加工和修整,组合装配,调试与修理,如各类刃具、工装夹具等 |
| 模具钳工 | 使用钳工工具、钻床等设备,进行各类冷冲、拉伸、注塑模的加工制造、调试、维修 |
| 安装钳工 | 使用钳工工具、量具及辅助设备,进行各类组部件、整体或整套的机械设备的装配、安装、仪器调试,如安装机械设备和大型设备(发电机组、电梯、中央空调、飞机等) |
| 非标制作钳工(钣金工) | 使用钳工工具、量具仪器辅助设备,进行制作安装调整,如制作压力容器、货箱、钢结构桥梁、钢建筑等 |
| 调整钳工 | 使用钳工工具、量具、仪器及辅助工具,进行大型机械设备、机床的调整、维修和保养 |
| 划线钳工 | 使用钳工工具、量具、仪器及配置,主要在各类零部件上按图样和技术要求划出加工的界线 |

## 三、钳工常用的设备与工具的认识

### 1. 钳工工作场地

钳工的工作场地是供一人或多人进行钳工操作的地方,对钳工工作场地的要求如表1-7所示。

表1-7　钳工工作场地要求

| 主要方面 | 工作要求 |
|---|---|
| 设备布局 | 对主要设备的布局应合理适当,钳工工作台应放在光线适宜,工作方便的地方。面对面使用钳工工作台时,应在两个工作台中间安置安全网,砂轮机和钻床应设置在场地边缘,以保证安全 |
| 材料与工件 | 对毛坯材料和工件要分别正确摆放整齐、平稳,并尽量放在工件搁架上,以免磕碰 |
| 工具、量具、夹具 | 对常用的工具、量具、夹具应放在工作位置附近,便于随时取用,不应任意堆放,以免损坏工具、夹具、量具,用后应及时清理、维护和保养,并且妥善放置 |
| 工作场地 | 工作场地应保持清洁,工作完毕后要对设备进行清理、润滑、保养,并及时清扫场地 |

### 2. 钳工的常用设备

钳工常用设备的名称、相关知识、安全操作和注意事项,如表1-8所示。

**表 1-8　钳工常用设备**

| 名　　称 | 图　　示 | 功用与相关知识 | 安全操作和注意事项 |
|---|---|---|---|
| 钳台 | 防护网<br>钳台<br>台虎钳 | 钳台也称钳工台,主要用来安装台虎钳,放置工具、量具、工件等。台面一般为长方形、六角形等 | 钳台的高度为 800～900mm 或以台面上安装台虎钳恰好与人手肘靠齐为宜。钳台的长度和宽度应根据工作需要确定 |
| 台虎钳 | 14<br><br>固定式台虎钳<br><br>5　6<br>4<br>3<br>2<br><br>7<br>1<br>12 11 10　9　8<br>13<br><br>回转式台虎钳<br>1—丝杠;2—活动钳身;3—螺钉;4—钢质钳口;<br>5—固定钳身;6—丝杠螺母;7—手柄;8—夹紧盘;<br>9—转座;10—销钉;11—挡圈;<br>12—弹簧;13—手柄;14—砧板 | 台虎钳是用来夹持工件的通用夹具。在钳台上安装台虎钳时,必须使固定钳身的钳台工作面处于钳工台边缘之外,台虎钳必须牢固地固定在钳台上,固定螺钉必须拧紧 | (1)夹紧工件时,只允许依靠手的力量扳手柄,不能用锤子敲击手柄或随意套上长管扳手柄,以免丝杠、螺母或钳身因受力过大而损坏。<br>(2)强力作业时,应尽量使力朝向固定钳身,否则丝杠和螺母会因受到较大的力而导致螺纹损坏。<br>(3)不要在活动钳身的光滑平面上敲击工件,以免降低它与固定钳身的配合性能。<br>(4)丝杠、螺母和其他活动表面都应保持清洁、润滑和防锈,以延长使用寿命 |

| 名　　称 | 图　　示 | 功用与相关知识 | 安全操作和注意事项 |
|---|---|---|---|
| 砂轮机 | 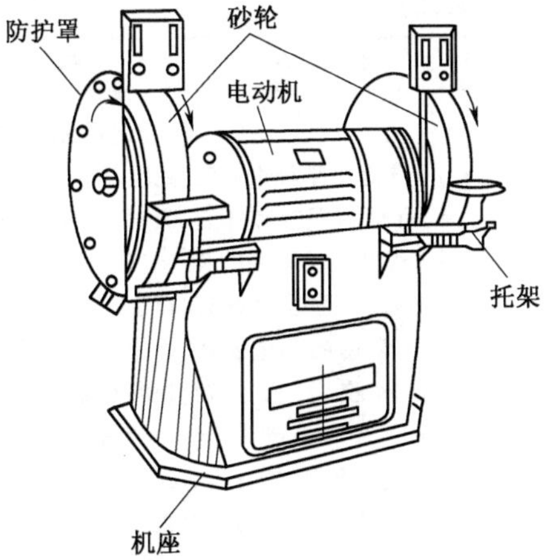 防护罩　砂轮<br>电动机<br>托架<br>机座 | 砂轮机主要用来磨削各种刀具或工具,如磨削錾子、钻头、刮刀、样冲、划针等 | |
| 台式钻床 | 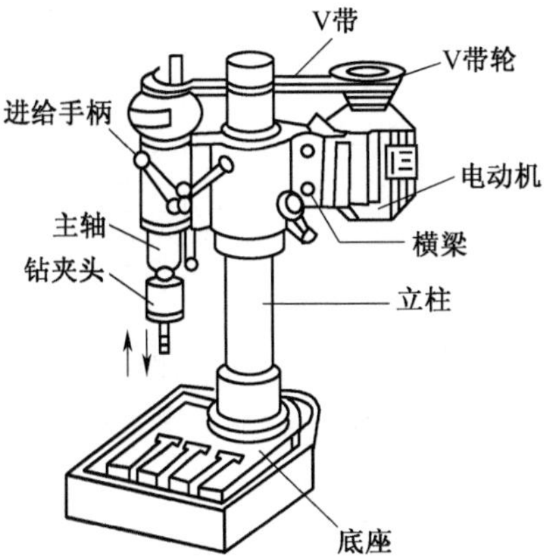 V带　V带轮<br>进给手柄<br>电动机<br>主轴　横梁<br>钻夹头　立柱<br>底座 | 台式钻床一般有五挡不同的主轴转速,可通过安装在电动机主轴和钻床主轴上的一组V带轮来变换,具有转速高、使用灵活、效率高的特点,适用于较小工件的钻孔。由于其最低转速较高,故不适宜进行锪孔和铰孔加工 | (1)操作钻床时不可戴手套,袖口必须扎紧,戴好安全帽。<br>(2)工件必须夹紧,特别是在小工件上钻削较大直径的孔时装夹必须牢固,孔将钻穿时要减小进给力。<br>(3)开动钻床前,应检查是否有坚固扳手或楔铁插在转轴上。<br>(4)钻孔时,不能用手和棉纱或用嘴吹来清楚切削 |
| 立式钻床 | 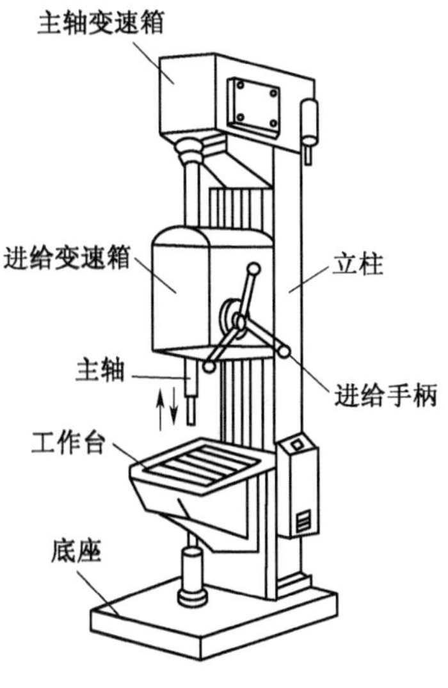 主轴变速箱<br>进给变速箱　立柱<br>主轴　进给手柄<br>工作台<br>底座 | 适宜加工单件、小批的中、小型工件。因主轴变速和进给量调整范围较大,可进行钻孔、扩孔、锪孔、铰孔和攻螺纹等加工。最大钻孔直径有$\phi25$ mm、$\phi35$ mm、$\phi40$ mm、$\phi50$ mm等几种 | |

### 3. 钳工的常用工具

钳工常用工具的名称、使用说明和注意事项,如表1-9所示。

表1-9　钳工常用工具

| 名　称 | 图　　　示 | 使用说明 | 使用注意事项 |
|---|---|---|---|
| 锤子 | 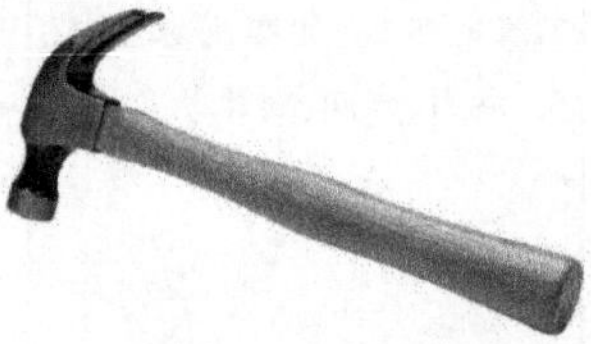 | 锤子是用来敲击的工具,有金属手锤和非金属手锤两种。常用的金属手锤有钢锤和铜锤两种;常用的非金属手锤有塑胶锤、橡胶锤和木槌等。手锤的规格是以其质量来表示,如0.25 kg、0.5 kg 和1 kg等 | (1) 精制工件表面或硬化处理后的工件表面,应使用软面锤,以避免损伤工件表面。<br>(2) 手锤使用前应仔细检查锤头与锤柄是否紧密连接,以免造成使用中锤头与锤柄脱离的意外事故。<br>(3) 应根据工作性质合理选择手锤的材质、规格和形状。锤头边缘若有毛边,应先磨除,以避免造成对工件和操作人员的损伤或伤害 |
| 螺钉旋具 | 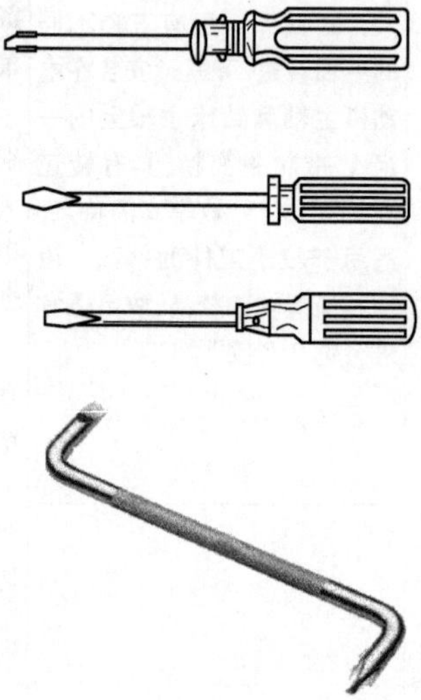 | 主要作用是旋紧或松退螺钉。常见的类型有一字形和十字形 | (1) 根据螺钉头的槽宽选用合适的旋具,大小不合适的旋具无法随旋转力,且易损伤钉槽。<br>(2) 不可将旋具当作錾子、杠杆或划线工具使用 |
| 手钳 | 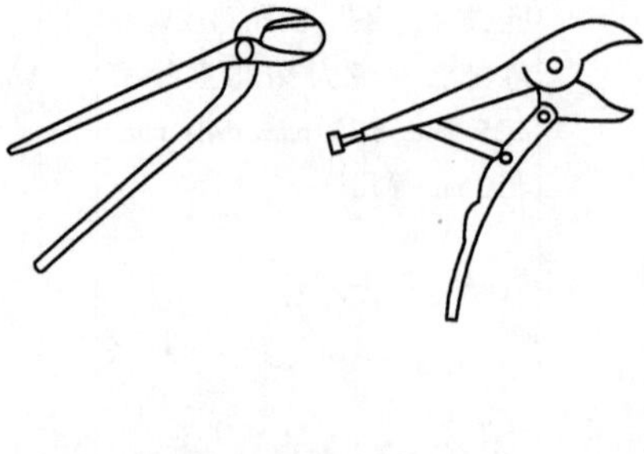 夹持用手钳 | 主要作用是夹持材料或工件 | (1) 手钳不可充当锤子或旋具使用。<br>(2) 侧剪手钳、斜口手钳只可剪切细的金属线或薄的金属板。<br>(3) 应根据工作性质正确选用手钳 |

续表

| 名称 | | 图示 | 使用说明 | 使用注意事项 |
|---|---|---|---|---|
| 手钳 | 夹持剪断用手钳 |  | 主要作用是剪断钢丝、电线等小型物件。常见的类型有侧剪钳和夹嘴钳 | (1)手钳不可充当锤子或旋具使用。<br>(2)侧剪手钳、斜口手钳只可剪切细的金属线或薄的金属板。<br>(3)应根据工作性质正确选用手钳 |
| | 弹性挡圈拆装用手钳 | 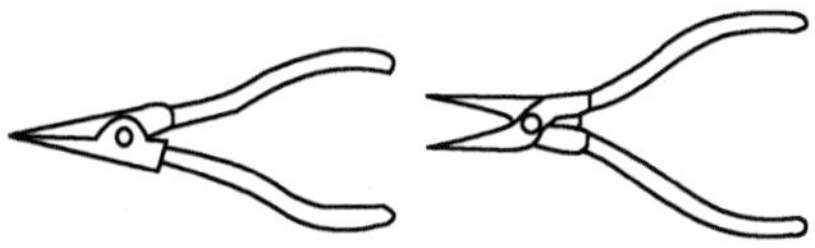 | 主要作用是装拆挡圈,分为轴用钳和孔用钳 | |
| | 特殊用手钳 | 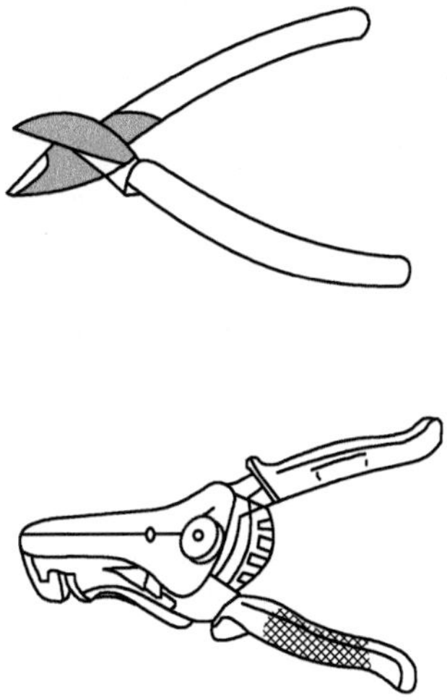 | 主要作用是剪切薄板、钢丝、电线的斜口钳;剥电线外皮的剥皮钳;夹持扁物的扁嘴钳;夹持大型筒件的链管钳等 | |
| 扳手 | 固定扳手 | 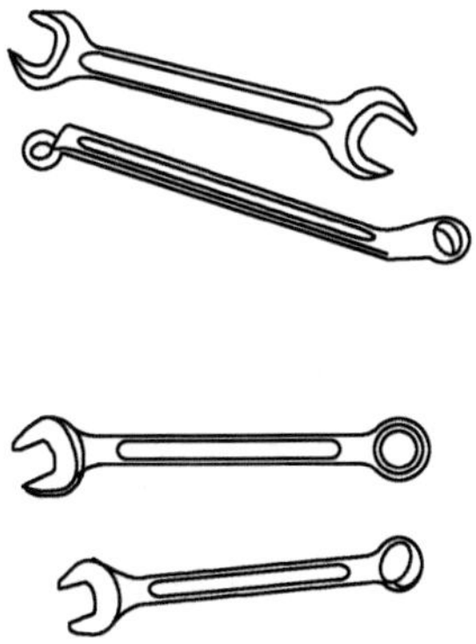 | 主要作用是旋紧或松退固定尺寸的螺栓或螺母。常见的类型有单口扳手、梅花扳手、梅花开口扳手及开口扳手等。其规格以钳口开口的宽度来标识 | (1)根据工作性质选用合适的扳手,尽量使用固定扳手,少用活扳手。<br>(2)各种扳手的钳口宽度与扳手柄部长度有一定的比例,故不可加套管或用不正确的方法延长钳柄的长度来增加使用时的扭力矩。<br>(3)使用扳手时,应根据螺母宽度选用合适钳口宽度的固定扳手,以免损伤螺母。<br>(4)使用活动扳手时,应向活动钳口方向旋转,使固定钳口主要随力。<br>(5)扳手钳口若有损伤,应及时更换,以保证安全 |

续表

| 名称 | | 图示 | 使用说明 | 使用注意事项 |
|---|---|---|---|---|
| 扳手 | 活扳手 | 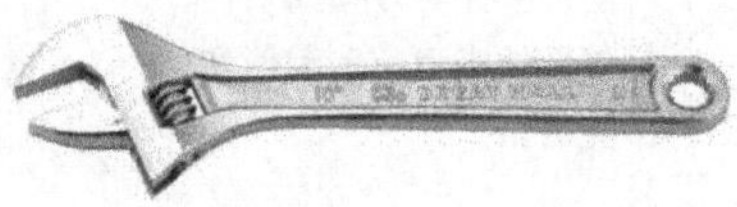 | 钳口的尺寸在一定的范围内可自由调整,用来旋紧或松退螺栓和螺母。其规格以扳手全长尺寸标识 | (1)根据工作性质选用合适的扳手,尽量使用固定扳手,少用活扳手。<br>(2)各种扳手的钳口宽度与扳手柄部长度有一定的比例,故不可加套管或用不正确的方法延长钳柄的长度来增加使用时的扭力矩。<br>(3)使用扳手时,应根据螺母宽度选用合适钳口宽度的固定扳手,以免损伤螺母。<br>(4)使用活动扳手时,应向活动钳口方向旋转,使固定钳口主要随力。<br>(5)扳手钳口若有损伤,应及时更换,以保证安全 |
| | 管子钳 | 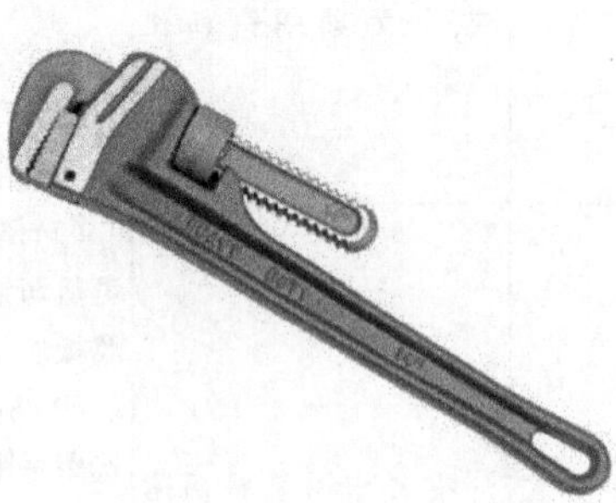 | 常用于旋紧或松退螺纹圆管和磨损的螺母或螺栓。其钳口有条状齿,其规格以扳手全长尺寸来标识 | |
| | 特殊扳手 | 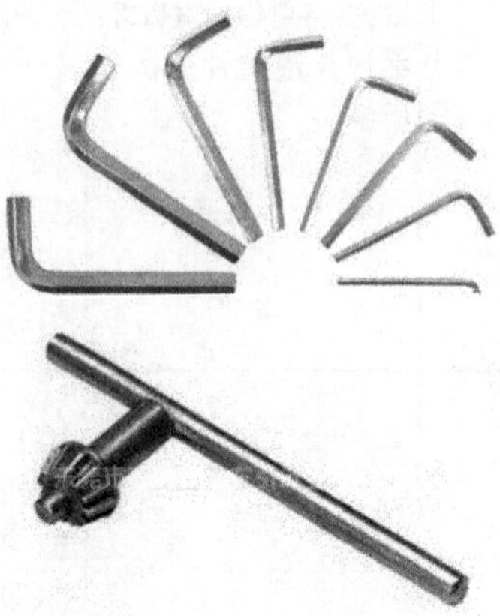 | 主要是为了某种特殊要求而设计的特殊扳手。其常见类型有六角扳手、T形夹头扳手、面扳手及扣力扳手等 | |

## 四、钳工的常用量具及相关知识的认识

### 1. 常用量具的概述

量具是生产加工中测量工件尺寸、角度、形状的专用工具,一般可分为通用量具、标准量具、专用量具以及量仪和极限量规等。钳工在制作零件、检修设备、安装和调试等各项工作中,都需要使用量具对工件的尺寸、形状、位置等进行检查。常用的通用量具,如游标卡尺、螺旋千分尺、百分表、万能角度尺;标准量具如量块、刀口角尺和极限量规(如螺纹量规)等。

熟悉量具的结构、性能、刻线原理以及使用方法,能正确使用、保养量具,是钳工的一项基本技能。

(1)公制度量衡单位表,如表1-10所示。

表1-10 公制度量衡单位表

| 长 度 | 体积、容积 |
|---|---|
| 1米(m)=10分米<br>1分米(dm)=10厘米<br>1厘米(cm)=10毫米<br>1毫米(mm)=10丝米<br>1丝米(dmm)=10忽米<br>1忽米①(cmm)=10微米=0.01毫米<br>1微米(μ)=0.001毫米 | 1米³(m³)=1 000分米³<br>1分米³(dm³)=1 000厘米³<br>1厘米³(cm³)=1 000毫米³<br>1升=1分米³=1 000厘米³ |
| 面 积 | 重 量 |
| 1米²(m²)=100分米²<br>1分米²(dm²)=100厘米²<br>1厘米²(cm²)=100毫米² | 1吨(t)=1 000公斤<br>1公斤(kg)=1 000克(g) |

①工厂习惯把忽米叫做"丝"或"道",即1丝或1道=0.01毫米。

(2)英制长度单位。

1码=3英尺,1英尺(1′)=12英寸,1英寸=25.4 mm,1分=3.175 mm

1英寸(1″)=8分,1分=$\frac{1}{8}$英寸$\left(\frac{1}{8}''\right)$=4角,1 mm=0.039 37英寸

(3)英寸换算毫米,如表1-11所示。

表1-11 英寸换算毫米表

| 英寸 | 毫米 | 英寸 | 毫米 | 英寸 | 毫米 | 英寸 | 毫米 |
|---|---|---|---|---|---|---|---|
| 1 | 25.4 | 9 | 228.6 | 1/8 | 3.175 0 | 1/16 | 1.587 5 |
| 2 | 50.8 | 10 | 254.0 | 1/4 | 6.350 0 | 3/16 | 4.762 5 |
| 3 | 76.2 | 11 | 279.4 | 3/8 | 9.525 0 | 5/16 | 7.937 5 |
| 4 | 101.6 | 12 | 304.8 | 1/2 | 12.700 0 | 7/16 | 11.112 5 |
| 5 | 127.0 | 13 | 330.2 | 5/8 | 15.875 0 | 9/16 | 14.287 5 |
| 6 | 152.4 | 14 | 355.6 | 3/4 | 19.050 0 | 11/16 | 17.462 5 |
| 7 | 177.8 | 15 | 381.0 | 7/8 | 22.225 0 | 13/16 | 20.637 5 |
| 8 | 203.2 | 16 | 406.4 | | | 15/16 | 23.812 5 |

## 2. 常用测量工具的图示介绍

钳工常用几种量具的名称图示结构和使用说明,如表1-12所示。

表1-12 钳工常用几种量具的名称图示结构和使用说明

| 序号 | 名称 | 图 示 | 使用说明 |
|---|---|---|---|
| 1 | 钢尺 | | 用于较准确的测量,由不锈钢制成,分为150 mm、300 mm、500 mm和1 000 mm四种规格 |

| 序号 | 名称 | 图　　示 | 使用说明 |
|---|---|---|---|
| 2 | 游标卡尺 | 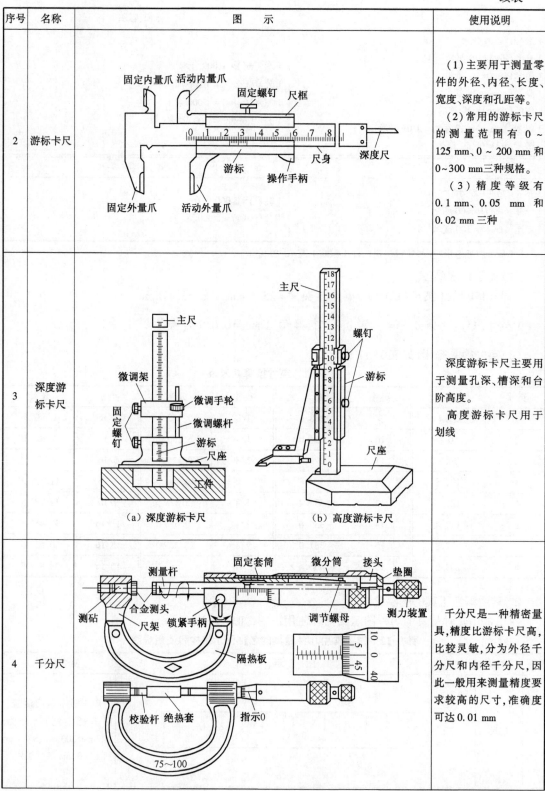 | （1）主要用于测量零件的外径、内径、长度、宽度、深度和孔距等。<br>（2）常用的游标卡尺的测量范围有 0～125 mm、0～200 mm 和 0～300 mm三种规格。<br>（3）精度等级有 0.1 mm、0.05 mm 和 0.02 mm 三种 |
| 3 | 深度游标卡尺 | | 深度游标卡尺主要用于测量孔深、槽深和台阶高度。<br>高度游标卡尺用于划线 |
| 4 | 千分尺 | | 千分尺是一种精密量具,精度比游标卡尺高,比较灵敏,分为外径千分尺和内径千分尺,因此一般用来测量精度要求较高的尺寸,准确度可达 0.01 mm |

| 序号 | 名称 | 图 示 | 使用说明 |
|---|---|---|---|
| 5 | 百分表 | 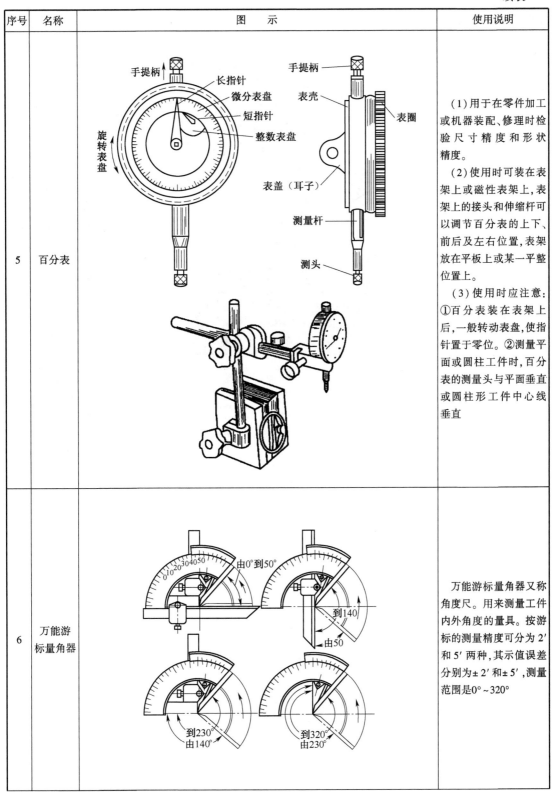 | （1）用于在零件加工或机器装配、修理时检验尺寸精度和形状精度。<br>（2）使用时可装在表架上或磁性表架上，表架上的接头和伸缩杆可以调节百分表的上下、前后及左右位置，表架放在平板上或某一平整位置上。<br>（3）使用时应注意：①百分表装在表架上后，一般转动表盘，使指针置于零位。②测量平面或圆柱工件时，百分表的测量头与平面垂直或圆柱形工件中心线垂直 |
| 6 | 万能游标量角器 | | 万能游标量角器又称角度尺。用来测量工件内外角度的量具。按游标的测量精度可分为 2′ 和 5′ 两种，其示值误差分别为 ± 2′ 和 ± 5′，测量范围是 0° ~ 320° |

| 序号 | 名称 | 图　示 | 使用说明 |
|---|---|---|---|
| 7 | 量块与正弦规 | 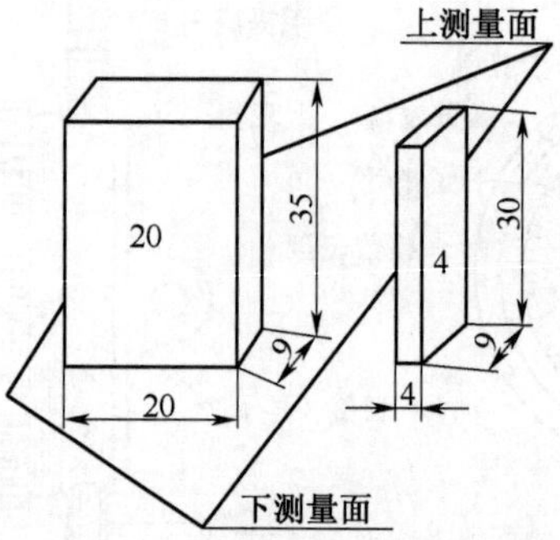 上测量面<br>35　30　20　4<br>下测量面<br>**量块工作面** <br>**量块** 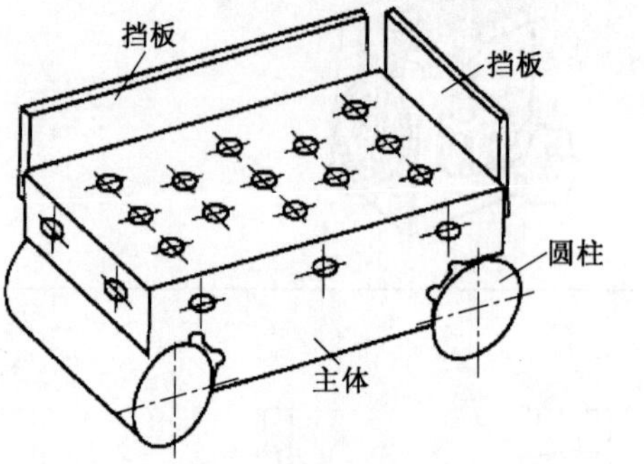<br>挡板　挡板<br>圆柱<br>主体<br>**正弦规** | 量块是机械制造业中长度尺寸的标准。量块可对量具和量仪进行校正检验，也可以用于精密划线和精密机床的调整。量块与有关附件并用时，可以用于测量某些精度要求高的尺寸。<br>正弦规功用：正弦规是用于准确检验零件及量规角度和锥度的量具，它是利用三角函数的正弦关系来度量的，故称正弦规或正弦尺、正弦台，通常正弦规与工作平板、量块、百分表组合，实施对零件的测量，测量精度可达±3″～±1″ |
| 8 | 塞尺 | 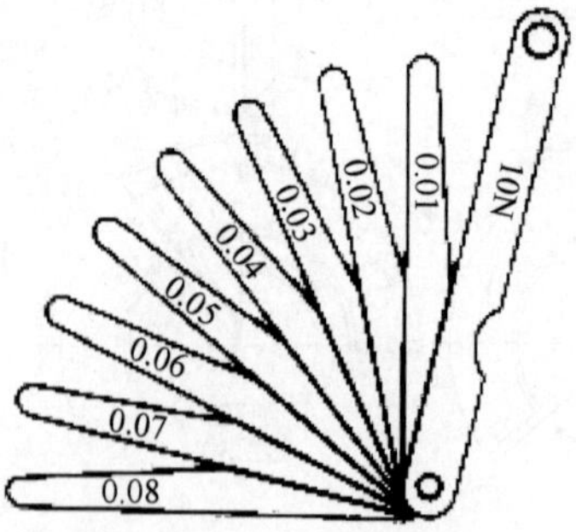 0.03　0.02　0.01　10N<br>0.04<br>0.05<br>0.06<br>0.07<br>0.08 | 塞尺（又叫厚薄规或间隙片）是用来检验两个结合面之间间隙大小的片状量规，塞尺一般由0.01～1 mm厚度不等的薄片组成 |

| 序号 | 名称 | 图　　示 | 使用说明 |
|---|---|---|---|
| 9 | 90°角尺<br>刀口角尺 |  90°角尺 <br><br>刀口角尺 | (1)常用的有刀口形角尺和宽座角尺等。可用来检验零部件的垂直度及用作划线的辅助工具。<br>(2)刀口形直尺主要用于检验工件的直线度和平面度误差 |
| 10 | 水平仪 | 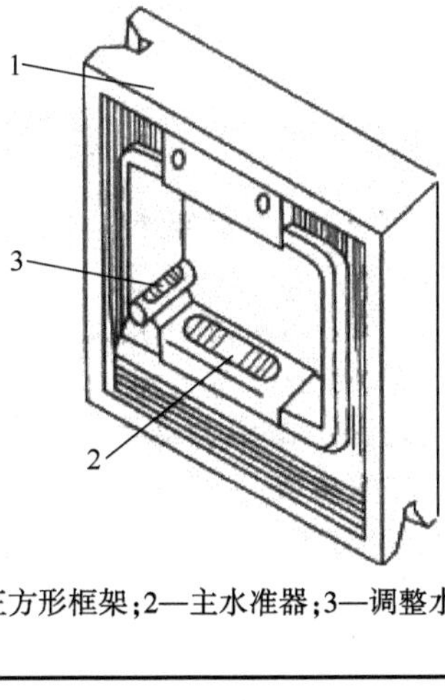 1<br>3<br>2<br>1—正方形框架;2—主水准器;3—调整水准器 | 水平仪是一种测量小角度的精密量具,用来测量平面对水平面或竖直面的位置偏差,是机械设备安装、调试和精度检验的常用量具之一 |

## 五、常用金属材料相关知识的认识

### 1. 常用金属材料的分类

随着工业的发展和科技的进步,对工程材料的性能要求越来越高,用量和品种规格越来越多。金属材料是目前应用最广泛的工程材料,它包括纯金属及其合金等材料,其金属材料的分类如图 1-1 所示。

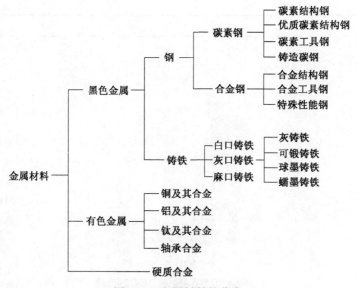

图 1-1 金属材料的分类

## 2. 金属材料的一般加工过程

金属材料的工艺性能是金属材料对不同加工工艺方法的适应能力,包括铸造性能、锻压性能、焊接性能、切削加工性能和热处理性能等。工艺性能直接影响零件制造的工艺、质量及成本,是选材和制订零件工艺路线时必须要考虑的重要因素,金属材料的加工过程如图 1-2 所示。

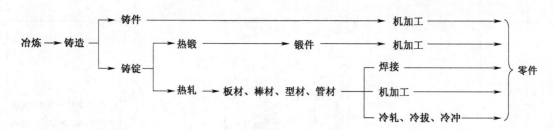

图 1-2 金属材料的一般加工过程

## 3. 常用的黑色金属的分类

常用的黑色金属的各材料性能不同对应用范围与制造零件及加工工艺方法的要求也不同,常用的黑色金属材料名称、性能与应用标识,如表 1-13 所示。

表 1-13 常用的黑色金属的分类、标识及应用

| 材料 | 性能与应用 | 牌号 | 牌号意义实例 |
|---|---|---|---|
| 普通碳素结构钢 | 塑性好,有一定的强度,用于制造受力不大的零件,如螺钉、螺母、垫圈以及焊接件、冲压件、桥梁建筑等金属结构件 | Q195、Q215、Q235 | Q 表示"屈"。例如:Q235 钢表示该钢的屈服强度为 235 MPa |
| | 强度较高,用于制造承受中等载荷的零件,如小轴、销子、连杆、农机零件等 | Q255、Q275 | |

| 材料 | 性能与应用 | 牌号 | 牌号意义实例 |
|---|---|---|---|
| 优质碳素结构钢 | 强度、硬度较低,塑性、韧性及焊接性良好。<br>主要用于制作冲压件、焊接结构件及强度要求不高的机械零件及渗碳件,如压力容器、小轴、法兰盘、螺钉等 | 08~25 | 例如:45钢表示该钢的含碳量为0.45% |
|  | 有较高的强度和硬度,切削性能良好,经调质处理后,能获得较好的综合力学性能。<br>主要用来制作受力较大的机械零件,如曲轴、连杆、齿轮等 | 35~55 |  |
|  | 具有较高的强度、硬度和弹性,焊接性不好,切削性稍差,冷变形塑性差。<br>主要用来制造具有较高强度、耐磨性和弹性的零件,如板簧和螺旋弹簧等弹性元件及耐磨零件 | 60以上 |  |
| 常用碳素工具钢 | 制造承受振动与冲击载荷并要求较高韧性的工具,如錾子、简单锻模、锤子等 | T7 T7A | T表示"碳"<br>例如:T10表示该钢的含碳量为10%;T10A表示该钢的含碳量为10%的高级优质碳素工具钢 |
|  | 制造承受振动与冲击负荷并要求足够韧性和较高硬度的工具,如简单冲模、剪刀、木工工具等 | T8 T8A |  |
|  | 制造不受突然振动并要求在刃口上有少许韧性的工具,如丝锥、手锯条、冲模等 | T10 T10A |  |
|  | 制造不受振动并要求高硬度的工具,如锉刀、刮刀、丝锥等 | T12 T12A |  |
| 铸造碳钢 | 机座、变速箱壳等 | ZG200~400 | 例如:ZG230~450中ZG表示"铸钢",230代表屈服点不小于230MPa,450代表抗拉伸强度不小于450MPa |
|  | 砧座、外壳、轴承盖、底板、阀体等 | ZG230~450 |  |
|  | 轧钢机机架、轴承盖、连杆、箱体、曲轴、缸体、飞轮、蒸汽机锤等 | ZG270~500 |  |
|  | 大齿轮、缸体、制动轮、辊子等 | ZG310~570 |  |
|  | 起重运输机中的齿轮、联轴器等 | ZG340~640 |  |
| 合金结构钢 | 低合金高强度结构钢,具有良好的综合力学性能,焊接性及冲击韧性较好,一般在热轧状态下使用,适于制作锅炉汽包、中压石油化工容器、桥梁、船舶、起重机、较高负荷的焊接件、连接构件等 | Q295、Q345、Q390、Q420 | 例如:Q345中Q表示"屈",前二位数表示钢的碳含量0.34%,5为合金元素锰、钒、镍、钛等 |
|  | 合金渗碳钢,制作截面规格在30mm以下的中或重负荷的渗碳件,如汽车齿轮、轴、爪形离合器、蜗杆等 | 20Cr、20Mn2B、20CrMnTi、20MnVB、20Cr2Ni4、18Cr2Ni4WA | 前二位数表示含碳量在0.10%~0.25%之间,加入铬、锰、镍、硼半合金元素 |

| 材料 | 性能与应用 | 牌号 | 牌号意义实例 |
|---|---|---|---|
| 合金结构钢 | 合金调质钢,用于高载荷下工作的重要构件,如主轴、曲轴、锤杆等 | 40Cr、40MnB、40MnVB、35CrMo、40CrNi、38CrMoA1、40CrMnMo | 一般含碳量为 0.25% ~ 0.50% |
| | 常用合金弹簧钢,具有良好的弹性,制作各类拉簧、弹簧、板弹簧等 | 55Si2Mn、60Si2Mn、50CrVA、60Si2CrVA | 一般含碳量为 0.45% ~ 0.70%加入硅锰 |
| | 常用滚动轴承钢具有较强的硬度,接触疲劳强度和耐磨性,制作各类滚动轴承 | GCr6、GCr9、GCr9SiMn、GCr15、GCr15SiMn | 滚动轴承应用最广的是高碳铬钢,含碳量 0.95% ~ 1.15%,含铬量 0.40% ~ 1.65% |
| 合金工具钢 | 低合金刃具钢,具有高的淬透性和回火稳定性,主要用于制造低速切削刀具、刃具,如丝锥、板牙、铰刀等 | 9SiCr、CrWMn | 在碳素工具钢的基础上加入少量铬、锰、硅等元素 |
| | 高速钢具有高热硬性和高耐磨性,通常用于制作拉刀、齿轮刀、中低速切削刃具等 | W18Cr4V、W6Mo5Cr4V2 | 含碳为 0.70% ~ 1.50%,另含钨、铬、钒、铜等,碳化物形成元素的高合金 |
| | 合金量具钢,具有高硬度、高耐磨性以及良好的尺寸稳定性,通常用于制作各类量具量规样板等 | GCr15、CrWMn、CrMn | — |
| | 模具钢,有冷作模具钢与热作模具钢之分。冷作模具钢应具有高的硬度、耐磨性、抗疲劳性和一定的韧性以及淬透性;热作模具钢应具有高的热强性和热硬性,高温耐磨性和高的抗氧化性以及较高的抗热疲劳性和导热性 | T8、T10A、9SiCr、CrWMn、Cr12、Cr12MoV、5CrMnMo、5CrNiMo、3Cr2W8V | — |
| 特殊性能钢 | 不锈钢,有铬不锈钢和铬镍不锈钢,具有良好抗大气、海水等介质腐蚀能力和强度。可在民用卫生食品工业中广泛运用 | 1Cr13、2Cr13、3Cr13、0Cr18Ni9、1Cr18Ni9 | 含碳为 0.10% ~ 0.40%,含铬为 12.0% ~ 13.0%,含镍也较高 |
| | 耐热钢,在高温下具有抗氧化性和高强度。如加热炉底板,渗碳处理用渗碳箱,汽轮机、叶片、大型发动机排气阀等 | 4Cr9Si2、1Cr13SiA1、15CrMo、4Cr14Ni14W2Mo | 在钢中加入铬、钨、铜、钛、钒等合金元素 |
| | 耐磨钢。具有良好的韧性和耐磨性,用于承受摩擦和强烈冲击的零件。如车辆履带、挖掘机铲斗等 | ZGMn13 | 一般耐磨钢含碳 0.90% ~ 1.40%,含锰为 11.0% ~ 14.0% |
| 铸铁 | 灰铸铁。根据承受力采用不同牌号材料制造,如外罩、床身、阀体、主轴箱、齿轮等 | HT100、HT150、HT200、HT250、HT300、HT350 | HT 表示"灰铁",三位数字代表铸铁的抗拉强度,如 HT200 表示最低抗拉强度为 200 MPa |
| | 可锻铸铁。制造管道配件、轮壳、曲轴活塞环、链条扳手等 | KTH300 - 06、KTH330 - 08、KTH350 - 10、KTH370 - 12、KTZ450 - 06、KTZ550 - 04、KTZ650 - 02、KTZ700 - 02 | KT 表示"可铁",H 表示"黑心",Z 表示珠光体基体。牌号后面的两组数字分别表示最低抗拉强度和最低延伸率 |

| 材料 | 性能与应用 | 牌号 | 牌号意义实例 |
|---|---|---|---|
| 铸铁 | **球墨铸铁**。制造阀体、底盘、机座主轴、缸体、传动齿轮等 | QT400－18、QT400－15、QT450－10、QT500－7、QT600－3、QT700－2、QT800-2、QT900-2 | QT 表示"球铁",后面两组数字分别表示最低抗拉强度和最低延伸率 |
| | **蠕墨铸铁**。适用不同强度、耐磨性高和承受热疲劳冲击载荷的零件,如制动盘、气缸盖、液压件、汽车底盘等 | RuT420、 RuT380、RuT340、RuT300、RuT260 | RuT 表示"蠕铁",后面数字表示最低抗拉强度 |

#### 4. 钢的热处理常识

(1)热处理的概述。

热处理是改善金属材料使用性能和工艺性能的一种非常重要的工艺方法,是强化金属材料、提高产品质量和使用寿命的主要途径之一。因此,绝大部分重要的机械零件在制造过程中都必须进行热处理。

钢在不同的加热和冷却条件下,其内部组织会发生不同的变化,可改变其性能从而更广泛地适应和满足不同加工方法及使用性能的要求。

①钢热处理的工艺,如表 1-14 所示。

表 1-14　钢热处理的工艺

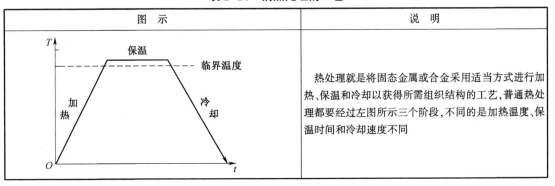

| 图　示 | 说　明 |
|---|---|
| | 热处理就是将固态金属或合金采用适当方式进行加热、保温和冷却以获得所需组织结构的工艺,普通热处理都要经过左图所示三个阶段,不同的是加热温度、保温时间和冷却速度不同 |

②热处理的分类,如表 1-15 所示。

表 1-15　热处理的分类

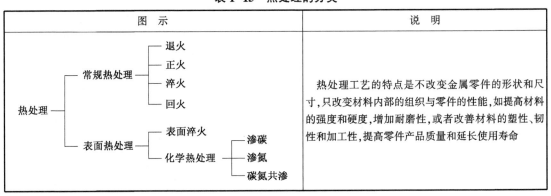

| 图　示 | 说　明 |
|---|---|
| | 热处理工艺的特点是不改变金属零件的形状和尺寸,只改变材料内部的组织与零件的性能,如提高材料的强度和硬度,增加耐磨性,或者改善材料的塑性、韧性和加工性,提高零件产品质量和延长使用寿命 |

③常用的热处理工艺与作用汇总,如表 1-16 所示。

表1-16 常用的热处理工艺与作用汇总

| 热处理种类 | | 热处理方法 | 作用 |
|---|---|---|---|
| 退火 | | 将钢加热到500~600℃,保温后随炉冷却 | 消除铸件、锻件、焊接件、机加工工件中的残余应力,改善加工性能 |
| 正火 | | 将钢加热到500~600℃,在炉外空气中冷却 | 改善铸件、锻件、焊接件的组织,降低工件硬度,消除内应力为后续加工作准备 |
| 回火 | 高温回火(调质) | 淬火后,加热到500~650℃,经保温后再冷却到室温 | 获得良好的力学性能,用于重要零件,如轴、齿轮等 |
| | 中温回火 | 淬火后,加热到350~500℃,经保温后再冷却到室温 | 获得较高的弹性和强度,用于各种弹簧的制造 |
| | 低温回火 | 淬火后,加热到150~250℃,经保温后再冷却到室温 | 降低内应力和脆性,用于各种工模具及渗碳或表面淬火工作 |
| 淬火 | | 将工件加热到一定温度,保温后在冷却液(水、油)中快速冷却 | 提高钢件的硬度和耐磨性,是改善零件使用性能的最主要的热处理方法 |
| 表面热处理 | 火焰淬火 | 用"乙炔-氧"或"煤气-氧"混合气体燃烧的火焰,直接喷射在工件表面快速增温,再喷水冷却的淬火方法 | 获得一定的表面硬度,淬硬层深度一般为2~6 mm,适用于单件和小批量及大型零件的表面热处理,如大齿轮、钢轨等 |
| | 感应加热淬火 | 中碳合金钢材料的零件,利用感应电流,将零件表面迅速加热后,立即喷水冷却的热处理方法 | 加热速度快,加热温度和淬硬层可控,能防止表层氧化和脱落,工件变形小。但设备较贵,维修调整困难,不适用于形状复杂的零件,适用于大批量生产 |
| 化学热处理 | 渗碳 | 将低碳钢,低碳合金钢(0.1%~0.25%)放入含碳的介质中,加热并保温。渗碳后的工件还需要进行淬火和低温回火处理 | 经渗碳的工件提高了表面硬度和耐磨性,同时保持心部良好的塑性和韧性。主要用于承受较大冲击载荷和易磨损的零件,如轴、齿轮等 |
| | 渗氮 | 将氮原子渗入钢件表层的热处理方法 | 提高零件表面的硬度、耐磨性。用于精密机床的主轴、高速传动的齿轮等 |
| | 碳氮共渗 | 钢的表面同时渗入碳和氮,常用的是气体碳氮共渗 | 与渗碳相比,其加热温度低,零件变形小,生产周期短,而且渗层有较高的硬度、耐磨性和疲劳强度 |

（2）材料简易识别与判断

作为一名机械行业的技术工人,从手中的工具到加工的零件,常要与各种各样的金属材料打交道,但由于金属材料的种类繁多,其性能又千变万化,可通过旋转着的砂轮上打磨钢试件,试件上脱落下来的钢屑在惯性力作用下飞溅出来,形成一道道或长或短或连续或间断的火花射线(主流线)。根据试件与砂轮的接触压力不同、钢的成分不同,火花射线也各不一样。全部射线组成火花束。飞溅的钢屑达到高温时,钢和钢中的伴生元素(特别是碳、硅和锰)在空气中烧掉。因为碳的氧化物 CO 和 $CO_2$ 是气体,这些小的赤热微粒在离开砂轮一定距离时产生类似爆炸的现象,于是便爆裂成火花,所以可根据流线和火花的特征来鉴别钢材的成分。

①砂轮磨削法:常用钢的火花特征,如表 1-17 所示。

表 1-17　常用钢的火花特征

| 类型 | 特　征 | 说　明 |
|---|---|---|
| 低碳钢(以 20 钢为例) |  | 整个火束较长,颜色呈橙黄带红,芒线稍粗,发光适中,流线稍多,多根分叉爆裂,呈一次花状 |
| 中碳钢(以 45 钢为例) |  | 整个火束稍短,颜色呈橙黄色,发光明亮,流线多而稍细,以多根分叉二次花为主,也有三次花,花量约占整个火束的 3/5 以上,火花盛 |
| 高碳钢(以 T10 钢为例) |  | 火束较中碳钢短而粗,颜色呈橙红色,根部色泽暗淡,发光稍弱,流线多而细密,爆花为多根分叉三次花,小碎花和花粉量多而密集,花量占整个火束的 5/6 以上。磨削时手感较硬 |
| 高速钢(以 W18Cr4V 钢为例) |  | 火束细长,呈暗红色,发光极暗。由于受大量钨元素的影响,几乎无火花爆裂,仅在尾部有分叉爆裂,花量极少,流线根部及中部呈断续状态,尾部膨胀并下垂成点状狐尾花,磨削时感觉材料较硬 |

②敲击法:45 钢用铁棒敲击的声音很清脆。灰铸铁用铁棒敲击的声音沉闷。

③眼判断法:45 钢锯削的铁屑是亮色粒状。灰铸铁锯削的铁屑是粉粒状。

 任务实施

钳工常用量具的应用。

**1. 钢尺的应用**(见表 1-18)

表 1-18　钢尺的应用

| 序号 | 项目 | 图　示 | 说　明 |
|------|------|--------|--------|
| 1 | 检查钢尺 | 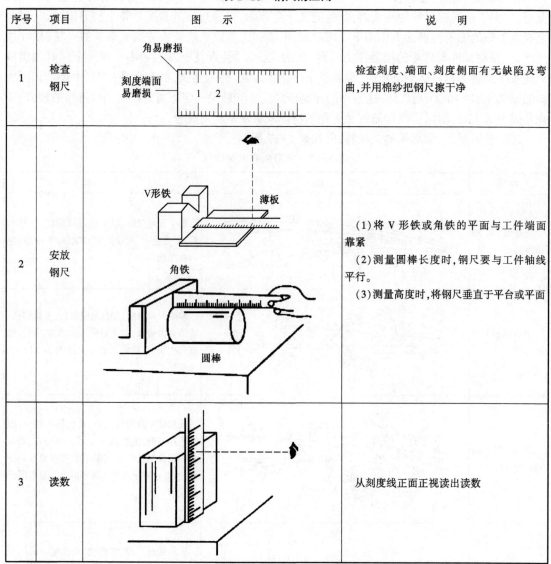 | 检查刻度、端面、刻度侧面有无缺陷及弯曲,并用棉纱把钢尺擦干净 |
| 2 | 安放钢尺 | | (1)将 V 形铁或角铁的平面与工件端面靠紧<br>(2)测量圆棒长度时,钢尺要与工件轴线平行。<br>(3)测量高度时,将钢尺垂直于平台或平面 |
| 3 | 读数 | | 从刻度线正面正视读出读数 |

**2. 游标卡尺的应用**(见表 1-19)和游标卡尺读数步骤与练习(见表 1-20)

表 1-19　游标卡尺的应用

| 序号 | 项目 | 图　示 | 说　明 |
|------|------|--------|--------|
| 1 | 检查游标卡尺 | | (1)松开固定螺钉。<br>(2)用棉纱将移动面与测量面擦干净并检查有无缺陷。<br>(3)将两卡爪合拢后,透光检查两测量面有无缝隙。<br>(4)将两卡爪合拢后,检查两零刻度线是否对齐 |

| 序号 | 项目 | 图　示 | 说　明 |
|---|---|---|---|
| 2 | 夹住<br>工件 | 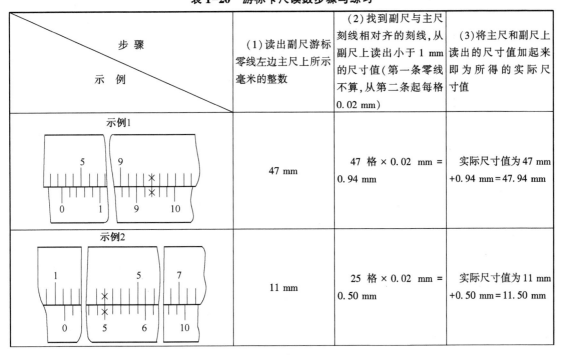 | (1)将工件置于稳定状态。<br>(2)左手拿主尺的卡爪,右手的大拇指、食指拿副尺卡爪。<br>(3)移动副尺卡爪,把两测量面张开至比被测量工件的尺寸稍大。<br>(4)主尺的测量面靠上被测工件,右手的大拇指推动副尺卡爪,使测量面与被测工件贴合。<br>(5)对于小型工件,可以用左手拿着工件,右手操作副尺卡爪 |
| 3 | 读数 | <br>3<br><br>0　　5　　10<br>27+0.5=27.5 mm | (1)夹住被测工件,从刻度的正面正视刻度读取数值。<br>(2)如正视位置读数不变,可旋紧固定螺钉后,将卡尺从工件上轻轻取下,再读取刻度值。<br>(3)读数方法:先读出尺身上的整数尺寸,图示为 27 mm;再读出副尺上与主尺上对齐刻线处的小数,图示为 0.5 mm;最后将 27 mm 与 0.5 mm 相加得出 27.5 mm |

**表 1-20　游标卡尺读数步骤与练习**

| 步骤<br><br>示　例 | (1)读出副尺游标零线左边主尺上所示毫米的整数 | (2)找到副尺与主尺刻线相对齐的刻线,从副尺上读出小于 1 mm 的尺寸值(第一条零线不算,从第二条起每格 0.02 mm) | (3)将主尺和副尺上读出的尺寸值加起来即为所得的实际尺寸值 |
|---|---|---|---|
| 示例1 | 47 mm | 47 格 × 0.02 mm =<br>0.94 mm | 实际尺寸值为 47 mm<br>+0.94 mm = 47.94 mm |
| 示例2 | 11 mm | 25 格 × 0.02 mm =<br>0.50 mm | 实际尺寸值为 11 mm<br>+0.50 mm = 11.50 mm |

| 步骤 / 示例 | (1)读出副尺游标零线左边主尺上所示毫米的整数 | (2)找到副尺与主尺刻线相对齐的刻线,从副尺上读出小于1 mm的尺寸值(第一条零线不算,从第二条起每格0.02 mm) | (3)将主尺和副尺上读出的尺寸值加起来即为所得的实际尺寸值 |
|---|---|---|---|
| 示例3 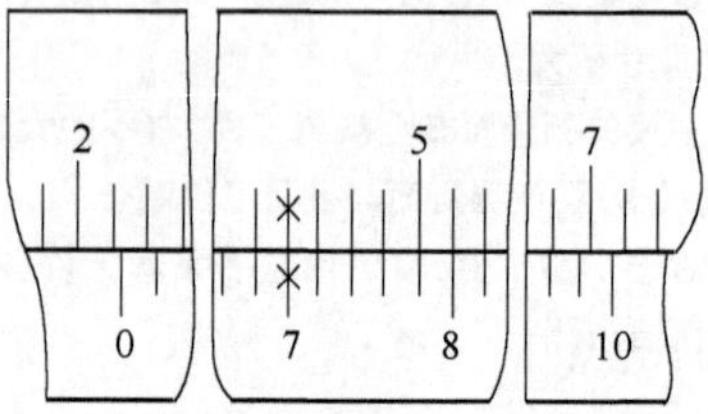 | | | |
| 示例4 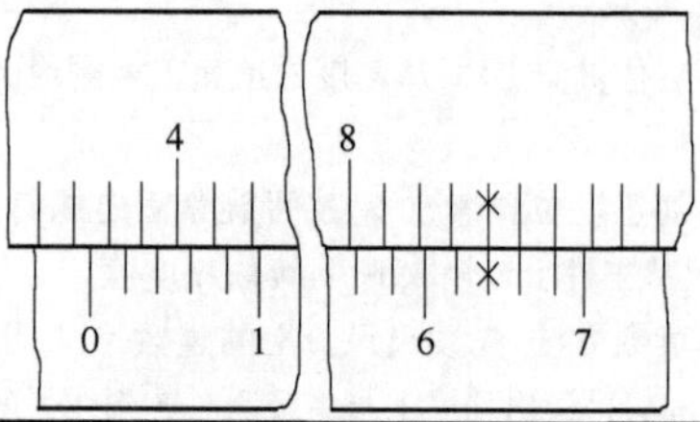 | | | |

### 3. 千分尺的应用(见表1-21)和千分尺读数步骤与练习(见表1-22)

表1-21 千分尺的应用

| 序号 | 项目 | 图 示 | 说 明 |
|---|---|---|---|
| 1 | 检查千分尺 | 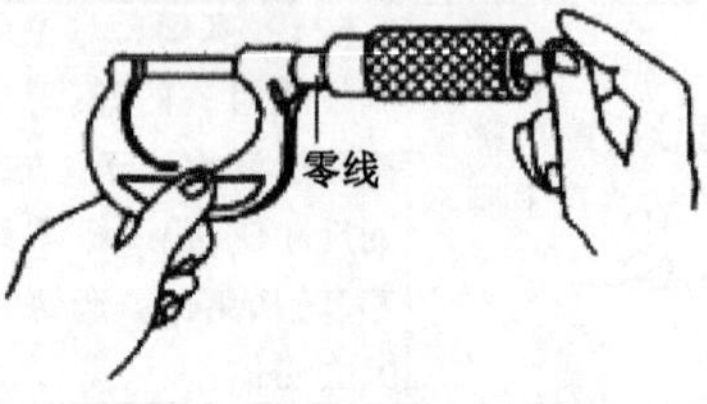 零线 | (1)松开止动锁。<br>(2)用棉纱将测量面及移动面擦干净,并检查有无缺陷。<br>(3)将棘轮转动,检查测量杆转动的情况是否正常。<br>(4)棘轮转至打滑为止,使两测量面贴合,检查零线位置 |
| 2 | 夹住工件 | 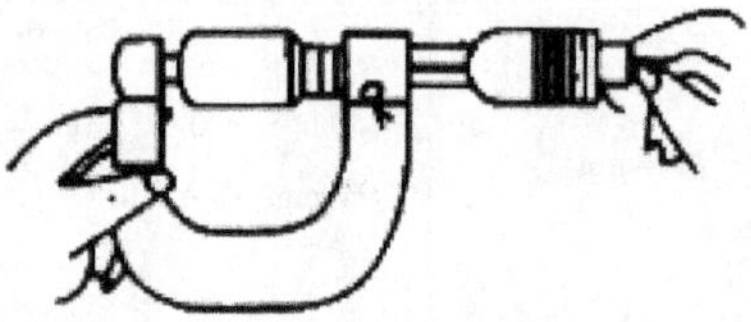 | (1)将工件置于稳定状态。<br>(2)左手拿住尺架,右手转动微分筒,使开度比被测量工件的尺寸稍大。<br>(3)将工件置于两测量面之间。使其与被测工件贴合。<br>(4)棘轮转至打滑为止 |
| 3 | 读数 | 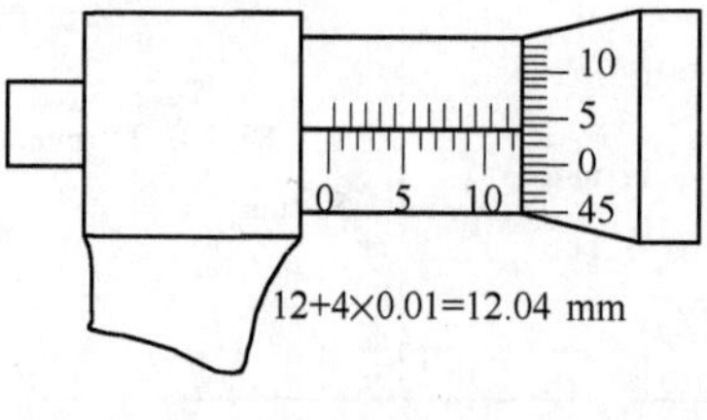 12+4×0.01=12.04 mm | (1)夹住被测工件,从刻度线的正面正视刻度读取数值。<br>(2)如不能直接读数,可固定止动锁使测量杆固定后,再轻轻取下,然后读取刻度值。<br>(3)读数方法:先读出微分筒边缘在固定套管的尺寸,图示为12 mm;再看微分筒上哪一格与固定套管上基准线对齐,图示为0.04 mm;最后把两个读数相加即得到实测尺寸为12.04 mm |

表1-22 千分尺读数步骤与练习

| 步骤\n\n示例 | （1）读出活动套筒边缘在固定套筒（主尺）上所示的毫米数的半毫米数 | （2）找到活动套筒上与固定套筒上的基准线对齐的刻线，读出活动套筒上不足半毫米的数值 | （3）将两个读数加起来即为测得的实际尺寸值 |
| --- | --- | --- | --- |
| | 6 mm | 5 格×0.01 mm＝0.05 mm | 实际尺寸为 6 mm＋0.05 mm＝6.05 mm |
| | 35.5 mm | 12 格×0.01 mm＝0.12 mm | 实际尺寸35.5 mm＋0.12 mm＝35.62 mm |
| | | | |
| | | | |

## 4. 万能角度的应用（见表1-23）

表1-23 万能角度的应用

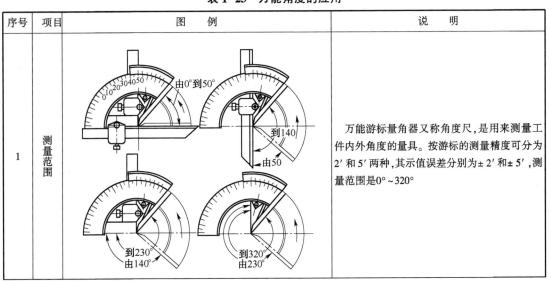

| 序号 | 项目 | 图 例 | 说 明 |
| --- | --- | --- | --- |
| 1 | 测量范围 | | 万能游标量角器又称角度尺，是用来测量工件内外角度的量具。按游标的测量精度可分为2′和5′两种，其示值误差分别为±2′和±5′，测量范围是0°～320° |

续表

| 序号 | 项目 | 图 例 | 说 明 | | |
|---|---|---|---|---|---|
| 2 | 识读 | 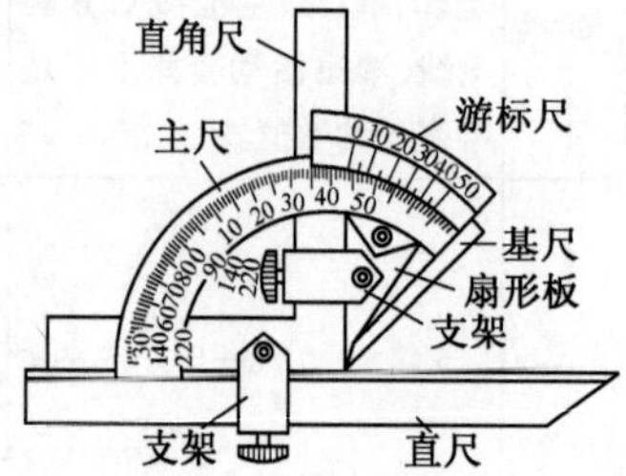 直角尺 主尺 游标尺 基尺 扇形板 支架 支架 直尺 | （1）从主尺上读出游标尺零线位置前的整角度数 | （2）游标尺上读出角度"分"的数值 | （3）将两者相加即得出测得的实际角度数值 |
| | | | 43° | 10 格 × 2′ = 20′ | 43° + 20′ = 43°20′ |

## 5. 方框式水平仪的应用（见表1-24）

### 表1-24 方框式水平仪的应用

| 序号 | 项目 | 图表与示例 | | | | | 说明 |
|---|---|---|---|---|---|---|---|
| 1 | 水平仪的公差等级 | 公差等级 | Ⅰ | Ⅱ | Ⅲ | Ⅳ | 方框式水平仪的精度是以气泡偏移一格时被测平面在 1 m 长度内的高度差来表示的，如水平仪偏移一格，平面在 1 m 长度内的高度差为 0.02 mm，则水平仪的精度就是 0.02/1 000 |
| | | 气泡移动一格时的倾斜角度/(″) | 4~10 | 12~20 | 25~41 | 52~62 | |
| | | 气泡移动一格1 m 内的倾斜高度差/mm | 0.02~0.05 | 0.06~0.10 | 0.12~0.20 | 0.25~0.30 | |
| 2 | 水平仪的刻线原理 | 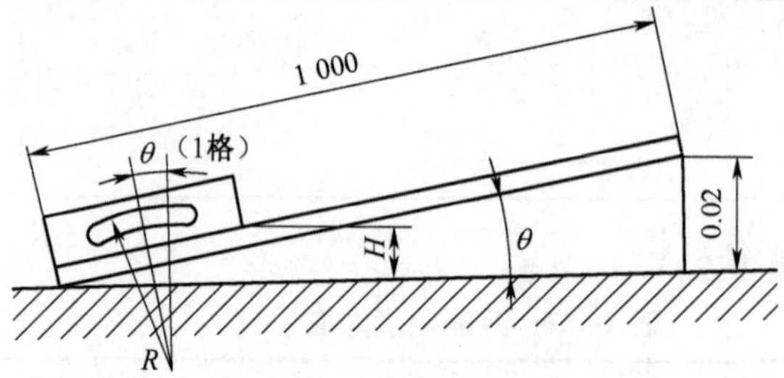 <br>水平仪的刻线原理<br>根据水平仪的刻线原理可以计算出被测平面两端的高度差，其计算式为：$\Delta h = nli$<br>式中：$\Delta h$——被测平面两端高度差，mm；<br>　　　$n$——水准器气泡偏移格数；<br>　　　$l$——被测平面的长度，mm；<br>　　　$i$——水平仪的精度。<br>例题：将精度为 0.02/1 000 的方框式水平仪放置在 600 mm 的平行平尺上，若水准器中的气泡偏移 2 格，试求出平尺两端的高度差。<br>解：由题中已知　$i = 0.02/1 000$<br>　　　　　　　　$l = 600$ mm<br>　　　　　　　　$n = 2$<br>根据公式　　　　$\Delta h = nli$<br>得　　　　$\Delta h = 2 \times 600 \times 0.02/1 000$ mm = 0.024 mm<br>平行尺两端的高度差为 0.024 mm | | | | | 水平仪的刻线原理如左图所示，假定平板处于水平位置，在平板上放置一根长 1 m 的平行平尺，平尺上水平仪的读数为零（即处于水平状态）。如果将平尺一端垫高 0.02 mm，相当于平尺与平板成 4″ 的夹角，若气泡移动的距离为一格，则水平仪的精度就是 0.02/1 000，读作千分之零点零二 |

续表

| 序号 | 项目 | 图表与示例 | 说明 |
|---|---|---|---|
| 3 | 水平仪的读数方法 | 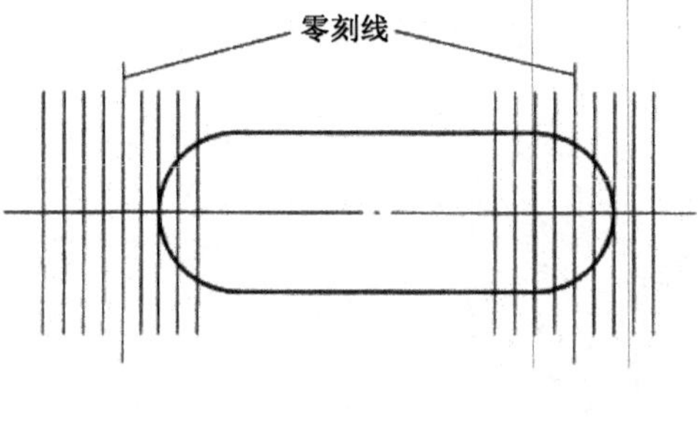 零刻线 | 直接读数法:水准器气泡在中间位置时读作零。以零刻线为基准,气泡向任意一端偏离零刻线的格数,就是实际偏差的格数。一般在测量中,都是由左向右进行测量,把气泡向右移动作为"+",反之则为"-"。左图所示为+2格偏差 |
| | | 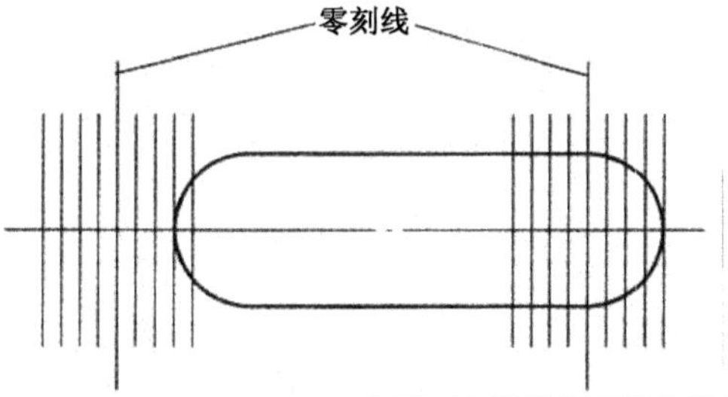 零刻线 | 间接读数法:当水准器的气泡静止时,读出气泡两端各自的偏离零刻线的格数,然后将两格数相加除以2,所得的平均值即为读数。左图所示为[(+4)+(+3)]/2 = 3.5,3.5格偏差 |

## 6. 正弦规的应用(见表1-25)

### 表1-25 正弦规的应用

| 序号 | 项目 | 图 示 | 说 明 |
|---|---|---|---|
| 1 | 测量圆锥塞规锥角 | 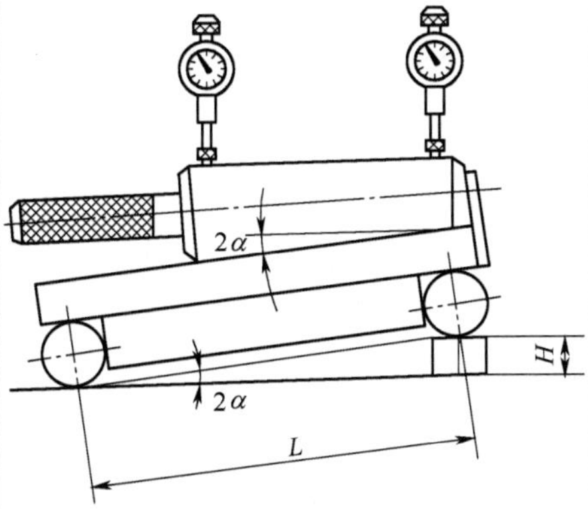 | 应用正弦规测量零件角度时,先把正弦规放在精密平台上,被测零件(如圆锥塞规)放在正弦规的工作平面上,被测零件的定位面靠在正弦规的挡板上(如圆锥塞规的前端面靠在正弦规的前挡板上)。在正弦规的一个圆柱下面垫入量块,用百分表检查零件全长的高度,调整量块尺寸,使百分表在零件全长上的读数相同。此时,就可应用直角三角形的正弦公式,计算出零件的角度。<br><br>$$H = L \times \sin 2\alpha$$<br><br>正弦公式:$\sin 2\alpha = \dfrac{H}{L}$<br><br>式中:sin——正弦函数符号;<br>    $2\alpha$——圆锥的锥角,(°);<br>    $H$——量块的高度,mm;<br>    $L$——正弦规两圆柱的中心距,mm。<br><br>例如,测量圆锥塞规的锥角时,使用的是窄型正弦规,中心距$L=200$ mm,在一个圆柱下垫入的量块高度$H=10.06$ mm时,才使百分表在圆锥塞规的全长上读数相等。此时圆锥塞规的锥角计算如下:<br><br>$$\sin 2\alpha = \frac{H}{L} = \frac{10.06}{200} = 0.050\ 3$$<br><br>查正弦函数表,得$2\alpha = 2°53'$,即圆锥塞规的实际锥角为$2°53'$ |

| 序号 | 项目 | 图　示 | 说　明 |
|---|---|---|---|
| 2 | 齿轮的锥角检验 | | 　　由于节锥是一个假象的圆锥，直接测量节锥角有困难，通常以测量根锥角 $\delta_f$ 值来代替。简单的测量方法是用全角样板测量根锥顶角，或用半角样板测量根锥角。此外，也可用正弦规测量，将锥齿轮套在心轴上，心轴置于正弦规上，将正弦规垫起一个根锥角 $\delta_f$，然后用百分表测量齿轮大小端的齿根部即可。根据根锥角 $\delta_f$ 值计算应垫起的量块高度 $H$：$$H = L\sin\delta_f$$ 式中：$H$——量块高度；<br>　　　　$L$——正弦规两圆柱的中心距；<br>　　　　$\delta_f$——锥齿轮的根锥角 |

## 任务评价

常用几种量具应用的评分标准及记录表，如表 1-26 所示。

表 1-26　评分标准及记录表

| 序号 | 考核内容 | 考核要求 | 配分 | 评分标准 | 检测结果 | 得分 |
|---|---|---|---|---|---|---|
| 1 | 课程态度 | （1）不迟到不早退<br>（2）学习态度 | 20 | （1）迟到、早退各按 5 分酌评<br>（2）学习态度不端正按 10 分酌评 | | |
| 2 | 文明与纪律 | （1）规范操作<br>（2）违纪违规 | 20 | （1）按要求酌评<br>（2）按违规酌评 | | |
| 3 | 实践应用 | （1）规范操作<br>（2）量具完好 | 60 | 按四个等级，每级 15 分 | | |
| 总　计 | | | | | | |

## 习　题

### 一、填空题

1. 钳工按工作内容性质来分，主要有_____、_____、_____ 三种。

2. 钳工工作场地是指钳工的_____地点。

3. 每天工作完成后，应按要求对设备进行_____、_____，并把工作场地_____。

4. 游标卡尺的精度有_____ mm、_____ mm 和_____ mm 三种。

5. 塞尺是用来检验两结合面之间_____的片状量规。

6. 绝大多数金属零件通常需经过_____、_____、_____ 等加工方法先制成毛坯件。

7. 台式钻床主要用于钻、扩直径在_____ mm 以下的孔。

8. 量具按用途和特点不同，可分为_____量具、_____量具和_____量具。

9. 砂轮机由电动机、_____、_____、防护罩等组成。

10. 台虎钳的规格以_____表示，有 100 mm、120 mm、150 mm 等。

## 二、选择题

1. 请分辨出图 1-3 所示的读数_____。

A. 2.136 mm　　　B. 2.636 mm　　　C. 2.164 mm　　　D. 21.36 mm

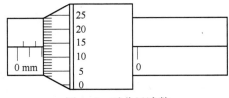

图 1-3　千分尺读数

2. 读出图 1-4 所示游标卡尺的读数_____。

A.1.51 mm　　　B.15 mm　　　C.151 mm　　　D. 0.151 mm

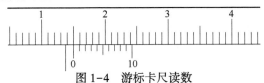

图 1-4　游标卡尺读数

3. 下面量具可以衡量轴类零件是否合格是_____。

A. 塞尺　　　B. 卡规　　　C. 塞规　　　D. 都可以

4. 图 1-5 所示百分表的读数是_____。

A.0.81 mm　　　B.8.1 mm　　　C.1.81 mm　　　D.81 mm

5. 下列量具不是万能量具的是_____。

A. 千分尺　　　B. 百分表　　　C. 正弦规　　　D. 都不是

图 1-5　百分表读数

## 三、判断题

1. 机械制造的生产过程就是"毛坯制造、零件加工、机器装配"的过程。（　　　）

2. 百分表和千分尺的精度都是 0.01 mm，所以在使用的时候它们可以互相顶替使用。（　　　）

3. 游标卡尺是一种中等精度的量具，可直接测量出工件的内径、外径、长度、宽度、深度等。（　　　）

4. 量具在使用过程中，为了使用更方便，可放在机床上。（　　　）

5. 塞尺是一种标准量具，用于测量两个贴合面的距离。（　　　）

6. 百分表是一种指示式量仪，主要用来测量工件的尺寸、形状和位置误差。（　　　）

## 四、问答题

1. 普通碳素结构钢与优质碳素结构钢如何区别？

2. 为什么说遵守安全操作规程是课程顺利进行的保证？

项目 **二** 常用零件图的认识

零件图是指导零件生产的重要技术文件,是技术人员与实操人员交流技术思想的一种工程语言,它包括零件的视图、尺寸、技术要求和标题栏。技术要求主要内容有尺寸公差、几何公差、表面粗糙度及材料与热处理等。

（学习目标）

1. 了解国家标准《机械制图》中有关规定的相关知识。
2. 认识各类视图和制图中有关技术标准的要求。
3. 掌握零件图的识读方法和步骤。

## 任务　零件图的识读

（任务描述）

根据钳工的专业性质和任务需要悉知国家标准《机械制图》的有关规定,识读零件图中的技术要求,掌握识读零件图的方法和步骤。以四大典型零件为例说明各类零件图的识读方法和步骤。

（相关知识）

### 一、简要的机械识图常识

#### 1. 图线的种类

零件图样中的图形是用各种不同粗细和型式的图线画线,如图 2-1 所示。

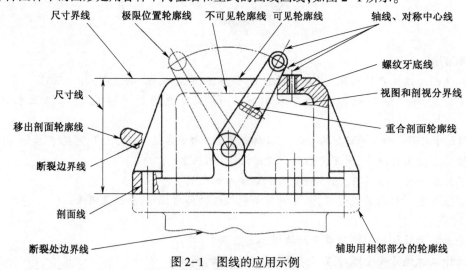

图 2-1　图线的应用示例

## 2. 尺寸注法

尺寸注法应遵守《机械制图 尺寸注法》(GB/T 4458.4—2003)和《技术制图图样画法》(GB/T 19096—2003)中的有关规定。一个完整的尺寸应包括尺寸界线、尺寸线和尺寸数字,如图 2-2 所示。

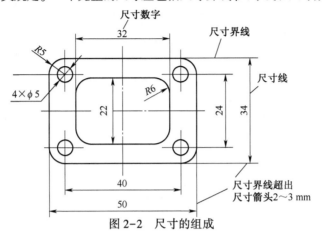

图 2-2 尺寸的组成

## 3. 基本视图

(1)三视图

为了准确地表达物体的形状和大小,选取互相垂直的三个投影面构成三投影面体系,如表 2-1 所示。

表 2-1 三 视 图

| 序号 | 内容 | 图 示 | 说明 |
|---|---|---|---|
| 1 | 投影面展开 | (a)三投影面体系中分别投射<br>(b)投影面展开 | 由物体的前方向后方投射所得到的视图(正面投影)称为主视图。<br>由物体的上方向下方投射所得到的视图(水平投影)称为俯视图。<br>由物体的左方向右方投射所得到的视图(侧面投影)称为左视图 |

| 序号 | 内容 | 图 示 | 说明 |
|---|---|---|---|
| 2 | 三视图 | 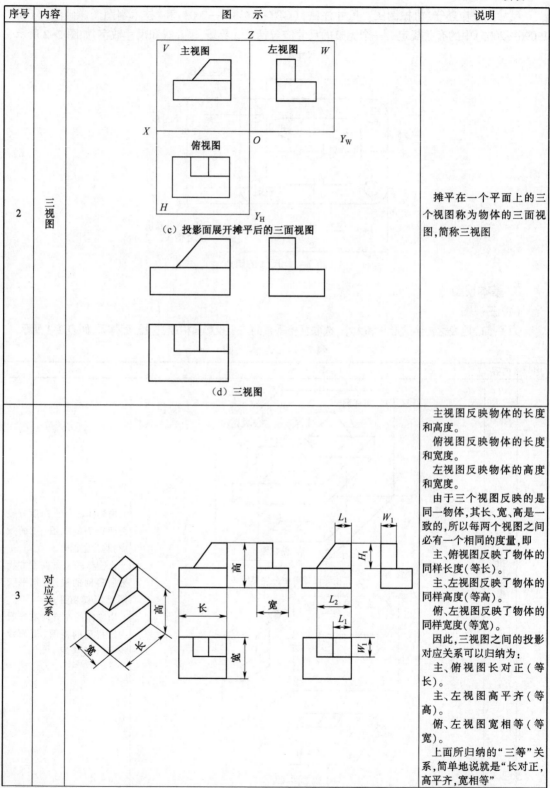 | 摊平在一个平面上的三个视图称为物体的三面视图,简称三视图 |
| 3 | 对应关系 | | 主视图反映物体的长度和高度。<br>俯视图反映物体的长度和宽度。<br>左视图反映物体的高度和宽度。<br>由于三个视图反映的是同一物体,其长、宽、高是一致的,所以每两个视图之间必有一个相同的度量,即<br>主、俯视图反映了物体的同样长度(等长)。<br>主、左视图反映了物体的同样高度(等高)。<br>俯、左视图反映了物体的同样宽度(等宽)。<br>因此,三视图之间的投影对应关系可以归纳为:<br>主、俯视图长对正(等长)。<br>主、左视图高平齐(等高)。<br>俯、左视图宽相等(等宽)。<br>上面所归纳的"三等"关系,简单地说就是"长对正,高平齐,宽相等" |

续表

| 序号 | 内容 | 图　示 | 说明 |
|---|---|---|---|
| 4 | 方位关系 | 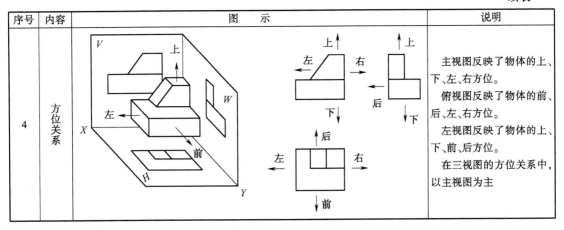 | 主视图反映了物体的上、下、左、右方位。<br>俯视图反映了物体的前、后、左、右方位。<br>左视图反映了物体的上、下、前、后方位。<br>在三视图的方位关系中，以主视图为主 |

（2）视图

视图分为基本视图、向视图、局部视图和斜视图四种，如表 2-2 所示。

表 2-2　视　图

| 序号 | 类型 | 图　示 | 说明 |
|---|---|---|---|
| 1 | 基本视图 | 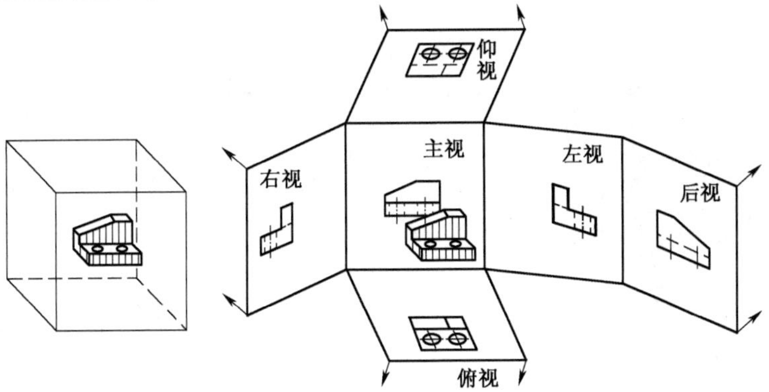 仰视　右视　主视　左视　后视　俯视 | 六个基本视图之间仍然保持着与三视图相同的投影规律 |
| | | 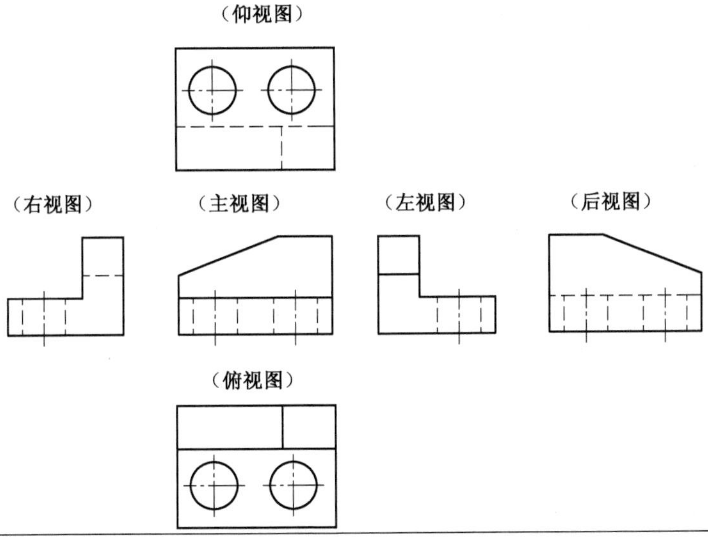 （仰视图）<br>（右视图）（主视图）（左视图）（后视图）<br>（俯视图） | 主视图、俯视图、仰视图、后视图长对正；<br>主视图、左视图、右视图、后视图高平齐；<br>俯视图、左视图、仰视图、右视图宽相等 |

| 序号 | 类型 | 图　　　示 | 说明 |
|---|---|---|---|
| 2 | 向视图 | 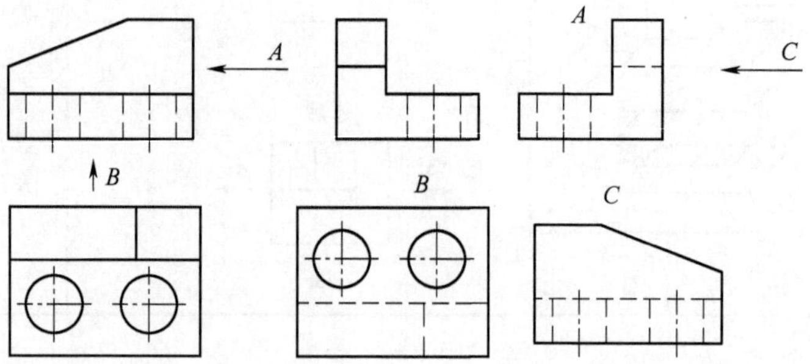 | 　　向视图是可自由配置的视图。为了便于读图,向视图必须予以标注。方法为:在向视图的上方注写"$X$"($X$为大写的拉丁字母,如"$A$""$B$""$C$"等),并在相应视图的附近用箭头指明投射方向,并注写相同的字母 |
| 3 | 局部视图 |  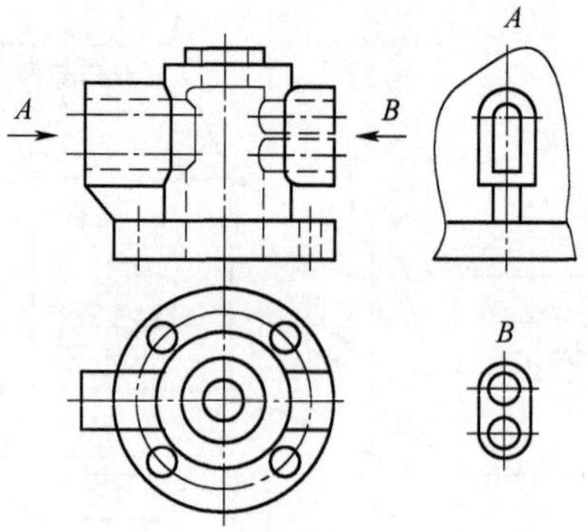 | 　　只将零部件的某一部分向基本投影面投射所得到的图形,采用 $A$ 和 $B$ 两个局部视图,只画出所需要表达的部分,这样重点突出、简单明了,而且有利于画图和看图 |
| 4 | 斜视图 | 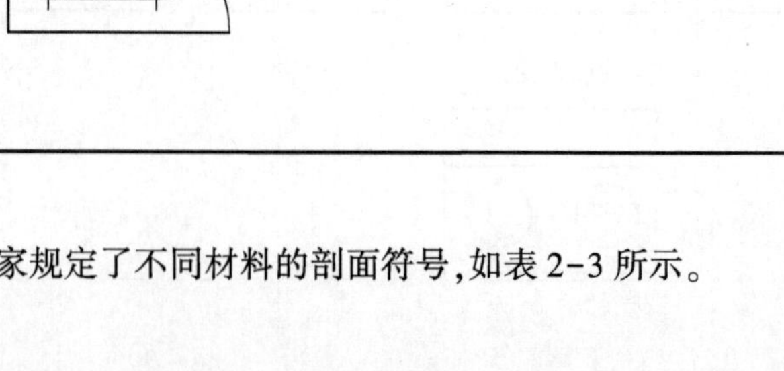 | 　　将零部件向不平行于任何基本投影面的平面进行投射所得到的视图,为了画图方便,也可以旋转,但必须在斜视图上方注明旋转标记符号,而且字母须靠近旋转符号箭头 |

(3)剖视图

① 剖面符号:国家规定了不同材料的剖面符号,如表 2-3 所示。

表2-3　剖面符号

| 类型 | 图示 | 类型 | 图示 |
|---|---|---|---|
| 金属材料(已有规定剖面符号者除外) | | 转子、电枢、变压器和电抗器等的叠钢片 | |
| 线圈绕组元件 | | 非金属材料(已有规定剖面符号者除外) | |
| 型砂、填砂、粉末冶金、砂轮、陶瓷刀片,硬质合金刀片 | | 基础周围的泥土 | |
| 玻璃及供观察用的其他透明材料 | | 混凝土 | |
| 木材　纵剖面 | | 钢筋混凝土 | 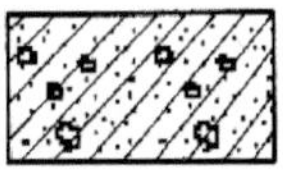 |
| 木材　横剖面 | | 砖 |  |
| | | 格网(筛网、过滤网) | |
| 木质胶合板 | | 液体 |  |

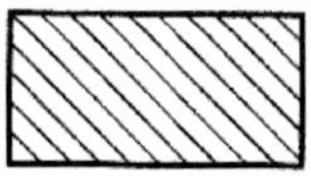

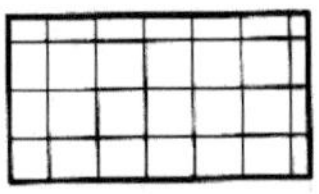

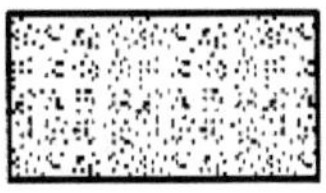

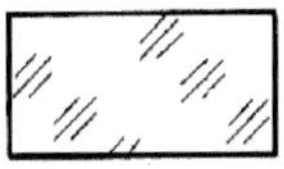

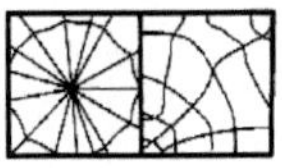

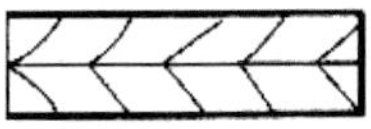

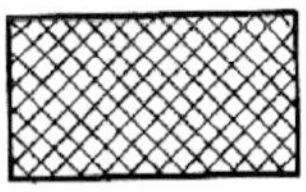

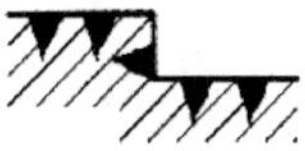

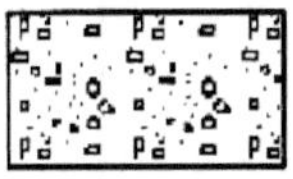

②剖视图:主要用于表达零部件的内部结构形状,如表2-4所示。

表2-4　剖视图

| 序号 | 类型 | 图示 | 说明 |
|---|---|---|---|
| 1 | 全剖视图 | 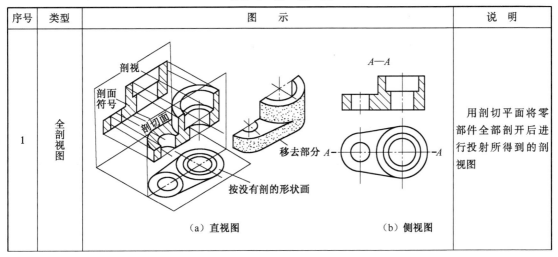 （a）直视图　　　（b）侧视图 | 用剖切平面将零部件全部剖开后进行投射所得到的剖视图 |

| 序号 | 类型 | 图　　示 | 说　明 |
|---|---|---|---|
| 2 | 半剖视图 | （a）直观图　　　　　（b）剖视图 | 当零部件具有对称平面时,以对称中心线为界,在垂直于对称平面的投影面上投射得到的,由半个剖视图和半个视图合并组成的图形,半剖视图适用于表达对称的或基本对称的零部件 |
| 3 | 局部剖视图 | （a）直观图　　　　　（b）剖视图 | 将零部件局部部位剖开后进行投射得到的剖视图,局部剖视是一种比较灵活的表达方法,剖切范围应根据实际需要决定 |
| 4 | 断面视图 | | 画在视图轮廓之外的断面图。能保证图形清晰,箭头表示剖切后的投射方向 |

## 二、识读零件图中的技术要求

### 1. 表面粗糙度

表面粗糙度对零件的配合、耐磨性、抗蚀性、密封性、疲劳强度、接触刚度、振动和噪声等有显著影响,与机械产品的使用寿命和可靠性有密切相关。为了保证零件的使用性能,需要对零件的表面粗糙度给出要求。

(1)表面粗糙度一般是由所采用的加工方法、工件材料的不同等其他因素所造成表面的差别,如表 2-5 所示。

**表 2-5 各种加工方法得到的表面粗糙度**

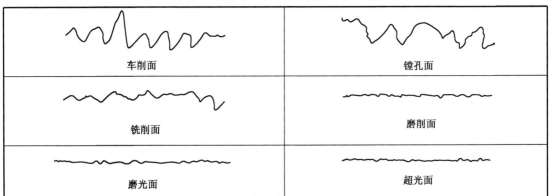

(2)加工中的纹理和方向一般由采用的方法所产生,如表 2-6 所示。

**表 2-6 加工纹理和方向**

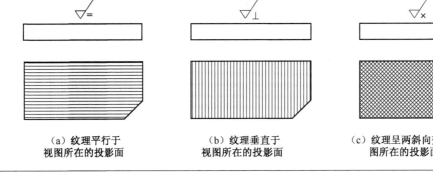

(a)纹理平行于视图所在的投影面　(b)纹理垂直于视图所在的投影面　(c)纹理呈两斜向交叉且与视图所在的投影面相交

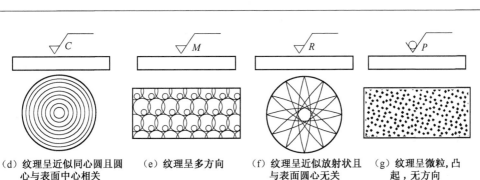

(d)纹理呈近似同心圆且圆心与表面中心相关　(e)纹理呈多方向　(f)纹理呈近似放射状且与表面圆心无关　(g)纹理呈微粒,凸起,无方向

(3)在图样中,用不同的图形符号来表示对零件表面的不同要求,如表 2-7 所示。

表 2-7　表面结构符号

| 符　号 | 含　义 |
|---|---|
| 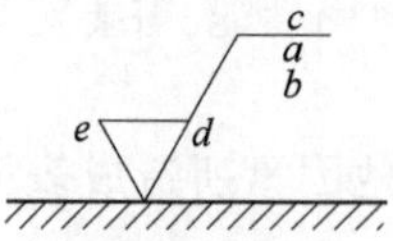 　　表面结构符号 | 国家标准 GB/T 131—2006 为表面结构符号、代号及其标注。<br>$a$ 处标注表面结构的单一要求,包括表面结构参数代号、数值等;<br>位置 $a$ 和 $b$ 处注写两个或多个表面结构要求;<br>$c$ 处标注加工方法;<br>$d$ 处标注加工纹理和方向<br>$e$ 处标注加工余量,mm |
|  | 基本图形符号,未指定工艺方法的表面,当通过一个注释解释时可单独使用 |
| 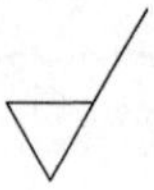 | 扩展图形符号,用去除材料的方法获得的表面,如通过车、铣、刨、磨等机械加工的表面;仅当其含义是"被加工表面"时可单独使用 |
|  | 扩展图形符号,不去除材料的表面,如铸、锻等;也可用于表示保持上道工序形成的表面,不管这种状况是通过去除材料或不去除材料形成的 |
| 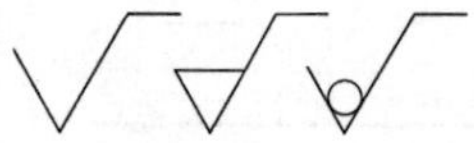 | 在基本图形符号或扩展图形符号的长边上加一横线,用于标注表面结构特征的补充信息 |
| 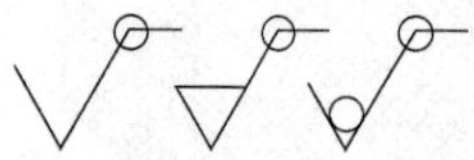 | 当在某个视图上组成封闭轮廓的各表面有相同的表面粗糙度时,应在完整图形符号上加一圆圈,标注在图样中工件的封闭轮廓上 |

(4)表面结构要求在图样中的标准示例,如表 2-8 所示。

表 2-8　表面结构要求在图样中的标准示例

| 说　明 | 示　例 |
|---|---|
| 表面结构要求对每一表面一般只标注一次,并尽可能注在相应的尺寸及其公差的同一视图上。表面结构的注写和读取方向与尺寸的注写和读取方向一致 | 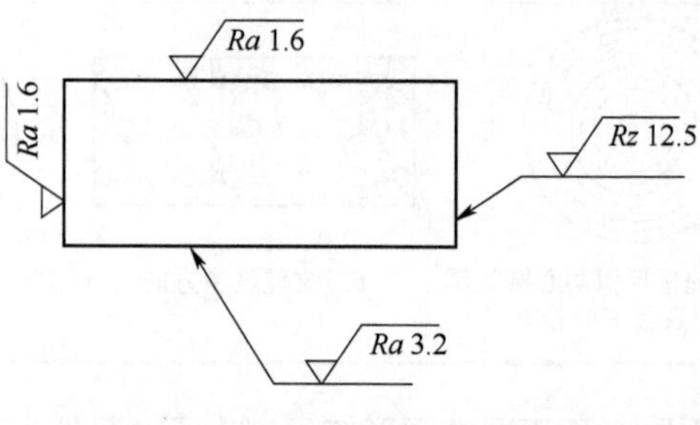 |

| 说　明 | 示　例 |
|---|---|
| 　表面结构要求可标注在轮廓线或其延长线上，其符号应从材料外指向并接触表面。必要时表面结构符号也可用带箭头和黑点的指引线引出标注 | 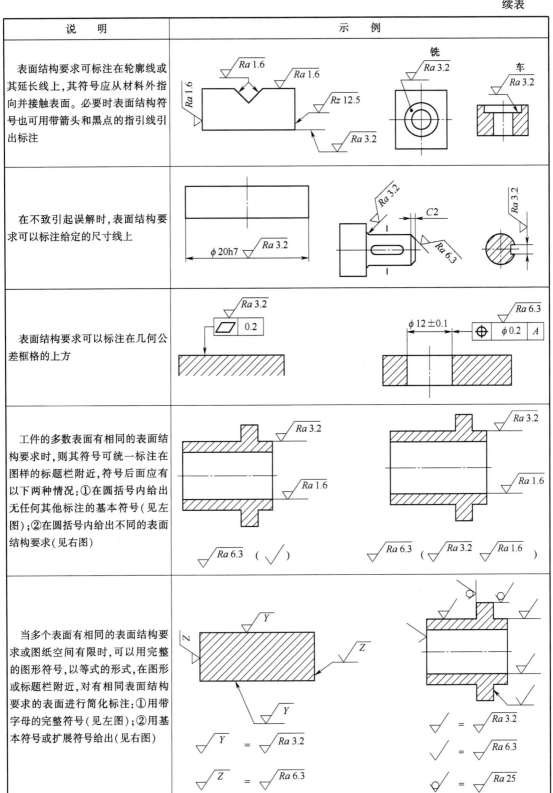 |
| 　在不致引起误解时，表面结构要求可以标注给定的尺寸线上 | |
| 　表面结构要求可以标注在几何公差框格的上方 | |
| 　工件的多数表面有相同的表面结构要求时，则其符号可统一标注在图样的标题栏附近，符号后面应有以下两种情况：①在圆括号内给出无任何其他标注的基本符号（见左图）；②在圆括号内给出不同的表面结构要求（见右图） | |
| 　当多个表面有相同的表面结构要求或图纸空间有限时，可以用完整的图形符号，以等式的形式，在图形或标题栏附近，对有相同表面结构要求的表面进行简化标注：①用带字母的完整符号（见左图）；②用基本符号或扩展符号给出（见右图） | |

（5）因不同的加工方法确定表面粗糙度（$Ra$）数值，如表 2-9 所示。

**表 2-9　常用表面粗糙度 $Ra$ 的数值与加工方法**

| 表面特征 | 表面粗糙度（$Ra$）数值 | | | 加工方法举例 |
|---|---|---|---|---|
| 明显可见刀痕 | $\sqrt{}$ $Ra\,100$ | $\sqrt{}$ $Ra\,50$ | $\sqrt{}$ $Ra\,25$ | 粗车、粗刨、粗铣、钻孔 |
| 微见刀痕 | $\sqrt{}$ $Ra\,12.5$ | $\sqrt{}$ $Ra\,6.3$ | $\sqrt{}$ $Ra\,3.2$ | 精车、精刨、精铣、粗铰、粗磨 |
| 看不见加工痕迹，微辨加工方向 | $\sqrt{}$ $Ra\,1.6$ | $\sqrt{}$ $Ra\,0.8$ | $\sqrt{}$ $Ra\,0.4$ | 精车、精磨、精铰、研磨 |
| 暗光泽面 | $\sqrt{}$ $Ra\,0.2$ | $\sqrt{}$ $Ra\,0.1$ | $\sqrt{}$ $Ra\,0.05$ | 研磨、珩磨、超精磨 |

### 2. 尺寸公差与配合

当零件在检测前或加工时都应能看懂图样上的尺寸公差、配合性质等，以便合理安排加工、检测方法，知道合格条件，判断零件的合格性。

（1）尺寸公差的相关术语的名称、解释、计算示例及说明，如表 2-10 所示。

**表 2-10　公差的相关术语的名称、解释、计算示例及说明**

| 名称 | 解释 | 计算示例及说明 | |
|---|---|---|---|
| | | 孔 | 轴 |
| 公称尺寸 $A$ | 由规范确定的理想形状要素的尺寸 | 孔的尺寸 $\phi50H8(^{+0.039}_{0})$ $A = 50$ mm | 轴的尺寸 $\phi50f7(^{-0.025}_{-0.050})$ $A = 50$ mm |
| 实际尺寸 | 通过测量所得到的尺寸 | | |
| 极限尺寸 | 尺寸要素允许的尺寸变化的两个极端 | | |
| 上极限尺寸 | 尺寸要素（孔或轴）允许的最大尺寸 | $A_{\max} = 50.039$ mm | $A_{\max} = 49.975$ mm |
| 下极限尺寸 | 尺寸要素（孔或轴）允许的最小尺寸 | $A_{\min} = 50$ mm | $A_{\min} = 49.95$ mm |
| 尺寸偏差 | 简称偏差，某一尺寸减其相应的公称尺寸所得的代数差 | | |
| 上极限偏差 | 上极限尺寸-公称尺寸 | ES = 50.039 mm − 50 mm = + 0.039 mm | es = 49.975 mm − 50 mm = − 0.025 mm |
| 下极限偏差 | 下极限尺寸-公称尺寸 | EI = 50 mm − 50 mm = 0 | es = 49.95 mm − 50 mm = − 0.050 mm |
| 尺寸公差 $T$ | 尺寸公差=上级限尺寸-下极限尺寸=上极限偏差-下极限偏差 | $T_{\mathrm{h}} = 50.039$ mm − 50 mm = 0.039 mm 或 $T_{\mathrm{h}} = + 0.039$ mm − 0 = 0.039 mm | $T_{\mathrm{s}} = 49.975$ mm − 49.950 mm = 0.025 mm 或 $T_{\mathrm{s}} = − 0.025$ mm − ( − 0.050) mm = 0.025 mm |

（2）相关术语的图解，如表 2-11 所示。

表 2-11 术 语 图 解

| 示 图 | 说 明 |
|---|---|
| 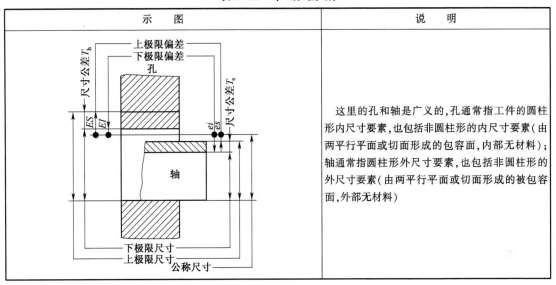 | 这里的孔和轴是广义的，孔通常指工件的圆柱形内尺寸要素，也包括非圆柱形的内尺寸要素（由两平行平面或切面形成的包容面，内部无材料）；轴通常指圆柱形外尺寸要素，也包括非圆柱形的外尺寸要素（由两平行平面或切面形成的被包容面，外部无材料） |

（3）公差带及公差带图，如表 2-12 所示。

表 2-12 公差带及公差带图

| 序号 | 类型 | 图 示 | 说明 |
|---|---|---|---|
| 1 | 孔和轴公差带 | 孔的尺寸 $\phi50H8(^{+0.039}_{0})$ $A=50$ （a）　　轴的尺寸 $\phi50f7(^{-0.025}_{-0.058})$ $A=50$ （b） | 在公差带图解中，由公差大小和相对于零线的位置如基本偏差来确定。图 a 为孔的公差带示意图，图 b 为轴的公差带示意图 |
| 2 | 公差带图标 | 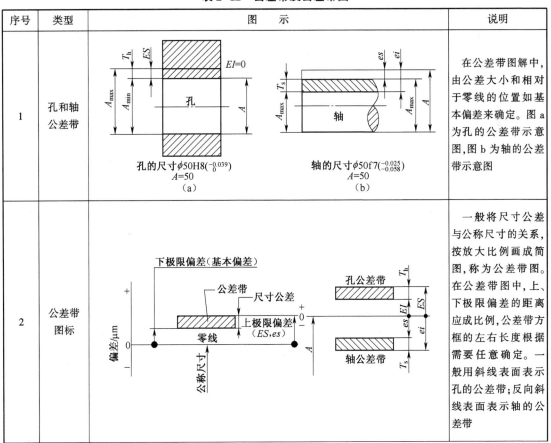 | 一般将尺寸公差与公称尺寸的关系，按放大比例画成简图，称为公差带图。在公差带图中，上、下极限偏差的距离应成比例，公差带方框的左右长度根据需要任意确定。一般用斜线表面表示孔的公差带；反向斜线表面表示轴的公差带 |

续表

| 序号 | 类型 | 图　　　示 | 说明 |
|---|---|---|---|
| 3 | 公差带图示例 | 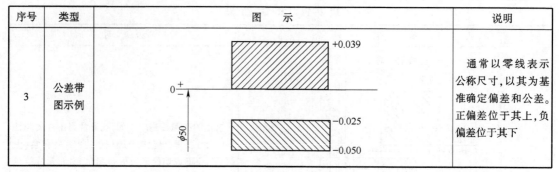 | 通常以零线表示公称尺寸,以其为基准确定偏差和公差。正偏差位于其上,负偏差位于其下 |

**3. 标准公差与基本偏差**

公差带是由标准公差和基本偏差两个基本要素确定的。标准公差确定公差带的大小,基本偏差确定公差带相对于零线的位置。

(1)标准公差

由国家标准规定的,用于确定公差带大小的任一公差。公差等级确定尺寸的精确程度,也反映了加工的难易程度。国家标准把公差分为 20 个等级,分别用 IT01、IT0、IT1 ~ IT18 表示,称为标准公差等级。IT(International Tolerance)表示标准公差,数字表示公差等级。当公称尺寸一定时,公差等级越高,标准公差值越小,尺寸的精确度就越高,加工难度越大。为了使用方便,国家标准把公称尺寸范围分段,按不同的公差等级对应各个尺寸分段规定出公差值,并用表的形式列出,如表 2-13 所示。

表 2-13　标准公差数值(摘自 GB/T 1800.1—2009)　　　　　μm

| 公称尺寸(mm) | | 标准公差等级 | | | | | | | | | | | | | | | | | |
|---|---|---|---|---|---|---|---|---|---|---|---|---|---|---|---|---|---|---|---|
| 大于 | 至 | IT1 | IT2 | IT3 | IT4 | IT5 | IT6 | IT7 | IT8 | IT9 | IT10 | IT11 | IT12 | IT13 | IT14 | IT15 | IT16 | IT17 | IT18 |
| | | μm | | | | | | | | | | | mm | | | | | | |
| — | 3 | 0.8 | 1.2 | 2 | 3 | 4 | 6 | 10 | 14 | 25 | 40 | 60 | 0.1 | 0.14 | 0.25 | 0.4 | 0.6 | 1 | 1.4 |
| 3 | 6 | 1 | 1.5 | 2.5 | 4 | 5 | 8 | 12 | 18 | 30 | 48 | 75 | 0.12 | 0.18 | 0.3 | 0.48 | 0.75 | 1.2 | 1.8 |
| 6 | 10 | 1 | 1.5 | 2.5 | 4 | 6 | 9 | 15 | 22 | 36 | 58 | 90 | 0.15 | 0.22 | 0.36 | 0.58 | 0.9 | 1.5 | 2.2 |
| 10 | 18 | 1.2 | 2 | 3 | 5 | 8 | 11 | 18 | 27 | 43 | 70 | 110 | 0.18 | 0.27 | 0.43 | 0.7 | 1.1 | 1.8 | 2.7 |
| 18 | 30 | 1.5 | 2.5 | 4 | 6 | 9 | 13 | 21 | 33 | 52 | 84 | 130 | 0.21 | 0.33 | 0.52 | 0.84 | 1.3 | 2.1 | 3.3 |
| 30 | 50 | 1.5 | 2.5 | 4 | 7 | 11 | 16 | 25 | 39 | 62 | 100 | 160 | 0.25 | 0.39 | 0.62 | 1 | 1.6 | 2.5 | 3.9 |
| 50 | 80 | 2 | 3 | 5 | 8 | 13 | 19 | 30 | 46 | 74 | 120 | 190 | 0.3 | 0.46 | 0.74 | 1.2 | 1.9 | 3 | 4.6 |
| 80 | 120 | 2.5 | 4 | 6 | 10 | 15 | 22 | 35 | 54 | 87 | 140 | 220 | 0.35 | 0.54 | 0.87 | 1.4 | 2.2 | 3.5 | 5.4 |
| 120 | 180 | 3.5 | 5 | 8 | 12 | 18 | 25 | 40 | 63 | 100 | 160 | 250 | 0.4 | 0.63 | 1 | 1.6 | 2.5 | 4 | 6.3 |
| 180 | 250 | 4.5 | 7 | 10 | 14 | 20 | 29 | 46 | 72 | 115 | 185 | 290 | 0.46 | 0.72 | 1.15 | 1.85 | 2.9 | 4.6 | 7.2 |
| 250 | 315 | 6 | 8 | 12 | 16 | 23 | 32 | 52 | 81 | 130 | 210 | 320 | 0.52 | 0.81 | 1.3 | 2.1 | 3.2 | 5.2 | 8.1 |
| 315 | 400 | 7 | 9 | 13 | 18 | 25 | 36 | 57 | 89 | 140 | 230 | 360 | 0.57 | 0.89 | 1.4 | 2.3 | 3.6 | 5.7 | 8.9 |
| 400 | 500 | 8 | 10 | 15 | 20 | 27 | 40 | 63 | 97 | 155 | 250 | 400 | 0.63 | 0.97 | 1.55 | 2.5 | 4 | 6.3 | 9.7 |
| 500 | 630 | 9 | 11 | 16 | 22 | 32 | 44 | 70 | 110 | 175 | 280 | 440 | 0.7 | 1.1 | 1.75 | 2.8 | 4.4 | 7 | 11 |
| 630 | 800 | 10 | 13 | 18 | 25 | 36 | 50 | 80 | 125 | 200 | 320 | 500 | 0.8 | 1.25 | 2 | 3.2 | 5 | 8 | 12.5 |
| 800 | 1 000 | 11 | 15 | 21 | 28 | 40 | 56 | 90 | 140 | 230 | 360 | 560 | 0.9 | 1.4 | 2.3 | 3.6 | 5.6 | 9 | 14 |
| 1 000 | 1 250 | 13 | 18 | 24 | 33 | 47 | 66 | 105 | 165 | 260 | 420 | 660 | 1.05 | 1.65 | 2.6 | 4.2 | 6.6 | 10.5 | 16.5 |
| 1 250 | 1 600 | 15 | 21 | 29 | 39 | 55 | 78 | 125 | 195 | 310 | 500 | 780 | 1.25 | 1.95 | 3.1 | 5 | 7.8 | 12.5 | 19.5 |

| 公称尺寸 (mm) | | 标准公差等级 | | | | | | | | | | | | | | | | | |
|---|---|---|---|---|---|---|---|---|---|---|---|---|---|---|---|---|---|---|---|
| | | IT1 | IT2 | IT3 | IT4 | IT5 | IT6 | IT7 | IT8 | IT9 | IT10 | IT11 | IT12 | IT13 | IT14 | IT15 | IT16 | IT17 | IT18 |
| 大于 | 至 | μm | | | | | | | | | | | mm | | | | | | |
| 1 600 | 2 000 | 18 | 25 | 35 | 46 | 65 | 92 | 150 | 230 | 370 | 600 | 920 | 1.5 | 2.3 | 3.7 | 6 | 9.2 | 15 | 23 |
| 2 000 | 2 500 | 22 | 30 | 41 | 55 | 78 | 110 | 175 | 280 | 440 | 700 | 1 100 | 1.75 | 2.8 | 4.4 | 7 | 11 | 17.5 | 28 |
| 2 500 | 3 150 | 26 | 36 | 50 | 68 | 96 | 135 | 210 | 330 | 540 | 860 | 1 350 | 2.1 | 3.3 | 5.4 | 8.6 | 13.5 | 21 | 33 |

注:1. 公称尺寸大于 500 mm 的 IT1~IT5 的标准公差数值为试行的。

　　2. 公称尺寸小于或等于 1 mm 时,无 IT14~IT18。

（2）基本偏差

基本偏差是指用以确定公差带相对于零线位置的上极限偏差或下极限偏差,一般是指靠近零线的那个偏差。根据实际需要,国家标准分别对孔和轴各规定了 28 个不同的基本偏差(见图 2-3)。轴和孔的基本偏差数值如表 2-14、表 2-15 所示。

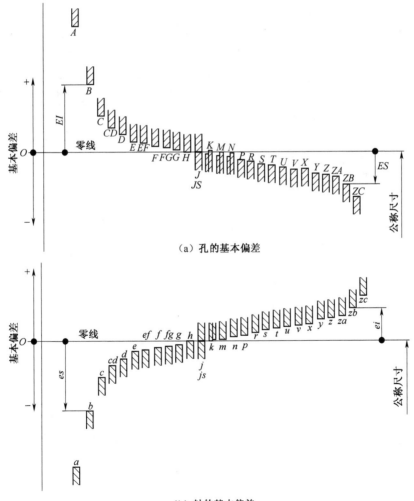

（a）孔的基本偏差

（b）轴的基本偏差

图 2-3　基本偏差

μm

## 表2-14 轴的极限偏差数值（摘自 GB/T 1800.2—2009）

注：表中每格上行为上偏差，下行为下偏差（单位：μm）；带 * 者为常用公差等级。

| 公称尺寸/mm 大于 | 至 | a 11 | b 11 | c 11* | d 9* | e 8 | f 7* | g 6* | g 5 | h 6* | h 7* | h 8 | h 9* | h 10 | h 11* | h 12 | js 6 | k 6* | m 6 | n 6* | p 6* | r 6 | s 6* | t 6 | u 6 | v 6 | x 6 | y 6 | z 6 |
|---|---|---|---|---|---|---|---|---|---|---|---|---|---|---|---|---|---|---|---|---|---|---|---|---|---|---|---|---|---|
| — | 3 | -270/-330 | -140/-200 | -60/-120 | -20/-45 | -14/-28 | -6/-16 | -2/-8 | -2/-6 | 0/-6 | 0/-10 | 0/-14 | 0/-25 | 0/-40 | 0/-60 | 0/-100 | ±3 | +6/0 | +8/+2 | +10/+4 | +12/+6 | +16/+10 | +20/+14 | — | +24/+18 | — | +26/+20 | — | +32/+26 |
| 3 | 6 | -270/-345 | -140/-215 | -70/-145 | -30/-60 | -20/-38 | -10/-22 | -4/-12 | -4/-9 | 0/-8 | 0/-12 | 0/-18 | 0/-30 | 0/-48 | 0/-75 | 0/-120 | ±4 | +9/+1 | +12/+4 | +16/+8 | +20/+12 | +23/+15 | +27/+19 | — | +31/+23 | — | +36/+28 | — | +43/+35 |
| 6 | 10 | -280/-370 | -150/-240 | -80/-170 | -40/-76 | -25/-47 | -13/-28 | -5/-14 | -5/-11 | 0/-9 | 0/-15 | 0/-22 | 0/-36 | 0/-58 | 0/-90 | 0/-150 | ±4.5 | +10/+1 | +15/+6 | +19/+10 | +24/+15 | +28/+19 | +32/+23 | — | +37/+28 | — | +43/+34 | — | +51/+42 |
| 10 | 14 | -290/-400 | -150/-260 | -95/-205 | -50/-93 | -32/-59 | -16/-34 | -6/-17 | -6/-14 | 0/-11 | 0/-18 | 0/-27 | 0/-43 | 0/-70 | 0/-110 | 0/-180 | ±5.5 | +12/+1 | +18/+7 | +23/+12 | +29/+18 | +34/+23 | +39/+28 | — | +44/+33 | — | +51/+40 | — | +61/+50 |
| 14 | 18 | -290/-400 | -150/-260 | -95/-205 | -50/-93 | -32/-59 | -16/-34 | -6/-17 | -6/-14 | 0/-11 | 0/-18 | 0/-27 | 0/-43 | 0/-70 | 0/-110 | 0/-180 | ±5.5 | +12/+1 | +18/+7 | +23/+12 | +29/+18 | +34/+23 | +39/+28 | — | +44/+33 | +50/+39 | +56/+45 | — | +71/+60 |
| 18 | 24 | -300/-430 | -160/-290 | -110/-240 | -65/-117 | -40/-73 | -20/-41 | -7/-20 | -7/-16 | 0/-13 | 0/-21 | 0/-33 | 0/-52 | 0/-84 | 0/-130 | 0/-210 | ±6.5 | +15/+2 | +21/+8 | +28/+15 | +35/+22 | +41/+28 | +48/+35 | — | +54/+41 | +60/+47 | +67/+54 | +76/+63 | +86/+73 |
| 24 | 30 | -300/-430 | -160/-290 | -110/-240 | -65/-117 | -40/-73 | -20/-41 | -7/-20 | -7/-16 | 0/-13 | 0/-21 | 0/-33 | 0/-52 | 0/-84 | 0/-130 | 0/-210 | ±6.5 | +15/+2 | +21/+8 | +28/+15 | +35/+22 | +41/+28 | +48/+35 | +54/+41 | +61/+48 | +68/+55 | +77/+64 | +88/+75 | +101/+88 |
| 30 | 40 | -310/-470 | -170/-330 | -120/-280 | -80/-142 | -50/-89 | -25/-50 | -9/-25 | -9/-20 | 0/-16 | 0/-25 | 0/-39 | 0/-62 | 0/-100 | 0/-160 | 0/-250 | ±8 | +18/+2 | +25/+9 | +33/+17 | +42/+26 | +50/+34 | +59/+43 | +64/+48 | +76/+60 | +84/+68 | +96/+80 | +110/+94 | +128/+112 |
| 40 | 50 | -320/-480 | -180/-340 | -130/-290 | -80/-142 | -50/-89 | -25/-50 | -9/-25 | -9/-20 | 0/-16 | 0/-25 | 0/-39 | 0/-62 | 0/-100 | 0/-160 | 0/-250 | ±8 | +18/+2 | +25/+9 | +33/+17 | +42/+26 | +50/+34 | +59/+43 | +70/+54 | +86/+70 | +97/+81 | +113/+97 | +130/+114 | +152/+136 |
| 50 | 65 | -340/-530 | -190/-380 | -140/-330 | -100/-174 | -60/-106 | -30/-60 | -10/-29 | -10/-23 | 0/-19 | 0/-30 | 0/-46 | 0/-74 | 0/-120 | 0/-190 | 0/-300 | ±9.5 | +21/+2 | +30/+11 | +39/+20 | +51/+32 | +60/+41 | +72/+53 | +85/+66 | +106/+87 | +121/+102 | +141/+122 | +163/+144 | +190/+172 |
| 65 | 80 | -360/-550 | -200/-390 | -150/-340 | -100/-174 | -60/-106 | -30/-60 | -10/-29 | -10/-23 | 0/-19 | 0/-30 | 0/-46 | 0/-74 | 0/-120 | 0/-190 | 0/-300 | ±9.5 | +21/+2 | +30/+11 | +39/+20 | +51/+32 | +62/+43 | +78/+59 | +94/+75 | +121/+102 | +139/+120 | +165/+146 | +193/+174 | +229/+210 |
| 80 | 100 | -380/-600 | -220/-440 | -170/-390 | -120/-207 | -72/-126 | -36/-71 | -12/-34 | -12/-27 | 0/-22 | 0/-35 | 0/-54 | 0/-87 | 0/-140 | 0/-220 | 0/-350 | ±11 | +25/+3 | +35/+13 | +45/+23 | +59/+37 | +73/+51 | +93/+71 | +113/+91 | +146/+124 | +168/+146 | +200/+178 | +236/+214 | +280/+258 |
| 100 | 120 | -410/-630 | -240/-460 | -180/-400 | -120/-207 | -72/-126 | -36/-71 | -12/-34 | -12/-27 | 0/-22 | 0/-35 | 0/-54 | 0/-87 | 0/-140 | 0/-220 | 0/-350 | ±11 | +25/+3 | +35/+13 | +45/+23 | +59/+37 | +76/+54 | +101/+79 | +126/+104 | +166/+144 | +194/+172 | +232/+210 | +276/+254 | +332/+310 |

续表

| 公称尺寸/mm 大于 | 至 | a 11 | b 11 | c 11* | d 9* | e 8 | f 7* | g 6* | h 5 | h 6* | h 7 | h 8 | h 9* | h 10 | h 11* | h 12 | js 6 | k 6* | m 6 | n 6* | p 6* | r 6 | s 6* | l 6 | u 6 | v 6 | x 6 | y 6 | z 6 |
|---|---|---|---|---|---|---|---|---|---|---|---|---|---|---|---|---|---|---|---|---|---|---|---|---|---|---|---|---|---|
| 120 | 140 | −450/−710 | −260/−510 | −200/−450 | −145/−245 | −85/−148 | −43/−83 | −14/−39 | 0/−18 | 0/−25 | 0/−40 | 0/−63 | 0/−100 | 0/−160 | 0/−250 | 0/−400 | ±12.5 | +28/+3 | +40/+15 | +52/+27 | +68/+43 | +88/+63 | +117/+92 | +147/+122 | +195/+170 | +227/+202 | +273/+248 | +325/+300 | +390/+365 |
| 140 | 160 | −520/−770 | −280/−530 | −210/−460 | | | | | | | | | | | | | | | | | | +90/+65 | +125/+100 | +159/+134 | +215/+190 | +253/+228 | +305/+280 | +365/+340 | +440/+415 |
| 160 | 180 | −580/−830 | −310/−560 | −230/−480 | | | | | | | | | | | | | | | | | | +94/+68 | +133/+108 | +171/+146 | +235/+210 | +277/+252 | +335/+310 | +405/+380 | +490/+465 |
| 180 | 200 | −660/−950 | −340/−630 | −240/−530 | −170/−285 | −100/−172 | −50/−96 | −15/−44 | 0/−20 | 0/−29 | 0/−46 | 0/−72 | 0/−115 | 0/−185 | 0/−290 | 0/−460 | ±14.5 | +33/+4 | +46/+17 | +60/+31 | +79/+50 | +106/+77 | +151/+122 | +195/+166 | +265/+236 | +313/+284 | +379/+350 | +454/+425 | +549/+520 |
| 200 | 225 | −740/−1030 | −380/−670 | −260/−550 | | | | | | | | | | | | | | | | | | +109/+80 | +159/+130 | +209/+180 | +287/+258 | +339/+310 | +414/+385 | +499/+470 | +604/+575 |
| 225 | 250 | −820/−1110 | −420/−710 | −280/−570 | | | | | | | | | | | | | | | | | | +113/+84 | +169/+140 | +225/+196 | +313/+284 | +369/+340 | +454/+425 | +549/+520 | +669/+640 |
| 250 | 280 | −920/−1240 | −480/−800 | −300/−620 | −190/−320 | −110/−191 | −56/−108 | −17/−49 | 0/−23 | 0/−32 | 0/−52 | 0/−81 | 0/−130 | 0/−210 | 0/−320 | 0/−520 | ±16 | +36/+4 | +52/+20 | +66/+34 | +88/+56 | +126/+94 | +190/+158 | +250/+218 | +347/+315 | +417/+385 | +507/+475 | +612/+580 | +742/+710 |
| 280 | 315 | −1050/−1370 | −540/−860 | −330/−650 | | | | | | | | | | | | | | | | | | +130/+98 | +202/+170 | +272/+240 | +382/+350 | +457/+425 | +557/+525 | +682/+650 | +822/+790 |
| 315 | 355 | −1200/−1560 | −600/−960 | −360/−720 | −210/−350 | −125/−214 | −62/−119 | −18/−54 | 0/−25 | 0/−36 | 0/−57 | 0/−89 | 0/−140 | 0/−230 | 0/−360 | 0/−570 | ±18 | +40/+4 | +57/+21 | +73/+37 | +98/+62 | +144/+108 | +226/+190 | +304/+268 | +426/+390 | +511/+475 | +626/+590 | +766/+730 | +936/+900 |
| 355 | 400 | −1350/−1710 | −680/−1040 | −400/−760 | | | | | | | | | | | | | | | | | | +150/+114 | +244/+208 | +330/+294 | +471/+435 | +566/+530 | +696/+660 | +856/+820 | +1036/+1000 |
| 400 | 450 | −1500/−1900 | −760/−1160 | −440/−840 | −230/−385 | −135/−232 | −68/−131 | −20/−60 | 0/−27 | 0/−40 | 0/−63 | 0/−97 | 0/−155 | 0/−250 | 0/−400 | 0/−630 | ±20 | +45/+5 | +63/+23 | +80/+40 | +108/+68 | +166/+126 | +272/+232 | +370/+330 | +530/+490 | +635/+595 | +780/+740 | +960/+920 | +1140/+1100 |
| 450 | 500 | −1650/−2050 | −840/−1240 | −480/−880 | | | | | | | | | | | | | | | | | | +172/+132 | +292/+252 | +400/+360 | +580/+540 | +700/+660 | +860/+820 | +1040/+1000 | +1250/+1210 |

注：带*者为优先选用。

表 2-15　孔的极限偏差数值（摘自 GB/T 1800.2—2009）

μm

| 公称尺寸/mm 大于 | 至 | A 11 | B 11 | C 11* | D 9* | E 8 | F 8* | G 7* | H 6 | H 7* | H 8* | H 9* | H 10 | H 11* | H 12 | JS 6 | JS 7 | K 6 | K 7* | K 8 | M 7 | N 6 | N 7* | P 6 | P 7* | R 7 | S 7* | T 7 | U 7 |
|---|---|---|---|---|---|---|---|---|---|---|---|---|---|---|---|---|---|---|---|---|---|---|---|---|---|---|---|---|---|
| — | 3 | +330/+270 | +200/+140 | +120/+60 | +45/+20 | +28/+14 | +20/+6 | +12/+2 | +6/0 | +10/0 | +14/0 | +25/0 | +40/0 | +60/0 | +100/0 | ±3 | ±5 | 0/−6 | 0/−10 | 0/−14 | −2/−12 | −4/−10 | −4/−14 | −6/−12 | −6/−16 | −10/−20 | −14/−24 | — | −18/−28 |
| 3 | 6 | +345/+270 | +215/+140 | +145/+70 | +60/+30 | +38/+20 | +28/+10 | +16/+4 | +8/0 | +12/0 | +18/0 | +30/0 | +48/0 | +75/0 | +120/0 | ±4 | ±6 | +2/−6 | +3/−9 | +5/−13 | 0/−12 | −5/−13 | −4/−16 | −9/−17 | −8/−20 | −11/−23 | −15/−27 | — | −19/−31 |
| 6 | 10 | +370/+280 | +240/+150 | +170/+80 | +76/+40 | +47/+25 | +35/+13 | +20/+5 | +9/0 | +15/0 | +22/0 | +36/0 | +58/0 | +90/0 | +150/0 | ±4.5 | ±7 | +2/−7 | +5/−10 | +6/−16 | 0/−15 | −7/−16 | −4/−19 | −12/−21 | −9/−24 | −13/−28 | −17/−32 | — | −22/−37 |
| 10 | 14 | +400/+290 | +260/+150 | +205/+95 | +93/+50 | +59/+32 | +43/+16 | +24/+6 | +11/0 | +18/0 | +27/0 | +43/0 | +70/0 | +110/0 | +180/0 | ±5.5 | ±9 | +2/−9 | +6/−12 | +8/−19 | 0/−18 | −9/−20 | −5/−23 | −15/−26 | −11/−29 | −16/−34 | −21/−39 | — | −26/−44 |
| 14 | 18 | +400/+290 | +260/+150 | +205/+95 | +93/+50 | +59/+32 | +43/+16 | +24/+6 | +11/0 | +18/0 | +27/0 | +43/0 | +70/0 | +110/0 | +180/0 | ±5.5 | ±9 | +2/−9 | +6/−12 | +8/−19 | 0/−18 | −9/−20 | −5/−23 | −15/−26 | −11/−29 | −16/−34 | −21/−39 | — | −26/−44 |
| 18 | 24 | +430/+300 | +290/+160 | +240/+110 | +117/+65 | +73/+40 | +53/+20 | +28/+7 | +13/0 | +21/0 | +33/0 | +52/0 | +84/0 | +130/0 | +210/0 | ±6.5 | ±10 | +2/−11 | +6/−15 | +10/−23 | 0/−21 | −11/−24 | −7/−28 | −18/−31 | −14/−35 | −20/−41 | −27/−48 | — | −33/−54 |
| 24 | 30 | +430/+300 | +290/+160 | +240/+110 | +117/+65 | +73/+40 | +53/+20 | +28/+7 | +13/0 | +21/0 | +33/0 | +52/0 | +84/0 | +130/0 | +210/0 | ±6.5 | ±10 | +2/−11 | +6/−15 | +10/−23 | 0/−21 | −11/−24 | −7/−28 | −18/−31 | −14/−35 | −20/−41 | −27/−48 | −33/−54 | −40/−61 |
| 30 | 40 | +470/+310 | +330/+170 | +280/+120 | +142/+80 | +89/+50 | +64/+25 | +34/+9 | +16/0 | +25/0 | +39/0 | +62/0 | +100/0 | +160/0 | +250/0 | ±8 | ±12 | +3/−13 | +7/−18 | +12/−27 | 0/−25 | −12/−28 | −8/−33 | −21/−37 | −17/−42 | −25/−50 | −34/−59 | −39/−64 | −51/−76 |
| 40 | 50 | +480/+320 | +340/+180 | +290/+130 | +142/+80 | +89/+50 | +64/+25 | +34/+9 | +16/0 | +25/0 | +39/0 | +62/0 | +100/0 | +160/0 | +250/0 | ±8 | ±12 | +3/−13 | +7/−18 | +12/−27 | 0/−25 | −12/−28 | −8/−33 | −21/−37 | −17/−42 | −25/−50 | −34/−59 | −45/−70 | −61/−86 |
| 50 | 65 | +530/+340 | +380/+190 | +330/+140 | +174/+100 | +106/+60 | +76/+30 | +40/+10 | +19/0 | +30/0 | +46/0 | +74/0 | +120/0 | +190/0 | +300/0 | ±9.5 | ±15 | +4/−15 | +9/−21 | +14/−32 | 0/−30 | −14/−33 | −9/−39 | −26/−45 | −21/−51 | −30/−60 | −42/−72 | −55/−85 | −76/−106 |
| 65 | 80 | +550/+360 | +390/+200 | +340/+150 | +174/+100 | +106/+60 | +76/+30 | +40/+10 | +19/0 | +30/0 | +46/0 | +74/0 | +120/0 | +190/0 | +300/0 | ±9.5 | ±15 | +4/−15 | +9/−21 | +14/−32 | 0/−30 | −14/−33 | −9/−39 | −26/−45 | −21/−51 | −32/−62 | −48/−78 | −64/−94 | −91/−121 |
| 80 | 100 | +600/+380 | +440/+220 | +390/+170 | +207/+120 | +126/+72 | +90/+36 | +47/+12 | +22/0 | +35/0 | +54/0 | +87/0 | +140/0 | +220/0 | +350/0 | ±11 | ±17 | +4/−18 | +10/−25 | +16/−38 | 0/−35 | −16/−38 | −10/−45 | −30/−52 | −24/−59 | −38/−73 | −58/−93 | −78/−113 | −111/−146 |
| 100 | 120 | +630/+410 | +460/+240 | +400/+180 | +207/+120 | +126/+72 | +90/+36 | +47/+12 | +22/0 | +35/0 | +54/0 | +87/0 | +140/0 | +220/0 | +350/0 | ±11 | ±17 | +4/−18 | +10/−25 | +16/−38 | 0/−35 | −16/−38 | −10/−45 | −30/−52 | −24/−59 | −41/−76 | −66/−101 | −91/−126 | −131/−166 |

公　差　等　级

公　差

代号

续表

| 公称尺寸/mm 大于 | 至 | A | B | C | D | E | F | G | H | H | H | H | H | H | H | JS | JS | K | K | K | M | N | N | P | P | R | S | T | U |
|---|---|---|---|---|---|---|---|---|---|---|---|---|---|---|---|---|---|---|---|---|---|---|---|---|---|---|---|---|---|
| 代号／公差等级 | | 11 | 11 | 11* | 9* | 8 | 8* | 7* | 6 | 7* | 8* | 9* | 10 | 11* | 12 | 6 | 7 | 6 | 7* | 8 | 7 | 6 | 7* | 6 | 7* | 7 | 7* | 7 | 7 |
| 120 | 140 | +710/+460 | +510/+260 | +450/+200 | +245/+145 | +148/+85 | +106/+43 | +54/+14 | +25/0 | +40/0 | +63/0 | +100/0 | +160/0 | +250/0 | +400/0 | ±12.5 | ±20 | +4/−21 | +12/−28 | +20/−43 | 0/−40 | −20/−45 | −12/−52 | −36/−61 | −28/−68 | −48/−88 | −77/−117 | −107/−147 | −155/−195 |
| 140 | 160 | +770/+520 | +530/+280 | +460/+210 | +245/+145 | +148/+85 | +106/+43 | +54/+14 | +25/0 | +40/0 | +63/0 | +100/0 | +160/0 | +250/0 | +400/0 | ±12.5 | ±20 | +4/−21 | +12/−28 | +20/−43 | 0/−40 | −20/−45 | −12/−52 | −36/−61 | −28/−68 | −50/−90 | −85/−125 | −119/−159 | −175/−215 |
| 160 | 180 | +830/+580 | +560/+310 | +480/+230 | +245/+145 | +148/+85 | +106/+43 | +54/+14 | +25/0 | +40/0 | +63/0 | +100/0 | +160/0 | +250/0 | +400/0 | ±12.5 | ±20 | +4/−21 | +12/−28 | +20/−43 | 0/−40 | −20/−45 | −12/−52 | −36/−61 | −28/−68 | −53/−93 | −93/−133 | −131/−171 | −195/−235 |
| 180 | 200 | +950/+660 | +630/+340 | +530/+240 | +285/+170 | +172/+100 | +122/+50 | +61/+15 | +29/0 | +46/0 | +72/0 | +115/0 | +185/0 | +290/0 | +460/0 | ±14.5 | ±23 | +5/−24 | +13/−33 | +22/−50 | 0/−46 | −22/−51 | −14/−60 | −41/−70 | −33/−79 | −60/−106 | −105/−151 | −149/−195 | −219/−265 |
| 200 | 225 | +1030/+740 | +670/+380 | +550/+260 | +285/+170 | +172/+100 | +122/+50 | +61/+15 | +29/0 | +46/0 | +72/0 | +115/0 | +185/0 | +290/0 | +460/0 | ±14.5 | ±23 | +5/−24 | +13/−33 | +22/−50 | 0/−46 | −22/−51 | −14/−60 | −41/−70 | −33/−79 | −63/−109 | −113/−159 | −163/−209 | −241/−287 |
| 225 | 250 | +1110/+820 | +710/+420 | +570/+280 | +285/+170 | +172/+100 | +122/+50 | +61/+15 | +29/0 | +46/0 | +72/0 | +115/0 | +185/0 | +290/0 | +460/0 | ±14.5 | ±23 | +5/−24 | +13/−33 | +22/−50 | 0/−46 | −22/−51 | −14/−60 | −41/−70 | −33/−79 | −67/−113 | −123/−169 | −179/−225 | −267/−313 |
| 250 | 280 | +1240/+920 | +800/+480 | +620/+300 | +320/+190 | +191/+110 | +137/+56 | +69/+17 | +32/0 | +52/0 | +81/0 | +130/0 | +210/0 | +320/0 | +520/0 | ±16 | ±26 | +5/−27 | +16/−36 | +25/−56 | 0/−52 | −25/−57 | −14/−66 | −47/−79 | −36/−88 | −74/−126 | −138/−190 | −198/−250 | −295/−347 |
| 280 | 315 | +1370/+1050 | +860/+540 | +650/+330 | +320/+190 | +191/+110 | +137/+56 | +69/+17 | +32/0 | +52/0 | +81/0 | +130/0 | +210/0 | +320/0 | +520/0 | ±16 | ±26 | +5/−27 | +16/−36 | +25/−56 | 0/−52 | −25/−57 | −14/−66 | −47/−79 | −36/−88 | −78/−130 | −150/−202 | −220/−272 | −330/−382 |
| 315 | 355 | +1560/+1200 | +960/+600 | +720/+360 | +350/+210 | +214/+125 | +151/+62 | +75/+18 | +36/0 | +57/0 | +89/0 | +140/0 | +230/0 | +360/0 | +570/0 | ±18 | ±28 | +7/−29 | +17/−40 | +28/−61 | 0/−57 | −26/−62 | −16/−73 | −51/−87 | −41/−98 | −87/−144 | −169/−226 | −247/−304 | −369/−426 |
| 355 | 400 | +1710/+1350 | +1040/+680 | +760/+400 | +350/+210 | +214/+125 | +151/+62 | +75/+18 | +36/0 | +57/0 | +89/0 | +140/0 | +230/0 | +360/0 | +570/0 | ±18 | ±28 | +7/−29 | +17/−40 | +28/−61 | 0/−57 | −26/−62 | −16/−73 | −51/−87 | −41/−98 | −93/−150 | −187/−244 | −273/−330 | −414/−471 |
| 400 | 450 | +1900/+1500 | +1160/+760 | +840/+440 | +385/+230 | +232/+135 | +165/+68 | +83/+20 | +40/0 | +63/0 | +97/0 | +155/0 | +250/0 | +400/0 | +630/0 | ±20 | ±31 | +8/−32 | +18/−45 | +29/−68 | 0/−63 | −27/−67 | −17/−80 | −55/−95 | −45/−108 | −103/−166 | −209/−272 | −307/−370 | −467/−530 |
| 450 | 500 | +2050/+1650 | +1240/+840 | +880/+480 | +385/+230 | +232/+135 | +165/+68 | +83/+20 | +40/0 | +63/0 | +97/0 | +155/0 | +250/0 | +400/0 | +630/0 | ±20 | ±31 | +8/−32 | +18/−45 | +29/−68 | 0/−63 | −27/−67 | −17/−80 | −55/−95 | −45/−108 | −109/−172 | −229/−292 | −337/−400 | −517/−580 |

注：带 * 者为优先选用。

### 4. 基准制与配合

（1）基准制与配合的概述

在机器装配中，将公称尺寸相同的、相互结合的孔和轴公差带之间的关系，称为配合。配合公差 $T_f = T_h + T_s$。

（2）配合种类

根据机器的设计要求和生产实际的需要，国家标准将配合分为三类，具体如表 2-16 所示。

表 2-16 配 合 类 型

| 配合类型 | 含义 | 图 示 | 说明 |
|---|---|---|---|
| 间隙配合 | 孔的公差带完全在轴的公差带之上，任取其中一对轴和孔相配都成为具有间隙的配合（包括最小间隙为零） | 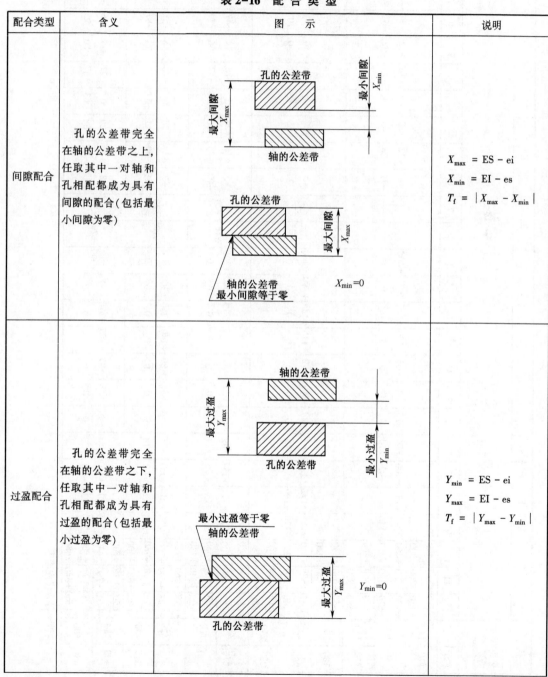 | $X_{max} = ES - ei$ <br> $X_{min} = EI - es$ <br> $T_f = \vert X_{max} - X_{min} \vert$ |
| 过盈配合 | 孔的公差带完全在轴的公差带之下，任取其中一对轴和孔相配都成为具有过盈的配合（包括最小过盈为零） | | $Y_{min} = ES - ei$ <br> $Y_{max} = EI - es$ <br> $T_f = \vert Y_{max} - Y_{min} \vert$ |

| 配合类型 | 含义 | 图示 | 说明 |
|---|---|---|---|
| 过渡配合 | 孔和轴的公差带相互交叠，任取其中一对孔和轴相配合，可能具有间隙，也可能具有过盈的配合 | 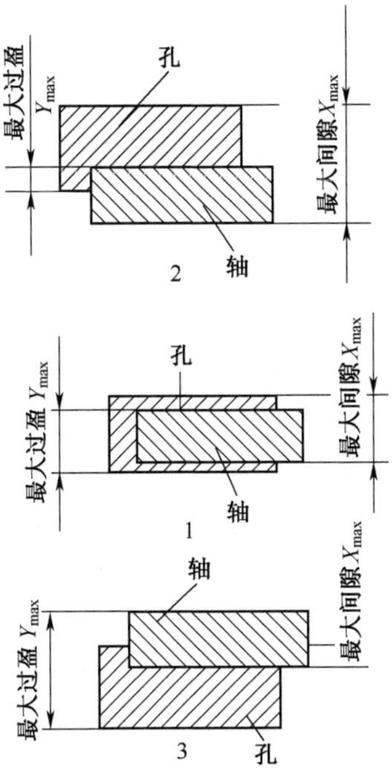 最大过盈 $Y_{max}$　孔　最大间隙 $X_{max}$（图2）<br>最大过盈 $Y_{max}$　孔　最大间隙 $X_{max}$　轴（图1）<br>轴　最大间隙 $X_{max}$　最大过盈 $Y_{max}$　孔（图3） | $X_{max} = ES - ei$<br>$Y_{max} = EI - es$<br>$T_f = \mid X_{max} - Y_{max} \mid$ |

（3）配合的基准制

国家标准规定了两种基准制，如表2-17所示。

**表2-17　基　准　制**

| 基准制 | 基 孔 制 | 基 轴 制 |
|---|---|---|
| 含义 | 基本偏差为一定的孔的公差带，与不同基本偏差的轴的公差带形成各种配合的一种制度称为基孔制。这种制度在同一公称尺寸的配合中，是将孔的公差带位置固定，通过变动轴的公差带位置，得到各种不同的配合。基孔制的孔称为基准孔。国际规定基准孔的下极限偏差为零，"H"为基准孔的基本偏差。基本偏差a~h用于间隙配合；j~zc用于过渡配合和过盈配合 | 基本偏差为一定的轴的公差带与不同基本偏差的孔的公差带形成各种配合的一种制度称为基轴制。这种制度在同一公称尺寸的配合中，是将轴的公差带位置固定，通过变动孔的公差带位置，得到各种不同的配合。基轴制的轴称为基准轴。国家标准规定基准轴的上极限偏差为零，"h"为基轴制的基本偏差。基本偏差A~H用于间隙配合；J~ZC用于过渡配合和过盈配合 |
| 图例 | 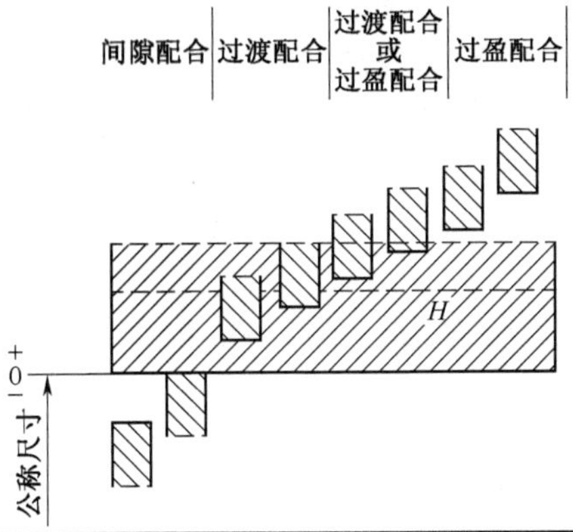 间隙配合　过渡配合　过渡配合或过盈配合　过盈配合　$H$　公称尺寸　$0^+$ | 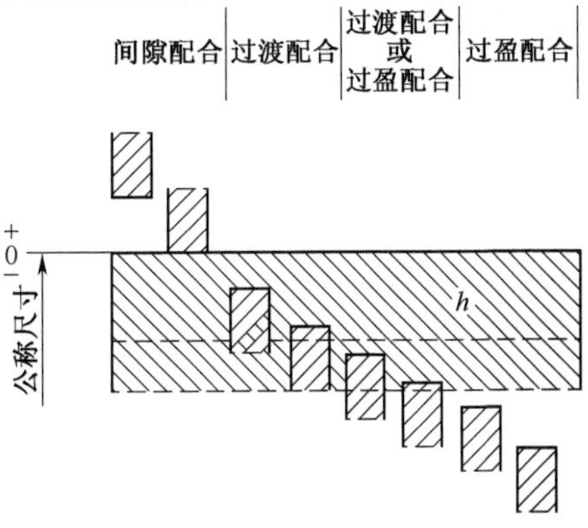 间隙配合　过渡配合　过渡配合或过盈配合　过盈配合　$h$　公称尺寸　$0^+$ |

### 5. 几何公差

几何公差与尺寸公差一样,是衡量产品质量的重要技术指标之一。

(1)几何公差的基本概念

零件经过加工后,不仅会产生尺寸误差和表面粗糙度,而且会产生形状与位置误差。形状误差是指实际要素和理想几何要素的差异,位置误差是指相关联的两个几何要素的实际位置相对理想位置的差异。

如果零件存在严重的几何误差,将给其装配造成困难,影响机器的质量。因此,对于精度要求较高的零件,除给出尺寸公差外,还应根据设计要求,合理地确定出几何误差的最大允许值。也就是必须对一些零件的重要表面或轴线的形状和位置误差进行限制。

几何公差:是指被测要素对其理想要素所允许的变动全量。

几何误差:是指被测要素对其理想要素的变动量,分为形状误差、位置误差、方向误差和跳动误差。

图 2-4 所示的光轴加工后细双点画线表示的表面形状与理想表面形状产生了形状误差。图 2-5 所示的偏心轴其两轴线不重合,产生了位置误差。

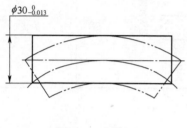

图 2-4 光轴

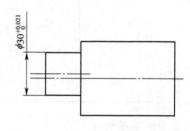

图 2-5 偏心轴

几何误差值小于或等于相应的几何公差值,则认为合格。因此,对一些零件的重要工作面和轴线,常规定其几何误差的最大允许值,即几何公差。

(2)零件的几何要素

被测要素:指图样上给出几何公差要求的要素,即在图样上几何公差带代号指引线箭头所指的要素,是检测的对象。加工中,需要对该要素的几何误差进行检验,并判断其误差是否在公差范围内。

被测要素按功能关系又可分为单一要素和关联要素。

仅对要素本身给出了形状公差要求的要素,称为单一要素。

与零件上其他要素有功能关系的要素,称为关联要素。功能关系是指要素与要素之间具有某种确定方向或位置关系(如垂直、平行等)。关联要素就是有位置公差要求的被测要素。

基准要素:指用来确定被测两要素方向或(和)位置的要素。

实际要素:指零件上实际存在的要素。对于具体的零件,国家标准规定实际要素由测量所得到的要素来代替。

理想要素:指具有几何学意义的要素,即几何的点、线、面,它们不需要任何误差。图样上表示的要素均为理想要素。

(3)几何公差项目和符号

几何公差项目和符号,如表 2-18 所示。

表 2-18　几何公差的分类、特征项目及符号

| 公差类型 | 几何特征 | 符号 | 有无基准 | 公差类型 | 几何特征 | 符号 | 有无基准 |
|---|---|---|---|---|---|---|---|
| 形状公差 | 直线度 | —— | 无 | 方向公差 | 平行度 | ∥ | 有 |
|  | 平面度 | ▱ | 无 |  | 垂直度 | ⊥ | 有 |
|  | 圆度 | ○ | 无 |  | 倾斜度 | ∠ | 有 |
|  | 圆柱度 | ⌀ | 无 |  | 线轮廓度 | ⌒ | 有 |
|  | 线轮廓度 | ⌒ | 无 |  | 面轮廓度 | ⌓ | 有 |
|  | 面轮廓度 | ⌓ | 无 | 位置公差 | 位置度 | ⊕ | 有或无 |
| 跳动公差 | 圆跳动 | ↗ | 有 |  | 同轴(同心)度 | ◎ | 有 |
|  | 全跳动 | ↗↗ | 有 |  | 对称度 | ≡ | 有 |
|  |  |  |  |  | 线轮廓度 | ⌒ | 有 |
|  |  |  |  |  | 面轮廓度 | ⌓ | 有 |

（4）几何公差的标准

① 被测要素如表 2-19 所示。

表 2-19　被 测 要 素

| 内　容 | 图　示 |
|---|---|
| 被测要素为轮廓线或轮廓面时的标注 | 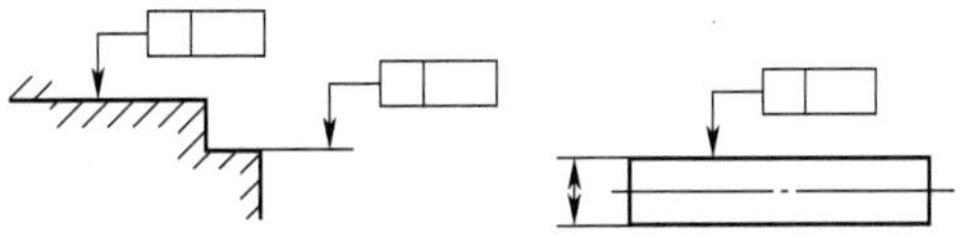  |
| 被测要素为轮廓面的标注 | 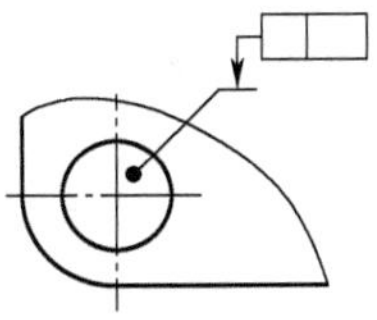  |
| 被测要素为中心线、中心面或中心点时的标注 | 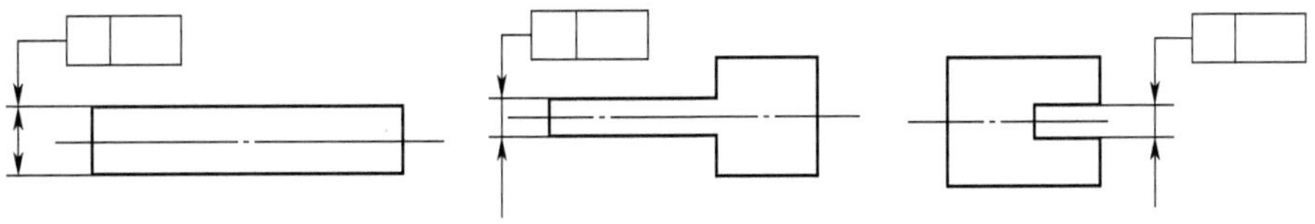  |

② 基准要素如表 2-20 所示。

表 2-20　基　准　要　素

| 内　容 | 图　示 |
|---|---|
| 基准要素为轮廓线或面时的标注 | 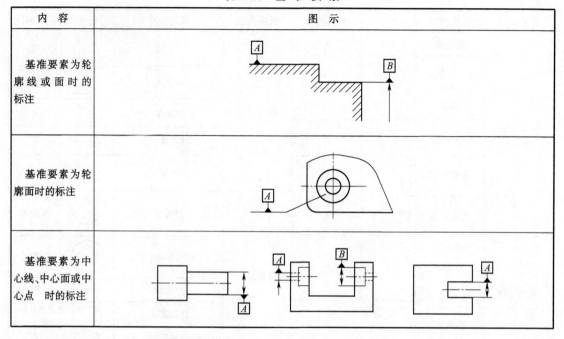 |
| 基准要素为轮廓面时的标注 | |
| 基准要素为中心线、中心面或中心点　时的标注 | |

③ 基准符号与几何公差代号如表 2-21 所示。

表 2-21　基准符号与几何公差代号

| 内　容 | 说　明 | 图　示 |
|---|---|---|
| 基准符号 | 基准要素用基准符号或基准目标表示。涂黑和空白的三角形含义相同 | 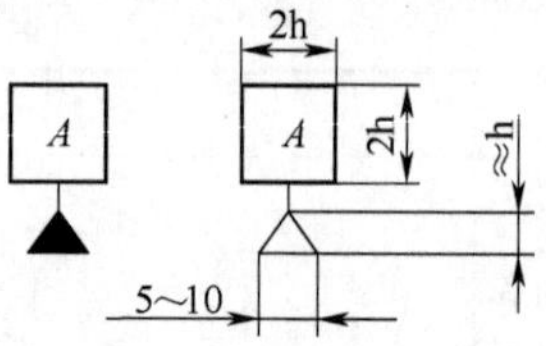 2h<br>A　　A　2h ≈h<br>5~10 |
| 几何公差代号 | 几何公差代号包括几何公差特征项目符号、几何公差框格和指引线、几何公差值、表示基准的字母和其他有关符号 | 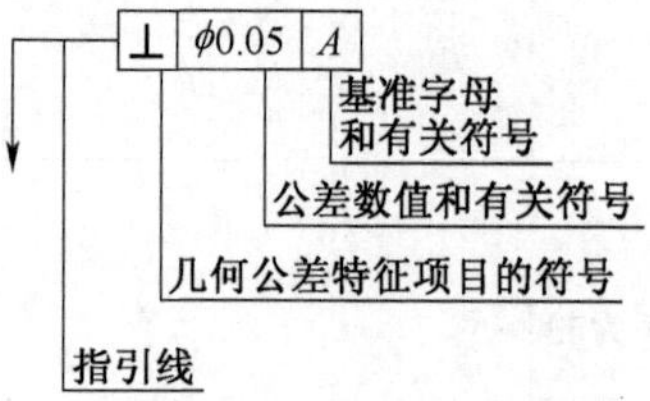 ⊥ φ0.05 A<br>基准字母和有关符号<br>公差数值和有关符号<br>几何公差特征项目的符号<br>指引线 |

④ 限定被测要素或基准要素的范围如表 2-22 所示。

表 2-22　限定被测要素或基准要素的范围

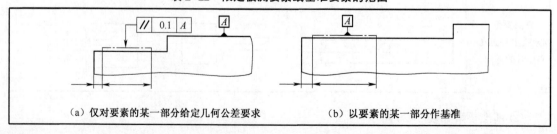

（a）仅对要素的某一部分给定几何公差要求　　　（b）以要素的某一部分作基准

⑤ 公差值的限定性规定如表 2-23 所示。

**表 2-23　公差值的限定性规定**

| 种类 | 含义 |
|---|---|
| 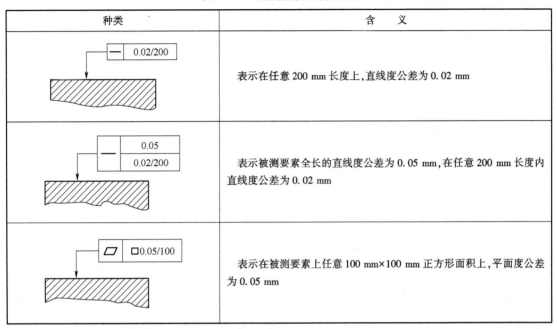 | 表示在任意 200 mm 长度上，直线度公差为 0.02 mm |
| | 表示被测要素全长的直线度公差为 0.05 mm，在任意 200 mm 长度内直线度公差为 0.02 mm |
| | 表示在被测要素上任意 100 mm×100 mm 正方形面积上，平面度公差为 0.05 mm |

⑥ 几何公差的附加要求如表 2-24 所示。

**表 2-24　几何公差的附加要求**

| 举例 | 含义 | 符号 |
|---|---|---|
| 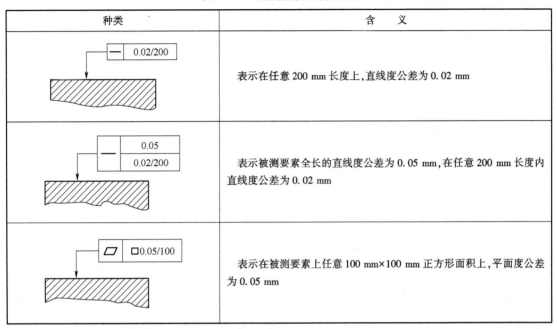 | 只许中间向材料外凸起 | （+） |
| | 只许中间向材料内凹下 | （-） |
| | 只许从左至右减小 | （▷） |
| | 只许从右至左减小 | （◁） |

## 三、识读零件图的方法和步骤

### 1. 初步了解零件

从标题栏内了解零件的名称、材料、比例等,并浏览视图,初步得出零件的用途和形体概貌。

### 2. 零件图分析

(1)分析表达方案

分析视图布局,找出主视图、其他基本视图和辅助视图。根据剖视图、断面的剖切方法、位置,分析剖视图、断面的表达目的和作用。

(2)分析形体、想象出零件的结构形状

先从主视图出发,联系其他视图进行分析。用形体分析法分析零件各部分的结构形状,难以看懂的结构,运用线面分析法分析,最后想象出整个零件的结构形状。分析时若能结合零件结构功能来进行,会使分析更加容易。

(3)分析尺寸

先找出零件长、宽、高三个方向的尺寸基准,然后从基准出发,找出主要尺寸。再用形体分析法找出各部分的定形尺寸和定位尺寸。在分析中要注意检查是否有多余和遗漏的尺寸,尺寸是否符合设计和工艺要求。

(4)分析技术要求

分析零件的尺寸公差、几何公差、表面粗糙度和其他技术要求,弄清哪些尺寸要求高,哪些尺寸要求低,哪些表面要求高,哪些表面要求低,哪些表面不加工,以便进一步考虑相应的加工方法。

### 3. 归纳总结

综合前面的分析,把图形、尺寸和技术要求等全面系统地联系起来考虑,并参阅相关资料,得出零件的整体结构、尺寸大小、技术要求及零件的功用等完整的概念。

阅读零件图的方法没有一套固定不变的程序,对于较简单的零件图,也许泛泛地阅读就能想象出物体的形状及明确其精度的要求;而对于较复杂的零件,则需通过深入的分析,由整体到局部,再由局部到整体反复地推敲,最后才能搞清楚其结构和精度要求。

### 任务实施

典型零件图的识读方法和步骤。

### 1. 燕尾板零件图(见图2-6)

燕尾板零件图中尺寸标注与代号的含义,如表2-25所示。

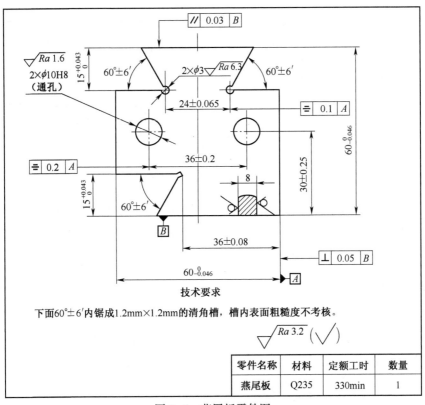

图 2-6　燕尾板零件图

表 2-25　燕尾板零件图中尺寸标注与代号的含义

| 项目 | 代号 | 含义 | 说明 |
|---|---|---|---|
| 尺寸公差 | $15^{+0.043}_{0}$ | 尺寸控制在 15～15.043 mm 之间为合格 | 上极限偏差为+0.043 mm,下极限偏差为0,上、下极限偏差限定了公称尺寸(15 mm)的允许变动范围 |
| | $60^{0}_{-0.046}$ | 尺寸控制在 59.954～60 mm 之间为合格 | 上极限偏差为 0 mm,下极限偏差为-0.046 mm,上、下极限偏差限定了公称尺寸(60 mm)的允许变动范围 |
| | 30±0.25 | 尺寸控制在 29.75～30.25 mm 之间为合格 | 上极限偏差为+0.25 mm,下极限偏差为-0.25 mm,上、下极限偏差限定了公称尺寸(30 mm)的允许变动范围 |
| | 36±0.08 | 尺寸控制在 35.92～36.08 mm 之间为合格 | 上极限偏差为+0.08 mm,下极限偏差为-0.08 mm,上、下极限偏差限定了公称尺寸(36 mm)的允许变动范围 |
| | 36±0.2 | 尺寸控制在 35.8～36.2 mm 之间为合格 | 上极限偏差为+0.2 mm,下极限偏差为-0.2 mm,上、下极限偏差限定了公称尺寸(36 mm)的允许变动范围 |
| | 24±0.065 | 尺寸控制在 23.935～24.065mm 之间为合格 | 上极限偏差为+0.065 mm,下极限偏差为-0.065 mm,上、下极限偏差限定了公称尺寸(24 mm)的允许变动范围 |

续表

| 项目 | 代号 | 含义 | 说明 |
|---|---|---|---|
| 位置<br>公差 | ⊖ 0.1 A | $2×\phi3$ 孔的中心平面相对基准 A 的对称度为 0.1 mm | 位置公差的标注：当被测要素轴线或中心平面时，位置公差标注带箭头的指引线应于尺寸线的延长线重合；当基准要素为轴线或中心平面时，基准符号中的细实线应与尺寸线对齐 |
| | ⊖ 0.2 A | $2×\phi10H8$ 孔的中心平面相对基准 A 的对称度为 0.2 mm | |
| | ∥ 0.03 B | 零件的顶面相对于基准 B 的平行度为 0.03 mm | |
| | ⊥ 0.05 B | 零件的右侧面相对于基准 B 的垂直度为 0.05 mm | |
| 表面<br>粗糙度 | ✓ Ra 1.6 | $2×\phi10H8$ 孔的表面粗糙度要求 Ra1.6，两孔需铰削加工获得 | 表面粗糙度表示零件表面的微观不平的程度，Ra 的数值越大，说明越粗糙 |
| | ✓ Ra 3.2 | 除标注外，其余各表面粗糙度要求 Ra3.2 | |
| | ✓ | 所指表面用不去除材料的方法获得 | |

## 2. 球阀阀盖零件图（见图 2-7）

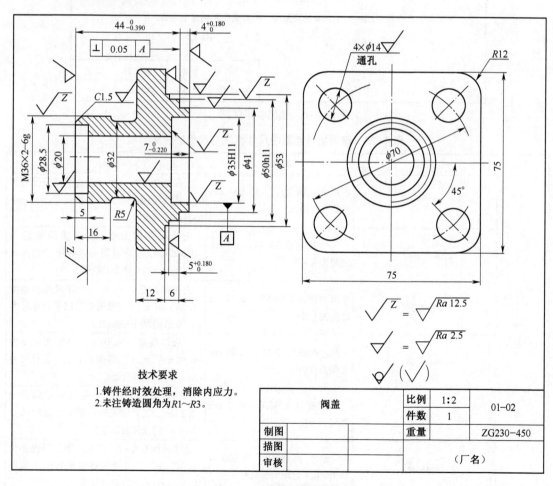

图 2-7　球阀阀盖零件图

分析套类零件的特点,如表 2-26 所示。

**表 2-26 套类零件的特点**

| 结构特点 | 通常由几段不同直径的同轴回转体组成,轴向尺寸一般比径向尺寸大。常有键槽、退刀槽、越程槽、中心孔、销孔,以及轴肩、螺纹等结构 |
| --- | --- |
| 加工方法 | 毛坯一般采用棒料,主要加工方法是车削、镗削和磨削 |
| 试图表达 | 主视图按加工位置放置,多采用不剖或局部剖视图表达。对于轴上的沟槽、孔洞采用移出断面或局部放大图 |
| 尺寸标注 | 以回转轴作为径向(高度、宽度方向)尺寸基准,轴向(长度方向)的主要尺寸基准是重要端面。主要尺寸直接注出,其余尺寸按加工顺序标注 |
| 技术要求 | 有配合要求的表面,其表面粗糙度参数值较小;有配合要求的轴颈、主要端面,一般有几何公差要求 |

## 3. 齿轮轴零件图(见图 2-8)

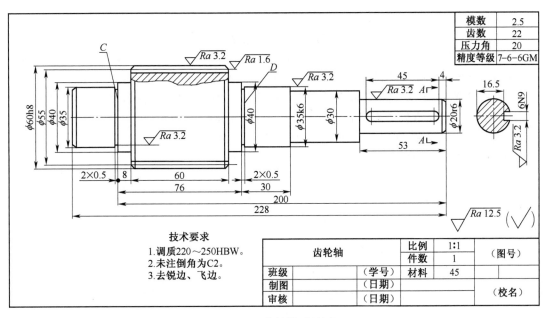

图 2-8 齿轮轴零件图

分析齿轮轴的要点,如表 2-27 所示。

**表 2-27 齿轮轴的要点**

| 步骤 | 方法要点 |
| --- | --- |
| 概况了解 | 从标题栏可知,该零件为齿轮轴。齿轮轴是用来传递动力和运动的,材料为 45 钢,属于轴类零件。最大直径 60 mm,总长 228 mm,属于较小的零件 |
| 详细分析 | (1)分析表达方案和形体结构:表达方案由主视图和移出断面图组成,轮齿部分作了局部剖视图。主视图已将齿轮轴的主要结构表达清楚,由几段不同直径的回转体组成,最大直径圆柱上制有轮齿,最右端圆柱上有一个键槽,零件两端及轮齿两端都有倒角,C、D 两端面处有砂轮越程槽。移出断面图用于表达键槽深度和进行有关标注 |

| 步骤 | 方 法 要 点 |
|---|---|
| 详细分析 | （2）分析尺寸：齿轮轴中两个 $\phi35k6$ 轴段及 $\phi20r6$ 轴段用于安装滚动轴承及联轴器，径向尺寸的基准为齿轮轴的轴线。端面 $C$ 用于安装挡油环及轴向定位，所以端面 $C$ 为长度方向的主要尺寸基准，注出了尺寸 2、8、76 等。端面 $D$ 为长度方向的第一辅助尺寸基准，注出了尺寸 2、30 等。齿轮轴的右端面为长度方向尺寸的另一辅助基准，注出了尺寸 4、53 等。键槽长度 45、齿轮宽度 60 等为轴向的重要尺寸，已直接注出。<br>（3）分析技术要求：两个 $\phi35$ 及 $\phi20$ 的轴颈处有配合要求，尺寸精度较高，均为 6 级公差，相应的表面粗糙度要求也较高，分别为 $Ra1.6~\mu m$ 和 $Ra3.2~\mu m$。对键槽提出了对称度要求。对热处理、倒角、未注尺寸公差等提出了 3 项文字说明要求 |
| 归纳总结 | 通过齿轮图分析，对齿轮轴的作用、结构形状、尺寸大小、主要加工方法及加工中的主要技术指标要求，都有了较清楚的认识。综合起来，即可得出齿轮轴的总体印象 |

**4. 齿轮零件图**

识读齿轮零件图上标注的几何公差并解释含义，如图 2-9 所示。

①表示 $\phi88$ 圆柱面的圆度公差为 0.006 mm。

②表示 $\phi88h9$ 圆柱的外圆表面对 $\phi24H7$ 圆柱的轴线的全跳动公差为 0.08 mm。

③表示槽宽为 8P9 的键槽对称中心面 $\phi24H7$ 圆柱孔的对称中心面对称度公差为 0.02 mm。

④表示 $\phi24H7$ 圆孔轴中心线的直线度公差为 $\phi0.01$ mm。

⑤表示圆柱的右端面对该零件的左端面平行度公差为 0.08 mm。

⑥表示右端面 $\phi24H7$ 圆孔的轴心线垂直度公差为 0.05 mm。

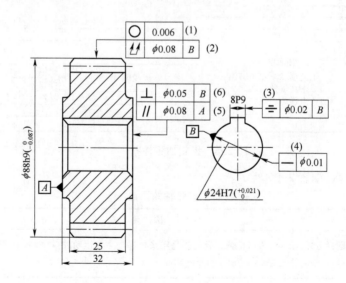

图 2-9　几何公差标注示例（齿轮零件图）

**任务评价**

识读零件图的评分标准及记录表，如表 2-28 所示。

表 2-28 评分标准及记录表

| 序号 | 考核内容 | 考核要求 | 配分 | 评分标准 | 检测结果 | 得分 |
|------|----------|----------|------|----------|----------|------|
| 1 | 课程态度 | (1) 不迟到、不早退<br>(2) 学习态度 | 20 | (1) 迟到、早退各按 5 分酌评<br>(2) 学习态度不端正按 10 分酌评 | | |
| 2 | 文明与纪律 | (1) 课堂整洁<br>(2) 违纪违规 | 20 | (1) 按要求酌评<br>(2) 按违规酌评 | | |
| 3 | 实践应用 | (1) 认识程度<br>(2) 接受效果 | 60 | 按四个等级每级 15 分 | | |

# 习　题

## 一、填空题

1. 机械制图中常用的线型有_____、_____、_____等,可见轮廓线采用_____线,尺寸线、尺寸界线采用_____线,轴线、中心线采用_____。

2. 图样中的尺寸以_____为单位。

3. 尺寸标注由_____、_____和尺寸数字组成。

4. 三视图的投影规律:主视图与俯视图_____;主视图与左视图_____;俯视图与左视图_____。

5. 零件有长宽高三个方向的尺寸,主视图上只能反映零件的和_____,_____,俯视图上只能反映零件的和_____和_____,左视图上只能反映零件的_____和_____。

6. 按剖切范围分,剖视图可分为_____、_____和_____三类。

7. 同一零件各剖视图的剖面线方向_____间隔_____。

8. 零件图的尺寸标注要求:_____、_____、_____、_____。

9. 尺寸公差是指_____。

10. 零件的表面越光滑,粗糙度值越_____。

11. 孔与轴的配合为 $\phi 30 \dfrac{H8}{f7}$,这是基_____制_____配合。

## 二、选择题

1. 下列符号中表示强制国家标准的是(　　)。

A. GB/T　　　　B. GB/Z　　　　C. GB

2. 不可见轮廓线采用(　　)来绘制。

A. 粗实线　　　B. 虚线　　　　C. 细实线

3、下列比例当中表示放大比例的是(　　)

A. 1 : 1　　　　B. 2 : 1　　　　C. 1 : 2

4、机械制图中一般不标注单位,默认单位是(　　)

A. mm　　　　B. cm　　　　C. m

5. 标题栏一般位于图纸的(　　)

A. 右下角　　　B. 左下角　　　C. 右上角

6. 已知物体的主、俯视图,正确的左视图是(　　)。

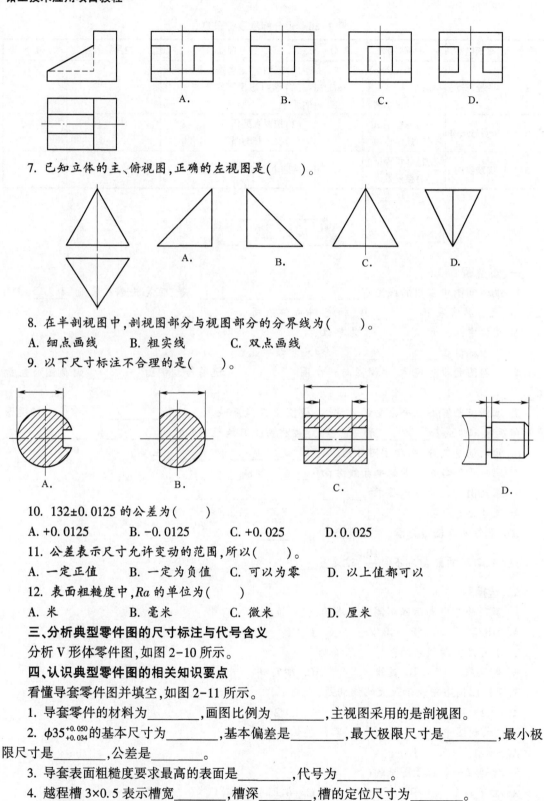

7. 已知立体的主、俯视图,正确的左视图是( )。

8. 在半剖视图中,剖视图部分与视图部分的分界线为( )。

A. 细点画线　　　B. 粗实线　　　C. 双点画线

9. 以下尺寸标注不合理的是( )。

10. 132±0.0125 的公差为( )

A. +0.0125　　　B. -0.0125　　　C. +0.025　　　D. 0.025

11. 公差表示尺寸允许变动的范围,所以( )。

A. 一定正值　　　B. 一定为负值　　　C. 可以为零　　　D. 以上值都可以

12. 表面粗糙度中,$Ra$ 的单位为( )

A. 米　　　B. 毫米　　　C. 微米　　　D. 厘米

**三、分析典型零件图的尺寸标注与代号含义**

分析 V 形体零件图,如图 2-10 所示。

**四、认识典型零件图的相关知识要点**

看懂导套零件图并填空,如图 2-11 所示。

1. 导套零件的材料为_____,画图比例为_____,主视图采用的是剖视图。

2. $\phi 35^{+0.050}_{+0.034}$ 的基本尺寸为_____,基本偏差是_____,最大极限尺寸是_____,最小极限尺寸是_____,公差是_____。

3. 导套表面粗糙度要求最高的表面是_____,代号为_____。

4. 越程槽 3×0.5 表示槽宽_____,槽深_____,槽的定位尺寸为_____。

5. 直径为 $\phi 38$ 圆柱长为_____,其表面粗糙度的代号为_____。

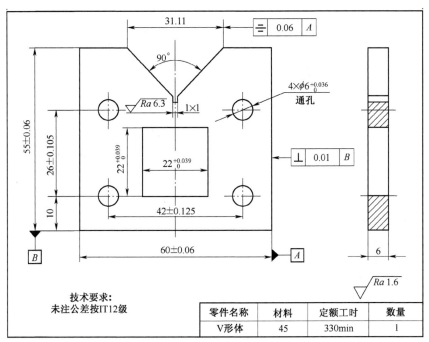

图 2-10 V 形体零件图

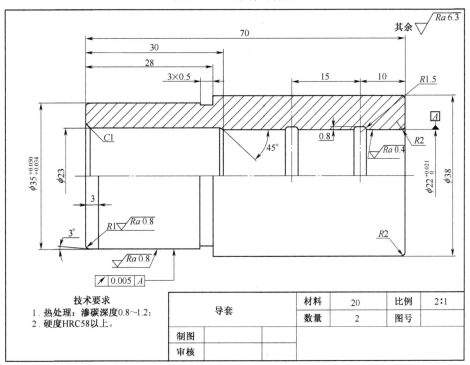

图 2-11 导套零件图

6. 直径为 $\phi23$ 的孔左端倒角为_____。

7. 说明 $\boxed{\nearrow\ |\ 0.005\ |\ C}$ 中形位公差的意义:被测要素为_____。基准要素

为_____。公差项目为_____,公差值为_____。

# 项目 三 划 线

划线是机械加工中的重要工序之一,广泛用于单件或小批量生产,确保加工件有明确的加工界线,避免加工后造成损失。

学习目标

1. 明确划线的作用。
2. 会正确使用各种划线工具。
3. 掌握划线的知识、方法和技能。

## 任务 划线的方法

任务描述

划线是一项复杂、细致的重要工作,由钳工根据图样或实物尺寸,用划线工具在毛坯或半成品上准确划出待加工界线,或作为找正、检查的依据,它对产品的质量有着直接关系。通过对图 3-1 所示轴承座零件的划线,了解划线的作用、划线工具的认识和使用、划线前的准备工作、划线基准的选择、划线的方法选择等相关知识与技能,能正确实施划线工作。

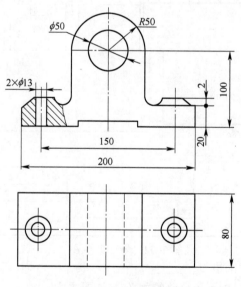

图 3-1 轴承座零件

相关知识

## 一、划线的作用

根据加工图样和技术要求,在毛坯和半成品上,通过划线工具划出加工的界线或划出作为基准的点、线,给加工以明确的标识和依据,使加工件符合要求。

(1)确定加工工件的加工余量和位置。

(2)检查毛坯的形状、尺寸是否符合图样要求。

(3)在毛坯误差不大时,可合理借料补救。

## 二、划线工具的认识和使用

常用的划线配置与工具,如表3-1所示。

表3-1　常用的划线配置与工具

| 序号 | 类别 | 名称 | 图　　示 | 使用说明 |
|---|---|---|---|---|
| 1 | 支承工具 | 划线钳桌、平板 | 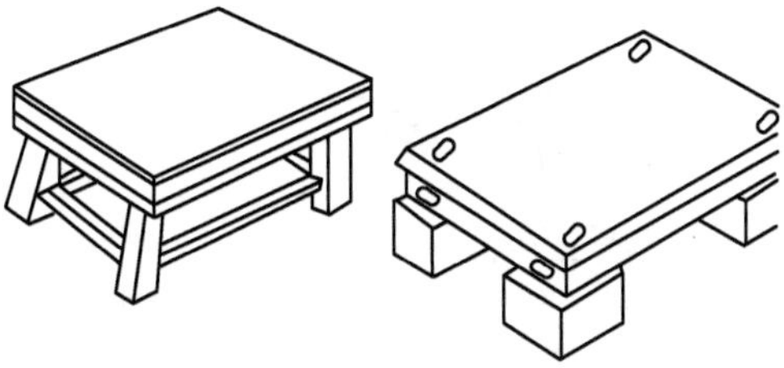 (a)　　　　　(b) | (1)钳桌起支承作用。<br>(2)平板由铸铁铸成,其上表面是划线及检测的基准,由精刨或刮削而成。其高度多为600～900 mm,安装平面度公差必须保证在0.1 mm/1 000 mm。<br>(3)可分为整体式和组合式两种,分别如图(a)、(b)所示 |
| 2 | | 角铁 | 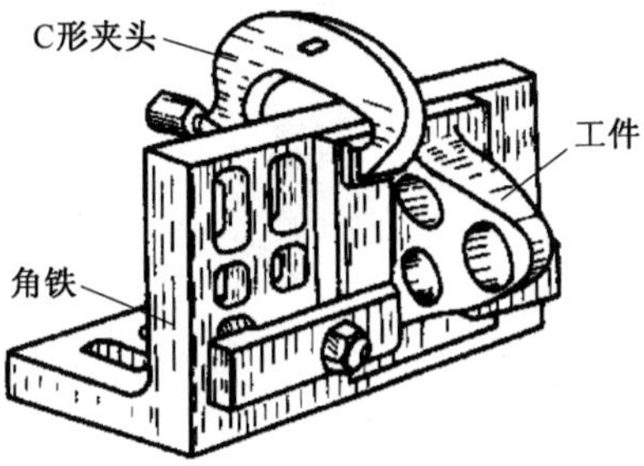 C形夹头　工件　角铁 | 直角铁有两个经精加工的互相垂直的平面,其上的孔或槽用于固定工件时穿压板螺钉 |
| 3 | | 方箱 | 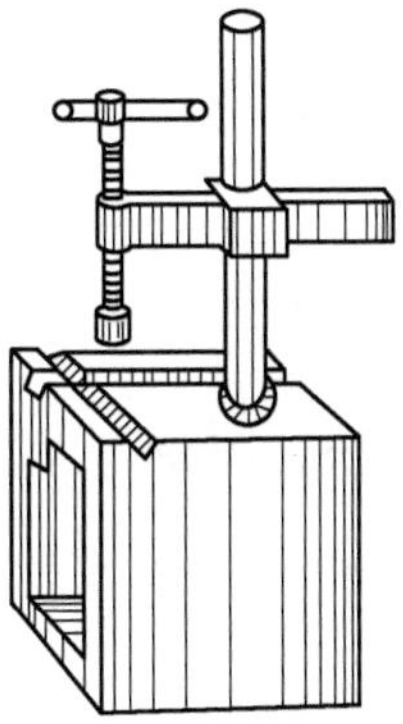 | 方箱通常带有V形槽并附有夹持装置,用于夹持尺寸较小而加工面较多的工件。通过翻转方箱,能实现一次安装后能在几个表面划线的工作 |

| 序号 | 类别 | 名称 | 图　　示 | 使用说明 |
|------|------|------|----------|----------|
| 4 | 支承工具 | 分度头 | 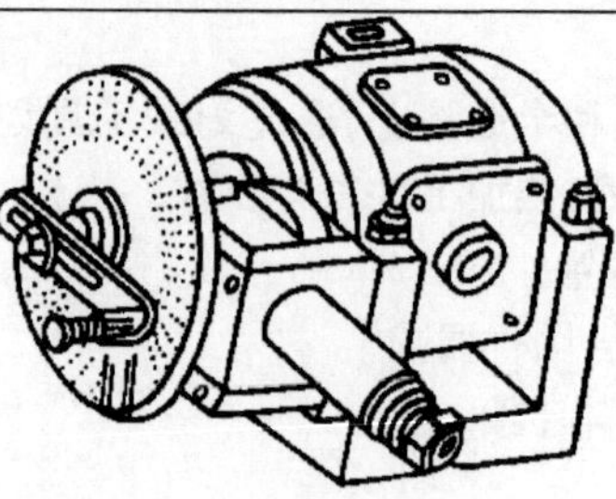 (a)分度头外形 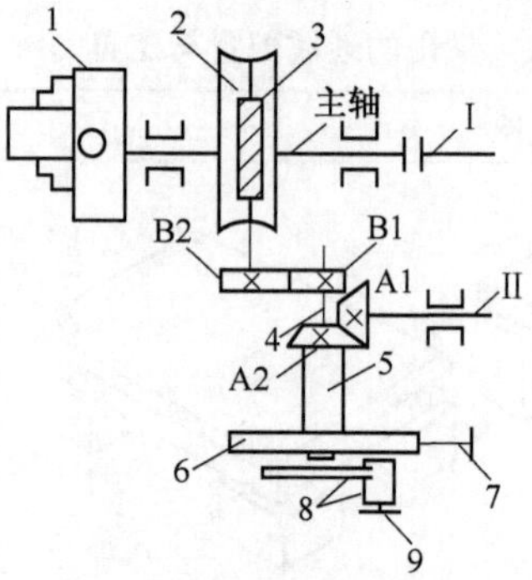<br><br>1—卡盘；2—主轴；3—I<br>B2　B1<br>4　A1　II<br>A2　5<br>6　7<br>8<br>9<br>(b)分度头传动系统<br>1—卡盘；2—蜗轮；3—蜗杆；4—轴；5—套筒；6—分度盘；<br>7—锁紧螺钉；8—手柄；9—手柄插销 | 分度头是一种较准确等分角度的工具,利用分度头可在工件上划出水平线、垂直线、倾斜线和圆的等分线或不等分线 |
| 5 | 支承装夹工具 | 可调千斤顶 |  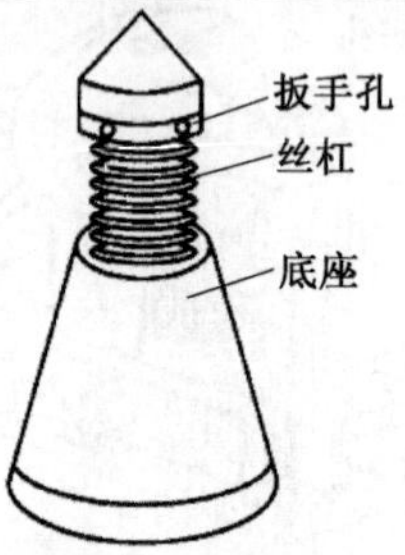 扳手孔<br>丝杠<br>底座 | 千斤顶是在平板上支承较大及不规则工件时使用,其高度可以调整。通常用三个千斤顶支承工件 |
| 6 | | 磁性V形铁 |  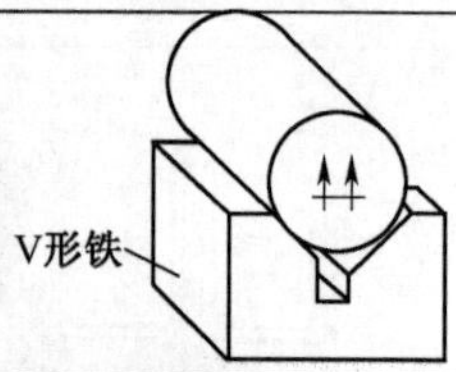 V形铁 | V形铁用于支承圆柱形工件,使工件轴线与底板平行;也可以在对一些管子或者圆钢等找水平基准线时使用 |
| 7 | | 斜楔 |   | 斜楔是一块带锥度的铸铁块,并且在中心有螺纹孔,与丝杆连接,起到调整作用。规格通常为 60 mm×110 mm×150 mm(厚端)左右,用于校正大型工件 |

| 序号 | 类别 | 名称 | 图 示 | 使用说明 |
|---|---|---|---|---|
| 8 | 绘划工具 | 划针 | 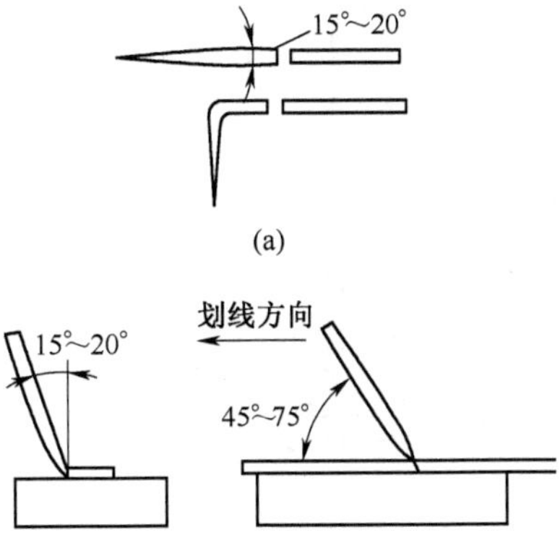 (a)<br>划线方向 15°~20° 45°~75° | (1)用来划直线和曲线。<br>(2)可分为直划针和弯头划针。<br>(3)划线时针尖要紧贴于钢尺的直边或样板的曲边缘,上部向外侧倾斜 15°~20°,向划线方向倾斜 45°~75°。划线一定要力度适当,一次划成,不要重复划同一条线条。用钝了的划针,要在砂轮或油石上磨锐后才能使用,否则划出的线条过粗且不精确 |
| 9 | | 划规 |  (a)普通划规 (b)扇形划规 (c)弹簧划规 | (1)用来划圆、圆弧、等分线段、角度及量取尺寸等。<br>(2)可分为普通划规、扇形划规、弹簧划规和大小尺寸划规等几种。<br>(3)使用划规时,掌心压住划规顶端,使划规尖扎入金属表面或样冲眼内。划圆时常由划顺、逆两个半圆弧而成 |
| 10 | | 划线盘 | 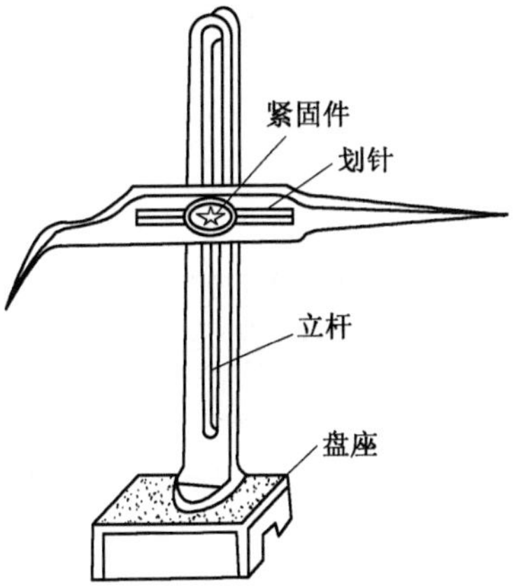 紧固件 划针 立杆 盘座 | (1)用来进行立体划线和校正工件位置。<br>(2)夹紧螺母可将划针固定在立柱的任何位置上。划针的直头端用来划线,为了增加划线时的刚度,划针不宜伸出过长。弯头端用来找正工件的位置。<br>(3)划线时划针应尽量处于水平位置,不要倾斜太大,双手扶持划线盘的底座,推动它在划针平板上平行移动进行划线 |
| 11 | | 划线锤 | 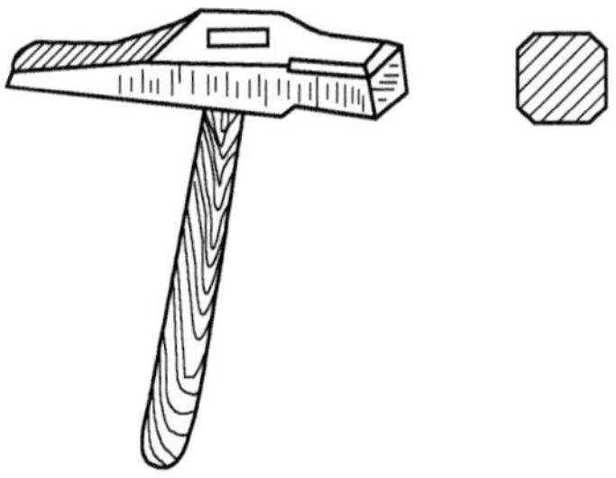 | (1)用来在线条上打样冲眼。<br>(2)调整划线盘划针的升降 |

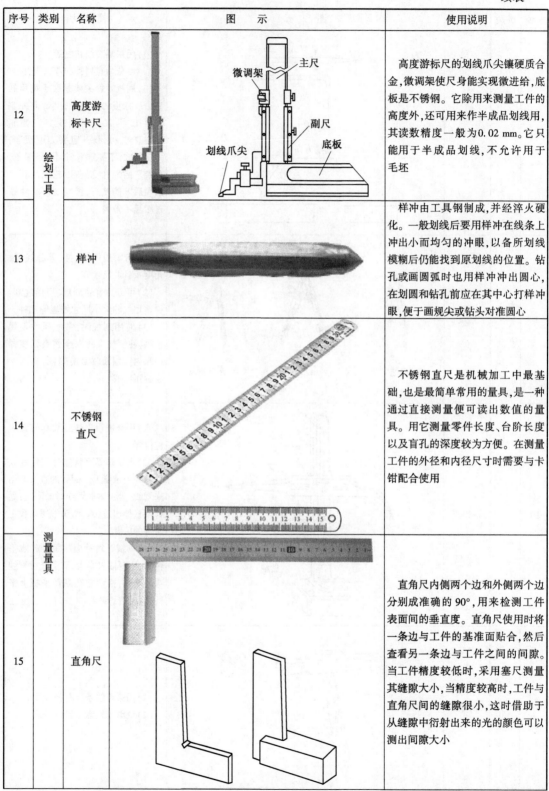

| 序号 | 类别 | 名称 | 图 示 | 使用说明 |
|---|---|---|---|---|
| 12 | 绘划工具 | 高度游标卡尺 | | 高度游标尺的划线爪尖镶硬质合金,微调架使尺身能实现微进给,底板是不锈钢。它除用来测量工件的高度外,还可用来作半成品划线用,其读数精度一般为0.02 mm。它只能用于半成品划线,不允许用于毛坯 |
| 13 | | 样冲 | | 样冲由工具钢制成,并经淬火硬化。一般划线后要用样冲在线条上冲出小而均匀的冲眼,以备所划线模糊后仍能找到原划线的位置。钻孔或画圆弧时也用样冲冲出圆心,在划圆和钻孔前应在其中心打样冲眼,便于画规尖或钻头对准圆心 |
| 14 | 测量量具 | 不锈钢直尺 | | 不锈钢直尺是机械加工中最基础,也是最简单常用的量具,是一种通过直接测量便可读出数值的量具。用它测量零件长度、台阶长度以及盲孔的深度较为方便。在测量工件的外径和内径尺寸时需要与卡钳配合使用 |
| 15 | | 直角尺 | | 直角尺内侧两个边和外侧两个边分别成准确的90°,用来检测工件表面间的垂直度。直角尺使用时将一条边与工件的基准面贴合,然后查看另一条边与工件之间的间隙。当工件精度较低时,采用塞尺测量其缝隙大小,当精度较高时,工件与直角尺间的缝隙很小,这时借助于从缝隙中衍射出来的光的颜色可以测出间隙大小 |

续表

| 序号 | 类别 | 名称 | 图 示 | 使用说明 |
|------|------|------|--------|----------|
| 16 | 划线辅料 | 涂料 | 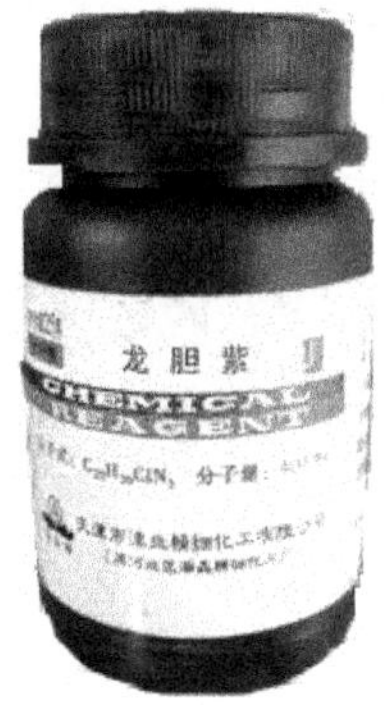 | 涂料的种类有:白石灰水或粉笔,紫色涂料(龙胆紫加虫胶和酒精)或绿色涂料(孔雀绿加虫胶和酒精)。其作用是毛坯在划线前表面需涂上一层薄面而均匀的涂料,以便在毛坯上画出的加工轮廓线清晰可见。常用的有白灰水和蓝油(俗称"龙胆紫")。白灰水可用于毛坯表面,蓝油可用于已加工表面 |

### 三、划线前的准备工作

**1. 划线操作要点**

(1)工件准备:包括工件的清理、检查和表面刷涂料。

(2)工具准备:按工件图样的要求,选择所需工具,并检查和校验工具。

**2. 划线操作时的注意事项**

(1)看懂图样,了解零件的作用,分析零件的加工顺序和加工方法。

(2)工件夹持或支承要稳妥,以防滑倒或移动。

(3)在一次支承中应将要划出的平行线全部划全,以免再次支承补划,造成误差。

(4)正确使用划线工具,划出的线条要准确、清晰。

(5)划线完成后,要反复核对尺寸,并打样冲,确定坐标位置和加工界线,作为在加工设备上安装调整和切削加工的依据。

### 四、划线基准的选择

划线的原则,应选定某一基准作为依据。

一般划线基准与设计基准应一致。常选用重要孔的中心线为划线基准,或零件上尺寸标注基准线为划线基准。若工件上个别平面已加工过,则以加工过的平面为划线基准。

常见的划线基准有三种类型:

(1)以两个相互垂直的平面(或线)为基准;

(2)以一个平面与对称平面(或线)为基准;

(3)以两个互相垂直的中心平面(或线)为基准,如表3-2所示。

### 五、划线的方法选择

由于零件的形状不同,需要划线的位置也不同,而需采用正确的方式实施划线,如表3-3所示。

表 3-2 常见划线基准选择

| 序号 | 类别 | 图　示 | 说明 |
|---|---|---|---|
| 1 | 确定划线基准 | 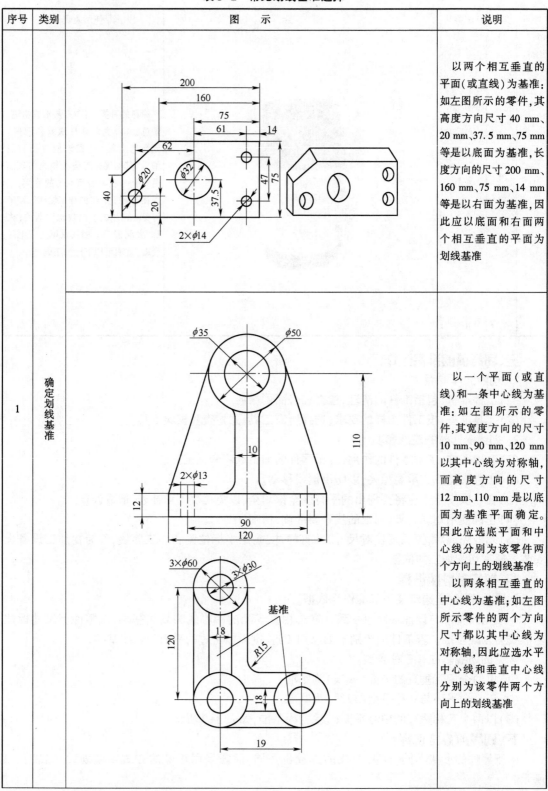 | 以两个相互垂直的平面(或直线)为基准:如左图所示的零件,其高度方向尺寸 40 mm、20 mm、37.5 mm、75 mm 等是以底面为基准,长度方向的尺寸 200 mm、160 mm、75 mm、14 mm 等是以右面为基准,因此应以底面和右面两个相互垂直的平面为划线基准<br><br>以一个平面(或直线)和一条中心线为基准:如左图所示的零件,其宽度方向的尺寸 10 mm、90 mm、120 mm 以其中心线为对称轴,而高度方向的尺寸 12 mm、110 mm 是以底面为基准平面确定。因此应选底平面和中心线分别为该零件两个方向上的划线基准<br><br>以两条相互垂直的中心线为基准;如左图所示零件的两个方向尺寸都以其中心线为对称轴,因此应选水平中心线和垂直中心线分别为该零件两个方向上的划线基准 |

续表

| 序号 | 类别 | 图　示 | 说明 |
|------|------|--------|------|
| 2 | 确定找正借料方案 | 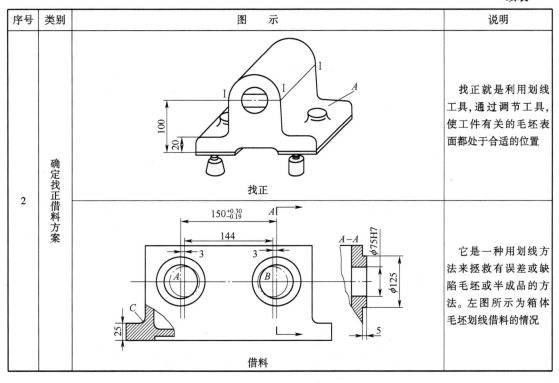<br>找正 | 找正就是利用划线工具，通过调节工具，使工件有关的毛坯表面都处于合适的位置 |
| | | 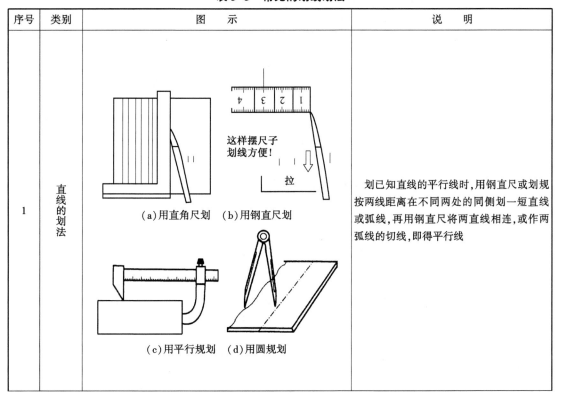<br>借料 | 它是一种用划线方法来拯救有误差或缺陷毛坯或半成品的方法。左图所示为箱体毛坯划线借料的情况 |

**表3-3　常见的划线划法**

| 序号 | 类别 | 图　示 | 说　明 |
|------|------|--------|--------|
| 1 | 直线的划法 | （a）用直角尺划　（b）用钢直尺划<br>这样摆尺子划线方便！<br>拉<br>（c）用平行规划　（d）用圆规划 | 划已知直线的平行线时，用钢直尺或划规按两线距离在不同两处的同侧划一短直线或弧线，再用钢直尺将两直线相连，或作两弧线的切线，即得平行线 |

| 序号 | 类别 | 图　示 | 说　明 |
|---|---|---|---|
| 1 | 直线的划法 | 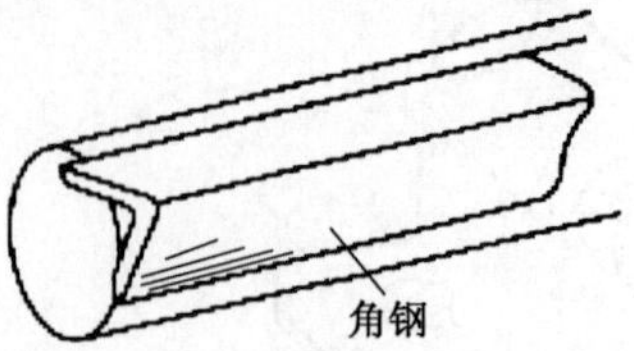 角钢 | 在圆柱形工件上划与轴线相平行的直线时,可用角钢平划 |
| | | 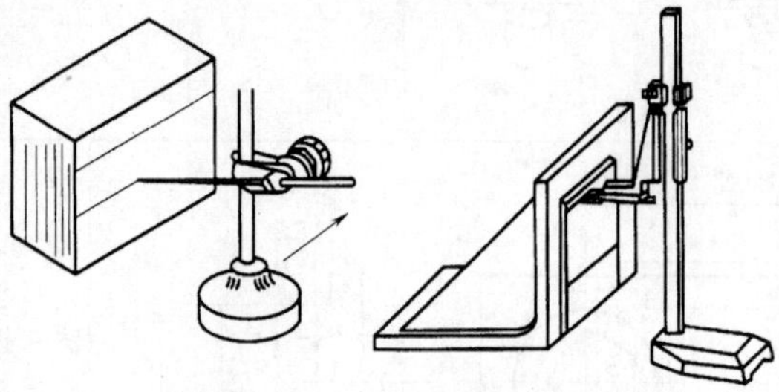 (a)用划线盘　　(b)用高度游标尺 | 若工件可垂直放在划线平台上,可用划线盘或高度游标尺度量尺寸后,沿平台移动,划出平行线 |
| 2 | 垂直线的划法 | 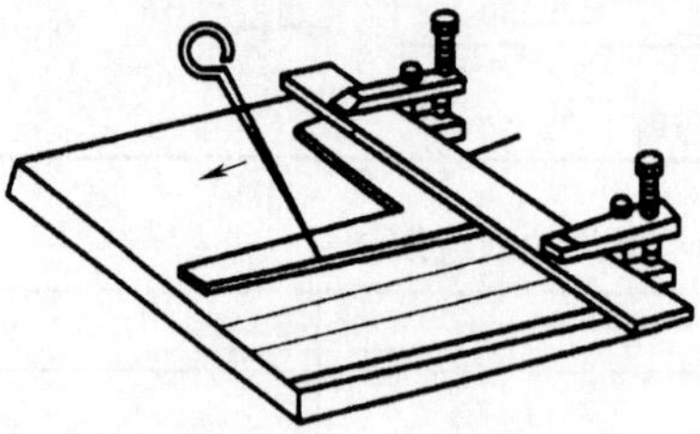 | 用钢直尺与90°角尺配合划平行线时,为防止钢直尺松动,常用夹头夹住钢直尺。当钢直尺与工件表面能较好地贴合时,可不用夹头 |
| | | 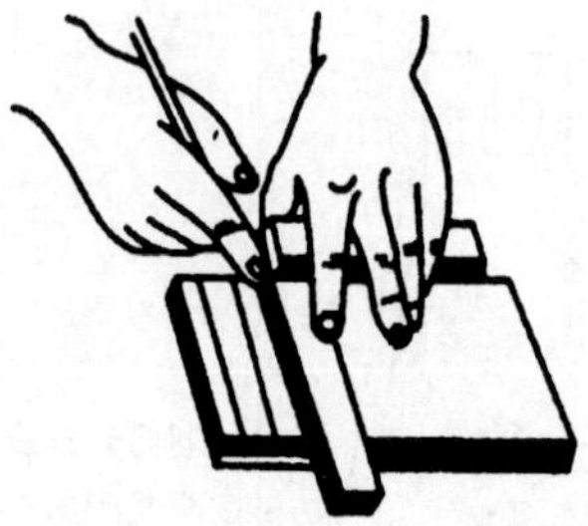 | 90°角尺的一边对准或紧靠工件已知边,划针沿尺的另一边垂直划出的线即为所需的垂直线 |
| | | 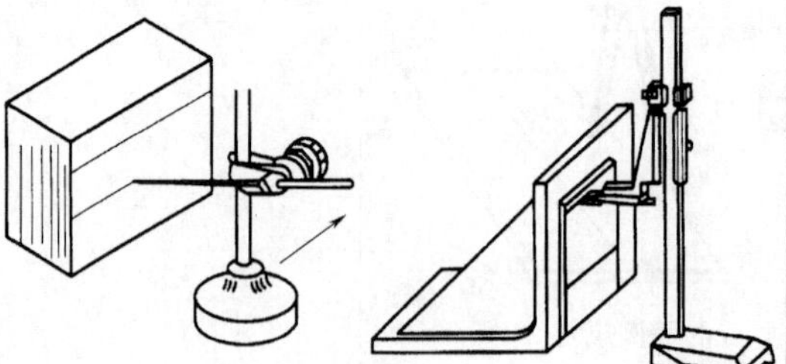 | 先将工件和已知直线调整到垂直位置,再用划线盘或高度游标尺划出已知直线的垂直线 |

续表

| 序号 | 类别 | 图 示 | 说 明 |
|------|------|-------|-------|
| 3 | 圆的划法 | (a) (b) (c) | 以一个点为圆的中心,调准圆规尖点的尺寸 <br><br> 将单脚规两脚尖的距离调到大于或等于圆的半径,然后把划规的一只脚靠在工件侧面,用左手大拇指按住,划规另一脚在圆心附近划一小段圆弧,如图 a 所示。划出一段圆弧后再转动工件,每转 1/4 周就依次划出一段圆弧,如图 b 所示。当划出第四段后,就可在四段弧的包围圈内由目测确定圆心位置,如图 c 所示 |
| 4 | 圆柱工件中心的划法 |  (a)用十字角尺划 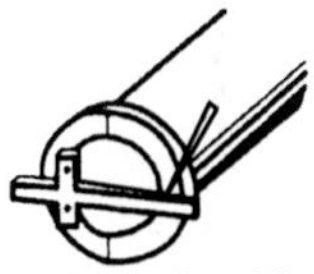  (b)用定心角尺划 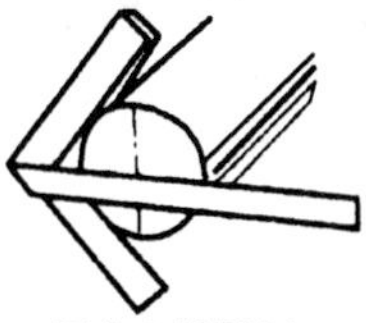 <br> (c)用定心钟罩划 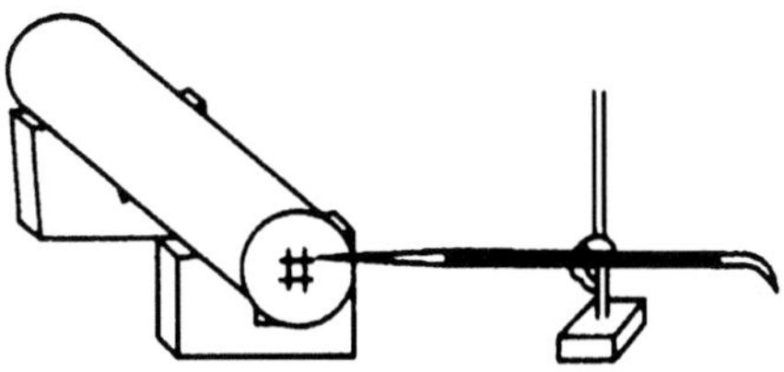 <br> (d)用划线盘求圆心 | (1)可利用角尺,万能角尺,当中心落在被划工件的孔内时,可在孔内嵌一木块(中心处嵌三角薄铁皮,以便中心点定位) <br> (2)把工件放在 V 形架上,将划针尖调到略高或略低于工件圆心的高度。左手按住工件,右手移动划线盘,使划针在工件端面上划出一短线。再依次转动工件,每转过 1/4 周,便划一短线,共划出 4 根短线,再在这个"#"形线内目测出圆心位置 |
| 5 | 样板划线的划法 | 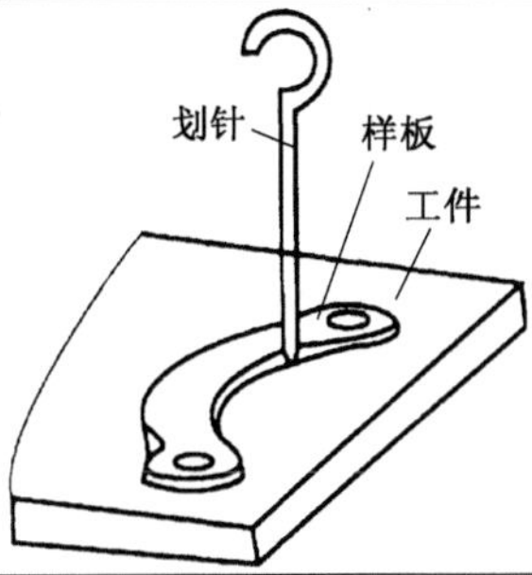 划针 样板 工件 | 在大量生产中,或用普通工具加工复杂形状时,需在划线中使用样板或样件。划线时样板摆在工件上划针沿样板移动 |

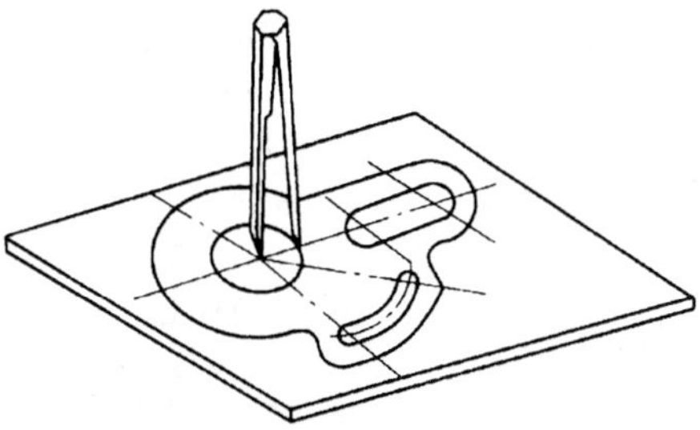

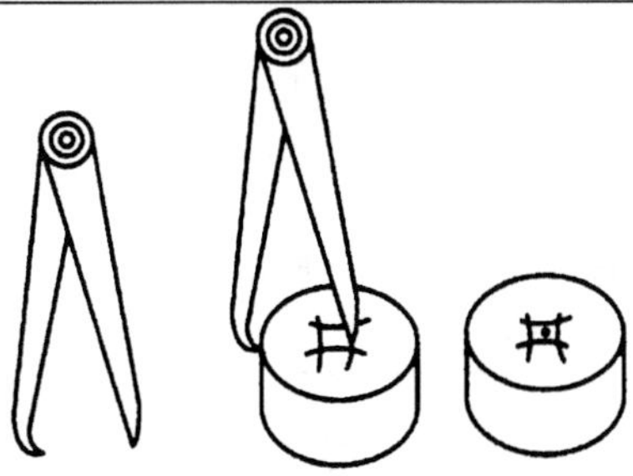

| 序号 | 类别 | 图　示 | 说　明 |
|---|---|---|---|
| 6 | 打样冲眼法 | 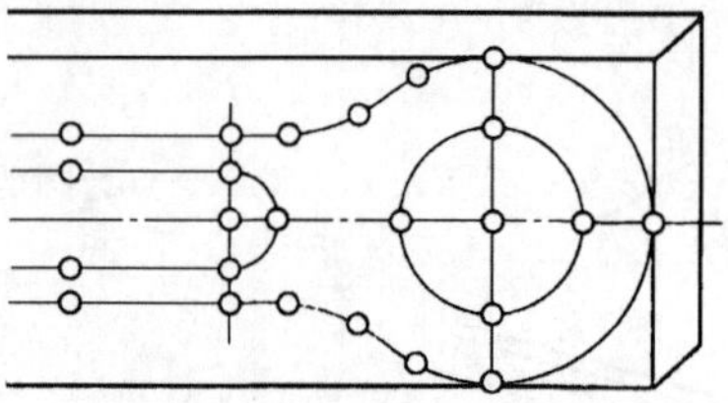 | 在直线和曲线上打样冲眼,不要疏密不均,距离要尽可能相等。冲眼的间距和深浅,可根据划线的长短和工件表面的粗糙程度决定。一般粗糙的毛坯,冲眼间距可以密些、深些;直线上应稀些,曲线上密些;薄工件和薄板上的冲眼要浅些。软材料和精加工过的表面不能打样冲眼 |

**任务实施**

### 1. 立体划线的步骤

对轴承座的立体划线(此件为毛坯),步骤实操如表3-4所示。

**表3-4　立体划线步骤**

| 步骤 | 项目 | 图　示 | 实操说明 |
|---|---|---|---|
| 1 | 毛坯清理和刷涂料 | 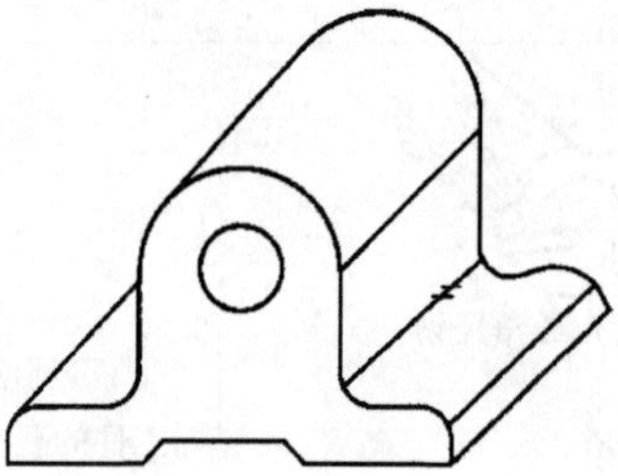 | 毛坯在划线前要进行清理(将毛坯表面的脏污清除干净,清除毛刺),划线表面需涂上一层薄而均匀的涂料,毛坯面用白石灰水或粉笔;已加工面用紫色涂料(龙胆紫加虫胶和酒精)或绿色涂料(孔雀绿加虫胶和酒精)。有孔的工件,还要用铅块或木块堵孔,以便确定孔的中心 |
| 2 | 用千斤顶来支承 | 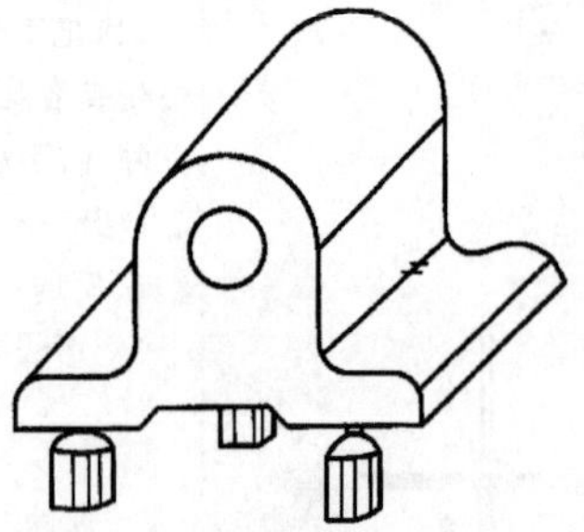 | 在划线平台上进行,划线时,工件多用千斤顶来支承,有的工件也可用方箱、V形块等支承 |
| 3 | 看轴承座零件图 | 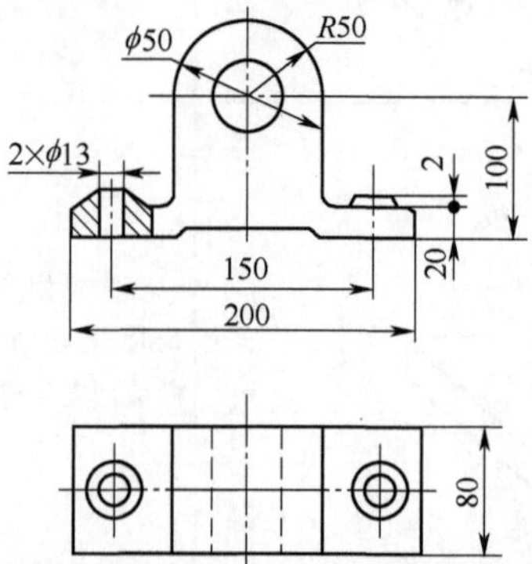 | (1)细看轴承座零件图,了解加工要求。<br>(2)细想毛坯的加工余量是否够。<br>(3)选择好基准面和线 |

续表

| 步骤 | 项目 | 图 示 | 实操说明 |
|---|---|---|---|
| 4 | 调整水平 | 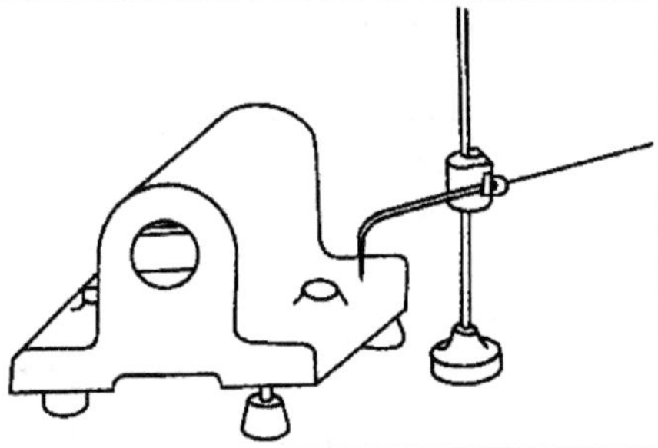 | 根据孔中心及上平面,调节千斤顶,用划线盘找工件水平 |
| 5 | 划底面加工线和大孔的水平中心线 | 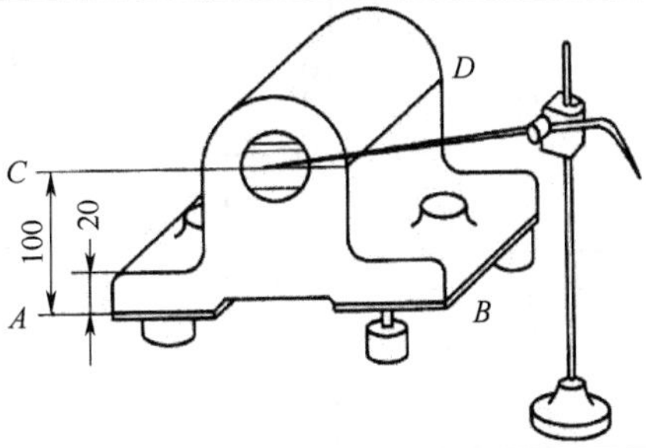 | 用划线盘,划底面加工线 $A-B$ 和大孔的水平中心线 $C-D$。 |
| 6 | 划中心线 | 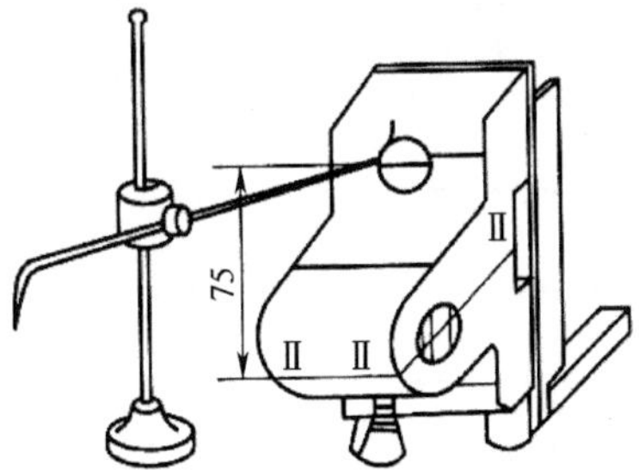 | 将工件翻转 90°,用角尺找正,划大孔的垂直中心线及螺孔中心线 |
| 7 | 划中心线 | 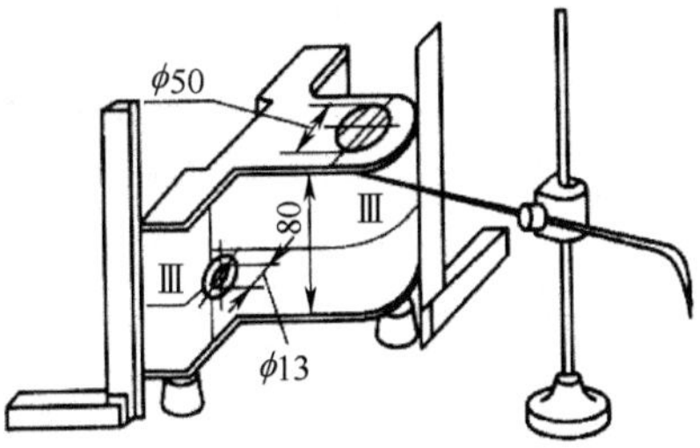 | 将工件再翻转 90°,用角尺两个方向找正,划螺钉和另一个方向中心线及大端面加工线 |
| 8 | 打样冲眼 | 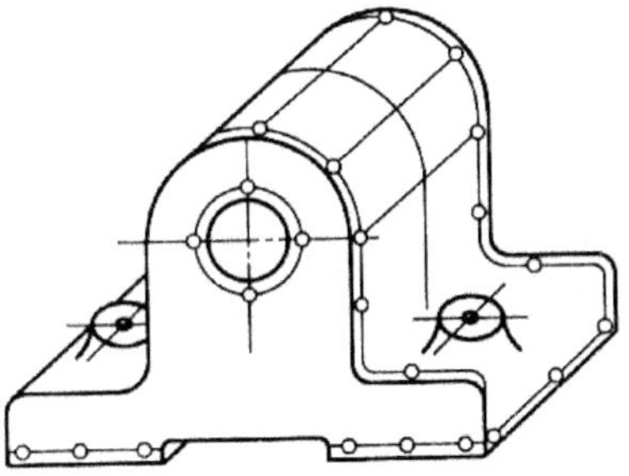 | 最后打样冲眼。仔细检查是否符合加工要求 |

### 2. 平面划线的步骤

对平板加工位置的平面划线,步骤实操如表3-5所示。

表3-5　平板加工划线步骤

| 步骤 | 项目 | 图　　示 | 实操说明 |
|------|------|---------|---------|
| 1 | 准备工作 | 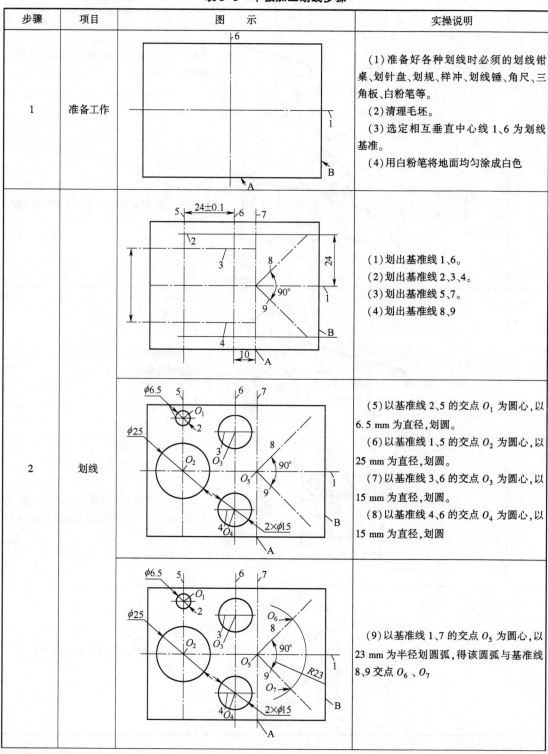 | (1)准备好各种划线时必须的划线钳桌、划针盘、划规、样冲、划线锤、角尺、三角板、白粉笔等。<br>(2)清理毛坯。<br>(3)选定相互垂直中心线1、6为划线基准。<br>(4)用白粉笔将地面均匀涂成白色 |
| 2 | 划线 | | (1)划出基准线1、6。<br>(2)划出基准线2、3、4。<br>(3)划出基准线5、7。<br>(4)划出基准线8、9 |
| | | | (5)以基准线2、5的交点$O_1$为圆心,以6.5 mm为直径,划圆。<br>(6)以基准线1、5的交点$O_2$为圆心,以25 mm为直径,划圆。<br>(7)以基准线3、6的交点$O_3$为圆心,以15 mm为直径,划圆。<br>(8)以基准线4、6的交点$O_4$为圆心,以15 mm为直径,划圆 |
| | | | (9)以基准线1、7的交点$O_5$为圆心,以23 mm为半径划圆弧,得该圆弧与基准线8、9交点$O_6$、$O_7$ |

续表

| 步骤 | 项目 | 图　　示 | 实操说明 |
|---|---|---|---|
| 2 | 划线 | 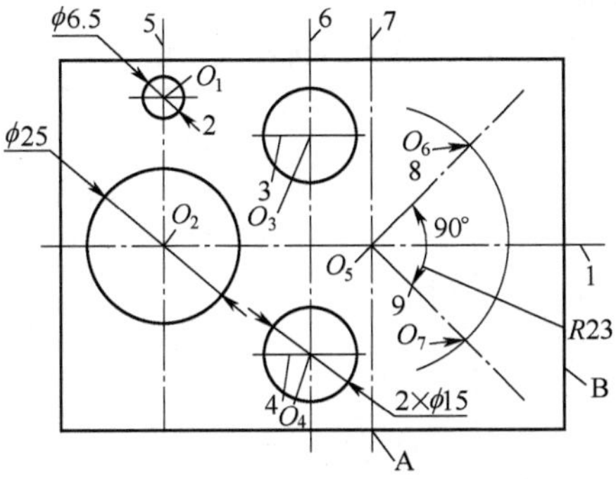 | （10）以 $O_6$ 为圆心，以 6 mm 为直径，划圆。<br>（11）以 $O_7$ 为圆心，以 6 mm 为直径，划圆 |
| | | 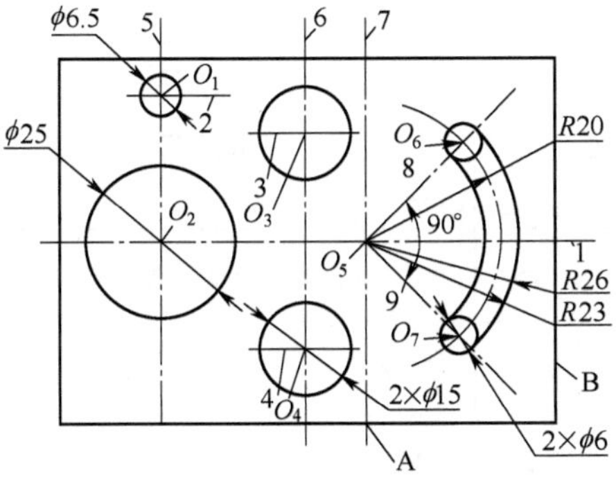 | （12）以 $O_5$ 为圆心，以 20 mm 为半径，划圆弧与两个 $\phi6$ mm 圆相切。<br>（13）以 $O_7$ 为圆心，以 26 mm 为直径，划圆弧与两个 $\phi6$ mm 圆相切 |
| 3 | 检查 | 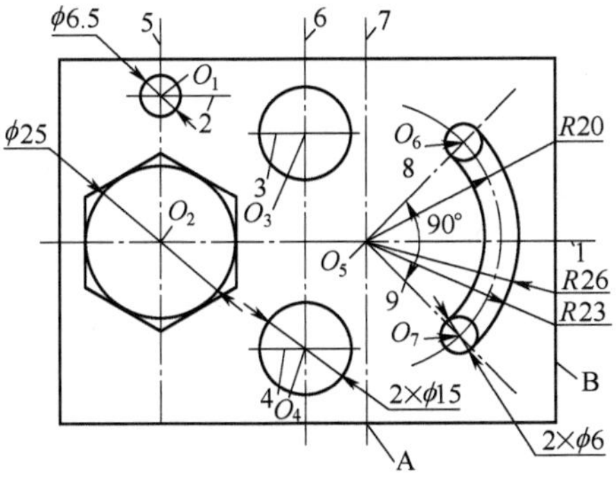 | （1）划与 $\phi25$ mm 圆相切的正六边形。<br>（2）检查所划线是否正确 |
| 4 | 打样冲眼 | —— | （1）在 $O_1$、$O_2$、$O_3$、$O_4$、$O_6$、$O_7$ 处打样冲眼。<br>（2）在 $R20$ mm、$R26$ mm 的圆弧上打样冲眼。<br>（3）在正六边形上打样冲眼 |

**任务评价**

### 1. 轴承座零件的划线评分标准及记录表(见表3-6)

表3-6　轴承座零件的划线评分标准及记录表

| 序号 | 考核内容 | 考核要求 | 配分 | 评分标准 | 检测结果 | 得分 |
|---|---|---|---|---|---|---|
| 1 | 课程态度 | (1)不迟到不早退。<br>(2)实训态度应端正 | 10 | (1)迟到、早退各按5分酌评。<br>(2)学习态度不端正按5分酌评 | | |
| 2 | 文明与纪律 | (1)正确执行安全操作规程。<br>(2)工作场地应保持整洁。<br>(3)工件、工具应保持整齐 | 10 | (1)文明要求按5分酌评。<br>(2)违纪违规按5分酌评 | | |
| 3 | 设备、工具、量具的使用 | 各种设备、工具、量具的使用应符合有关规定 | 10 | 使用设备、工具、量具是否正确按10分酌评 | | |
| 4 | 操作步骤和方法 | 操作步骤和方法必须符合要求 | 10 | 步骤和方法是否正确按10分酌评 | | |
| 5 | 划高度方向线 | 符合图样要求 | 20 | 是否符合要求按20分酌评 | | |
| 6 | 划长度方向线 | 符合图样要求 | 20 | 是否符合要求按20分酌评 | | |
| 7 | 划宽度方向线 | 符合图样要求 | 20 | 是否符合要求按20分酌评 | | |
| 合　计 | | | | | | |

### 2. 平板加工件评分表(见表3-7)

表3-7　平板加工件评分表

| 序号 | 考核内容 | 考核要求 | 配分 | 评分标准 | 检测结果 | 得分 |
|---|---|---|---|---|---|---|
| 1 | 实训态度 | (1)不迟到不早退。<br>(2)实训态度应端正 | 10 | (1)迟到一次扣1分。<br>(2)旷课一次扣5分。<br>(3)实训态度不端正扣5分 | | |
| 2 | 安全文明生产 | (1)正确执行安全操作规程。<br>(2)工作场地应保整洁。<br>(3)工件、工具应保持整齐 | 6 | (1)造成安全事故,按0分处理。<br>(2)其余违规,每违反一项扣2分 | | |
| 3 | 设备、工具、量具的使用 | 各种设备、工具、量具的使用应符合有关规定 | 4 | (1)造成安全事故,按0分处理。<br>(2)其余违规,每违反一项扣1分 | | |
| 4 | 操作步骤和方法 | 操作步骤和方法必须符合要求 | 10 | 每违反一项扣1~5分 | | |

续表

| 序号 | 考核内容 | 考核要求 | 配分 | 评分标准 | 检测结果 | 得分 |
|------|----------|----------|------|----------|----------|------|
| 5 | 划出基准线 1、2、3、4、5、6、7、8、9 和弧 $R23$ | 符合图样要求 | 20 | 每违反一项扣 2 分 | | |
| 6 | 划 $\phi6.5$ mm、$2\times\phi15$ mm、$2\times\phi6$ mm、$\phi25$ mm 的圆 | 符合图样要求 | 18 | 每违反一项扣 3 分 | | |
| 7 | 划 $R20$、$R26$ mm 的圆弧 | 符合图样要求 | 8 | 每违反一项扣 4 分 | | |
| 8 | 划与 $\phi25$mm 圆相切的正六边形 | 符合图样要求 | 24 | 每违反一项扣 4 分 | | |
| | 合　计 | | | | | |

## 习　题

### 一、填空题

1. 只需要在工件的_____表面上划线后,即能明确表示加工界限的,称为_____划线。

2. 在工件上几个互成不同_____的表面上划线,才能明确表示加工界限的,称为_____划线。

3. 划线除要求划出的线条_____均匀外,最重要的是要保证_____。

4. 立体划线一般要在_____、_____、_____三个方向上进行。

5. 任何工件的几何_____都是由_____、_____、_____构成的。

6. 平面划线要选择_____个划线基准,立体划线要选择_____个划线基准。

### 二、判断题

1. 划线是机械加工的重要工序,广泛地用于成批生产和大量生产。　　　　　　　(　　)

2. 合理选择划线基准是提高划线质量和效率的关键。　　　　　　　　　　　　(　　)

3. 划线时,都应从划线基准开始。　　　　　　　　　　　　　　　　　　　　(　　)

4. 当工件上有两个以上的不加工表面时,应选择其中面积较小、较次要的或外观质量要求较低的表面为主要找正依据。　　　　　　　　　　　　　　　　　　　　　　　　(　　)

5. 找正和借料这两项工作是各自分开进行的。　　　　　　　　　　　　　　　(　　)

### 三、选择题

1. 一般划线精度能达到(　　　)。

A. 0. 025~0. 05 mm　　　　B. 0. 25~0. 5 mm　　　　C. 0. 25 mm 左右

2. 经过划线确定加工时的最后尺寸,在加工过程中,应通过(　　)来保证尺寸准确度。

A. 测量　　　　　　　　B. 划线　　　　　　　　C. 加工

3. 在零件图用来确定其他点、线、面位置的基准,称为(　　)。

A. 设计　　　　　　　　B. 划线　　　　　　　　C. 定位

4. 基本线条的划法包括(　　)、垂直线、角度线、圆弧线和等分圆周等。

A. 划平行线　　　　　　B. 基准线　　　　　　　C. 粗实线

5. 毛坯工件通过找正后划线,可使加工表面与不加工表面之间保持(　　)。

A. 尺寸均匀　　　　　　B. 形状正确　　　　　　C. 位置正确

### 四、问答题

1. 划线的作用有哪些?

2. 划线基准一般有哪三种类型? 其特征如何?

# 项目四  锉 削

用锉刀对工件表面进行切削加工的方法叫做锉削。锉削最高精度可达 IT7～IT8，表面粗糙度可达 $Ra1.6～Ra0.8\ \mu m$，故为主要掌握的操作技能。

## 学习目标

1. 熟悉锉削工具的基本知识和使用方法。
2. 掌握各种面的锉削操作基本方法。
3. 了解锉刀保养和安全操作方法。

# 任务　锉削零件加工

## 任务描述

按照图 4-1 所示工件图样的要求完成制作。

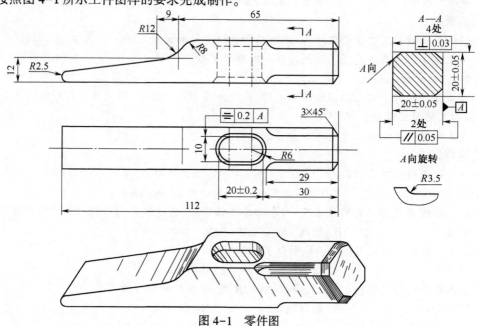

图 4-1　零件图

## 相关知识

### 一、锉刀的结构、种类和选用

用锉刀对工件表面进行切削加工，使工件达到所需要的尺寸、形状、位置和表面要求粗糙度，

这种加工方法称为锉削。锉削可以加工工件的外表面、内孔、沟槽和各种形状复杂的表面。所以,锉削是钳工的一项重要基本操作。而锉刀是锉削的主要工具,锉刀的结构、种类和选用方法如表4-1所示。

表 4-1　锉刀的结构、种类和选用

| 序号 | 名称 | 图　示 | 说　明 |
|---|---|---|---|
| 1 | 锉刀的结构 | 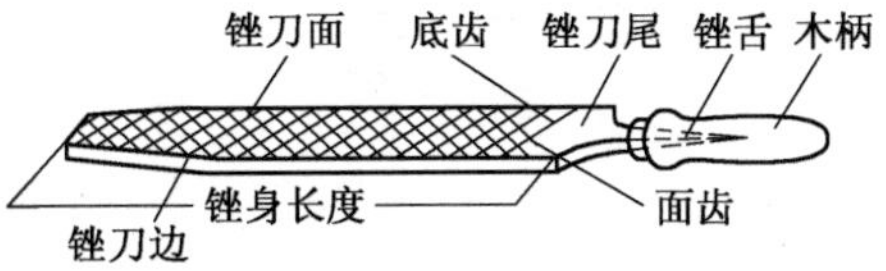 锉刀面　底齿　锉刀尾　锉舌　木柄<br>锉刀边　锉身长度　面齿 | 用高速工具钢 T12、T13 等制成。<br>锉齿是在剃挫机上剃出来的 |
| 2 | 锉刀的种类 | 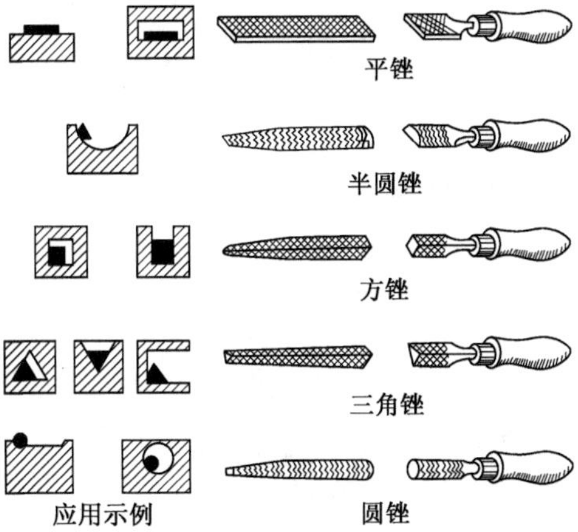 平锉<br>半圆锉<br>方锉<br>三角锉<br>应用示例　圆锉 | 锉刀按用途不同分为钳工锉、特种锉和整形锉(或称什锦锉)三种。<br>　普通锉按截面形状不同分为:平锉、方锉、圆锉、半圆锉和三角锉五种。<br>　按其长度分为 100 mm、200 mm、250 mm、300 mm、350 mm 和 400 mm 等几种。<br>　按其齿纹可分为单齿纹和双齿纹两种。<br>　按其齿疏密可分为粗齿(4~12 齿/10 mm)、细齿(13~24 齿/10 mm)和油光齿(30~36 齿/10 mm)等 |
| 3 | 锉刀的选用 | 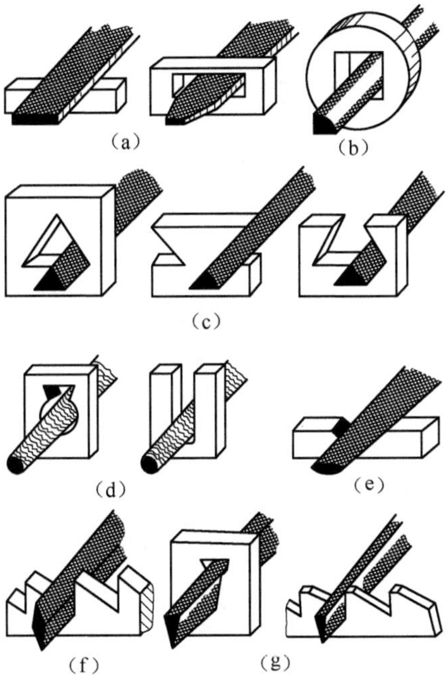 (a)　(b)<br>(c)<br>(d)　(e)<br>(f)　(g) | 锉刀的断面形状和长度应根据被锉削工件的表面形状和大小选用。锉刀的形状应适应工件加工的表面形状 |

## 二、锉削的步骤和方法

### 1. 练习锉削的姿势和锉刀的握法

锉刀锉削时的握法和操作姿势,如表 4-2 所示。

表 4-2　锉削的握法和操作姿势

| 序号 | 项目 | 图　　示 | 说明 |
|---|---|---|---|
| 1 | 锉刀握法 | 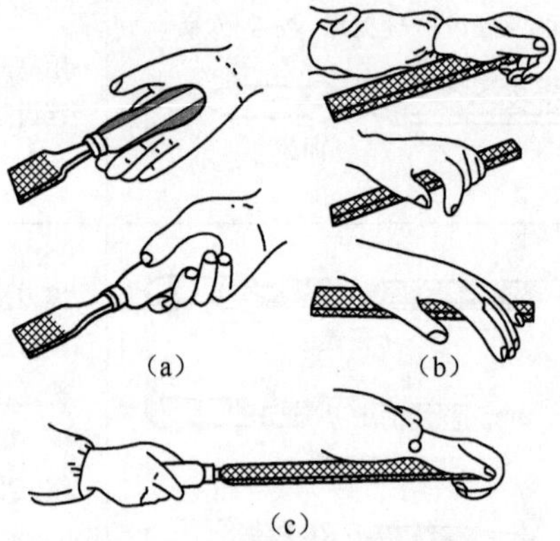 <br>(a)　　　　(b)<br>(c) | 较大锉刀的握法:用右手握锉刀柄,柄端顶在拇指根部的手掌上,大拇指放在锉刀柄的侧上方,其余的手指由下而上握着锉刀柄,左手手掌横放在锉刀的前部上方,拇指根部的手掌轻压在锉刀头上,其余手指自然弯向掌心握住锉刀 |
| | | 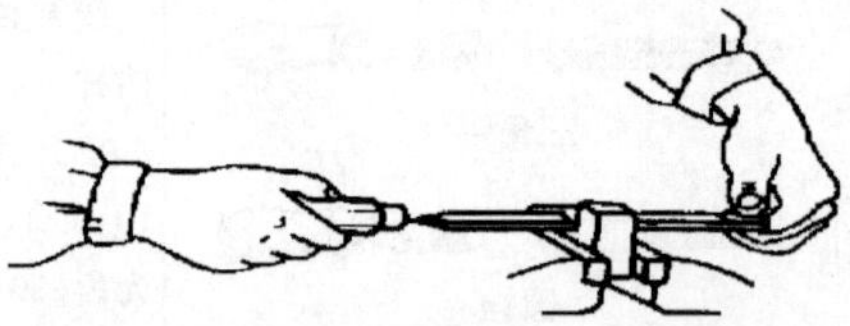 <br><br> | 由于锉刀尺寸小,本身强度不高,锉削时所施加的力不大,其柄部握法与大锉刀相同,左手持锉位置则根据锉削锉用力轻重而异,重锉时,左手大拇指的根部恰好放在锉尖上,其余四指弯放在下面;细锉时,右手握锉刀柄,左手除大拇指外将其余四指压在锉刀面上,较为灵活;极轻微的锉削时,可不用左手持锉刀,只用右手食指压在锉上面 |
| 2 | 站立姿势 | 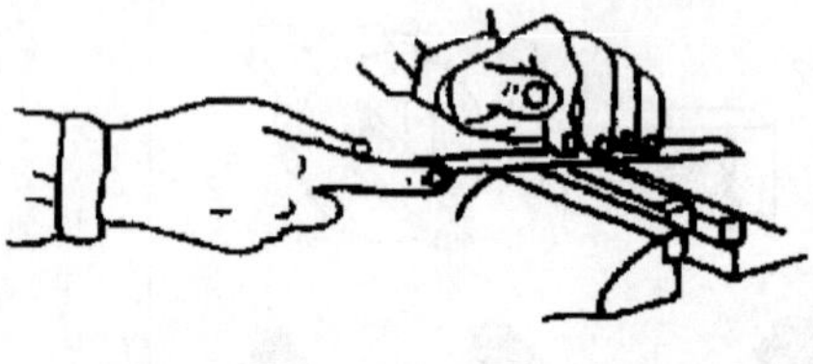 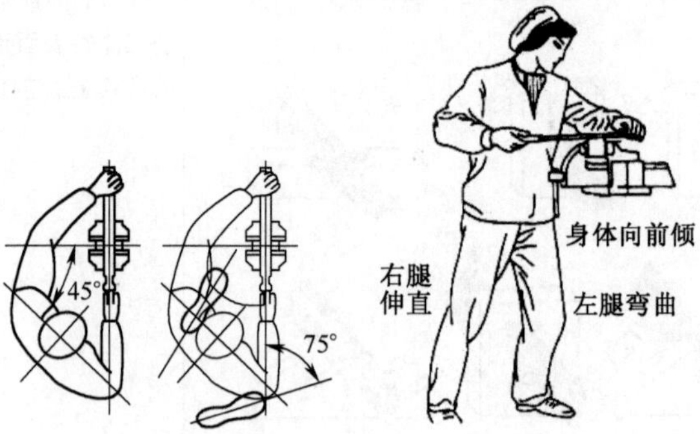 | 左臂弯曲,小臂与工件锉削面的左右方向基本平行,右小臂与工件锉削面的前后方向保持平行 |

续表

| 序号 | 项目 | 图　　示 | 说明 |
|---|---|---|---|
| 3 | 锉削动作 | 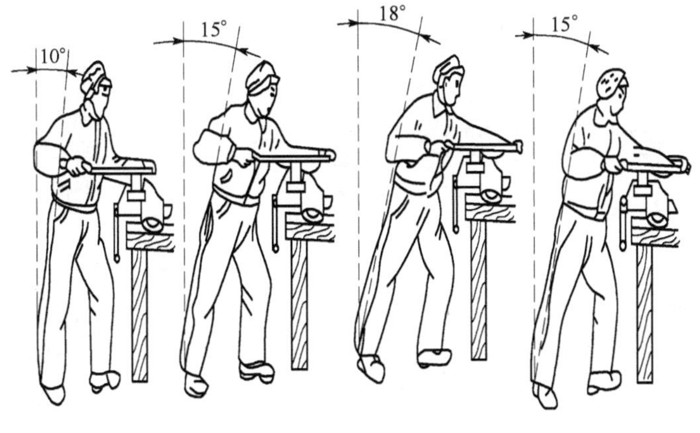 <br>（a）　　　（b）　　　（c）　　　（d） | 　　开始锉削时身体略前倾；锉削时身体先于锉刀一起向前，右脚伸直，左膝呈弯曲状，重心在左脚；当锉刀锉至行程将结束时，两臂继续将锉刀锉完行程，同时，左腿自然伸直，顺势将锉刀收回，身体重心后移，当锉刀收回即将结束，身体又先于锉刀前倾，作第二次锉削运动 |
| 4 | 锉削过程 | 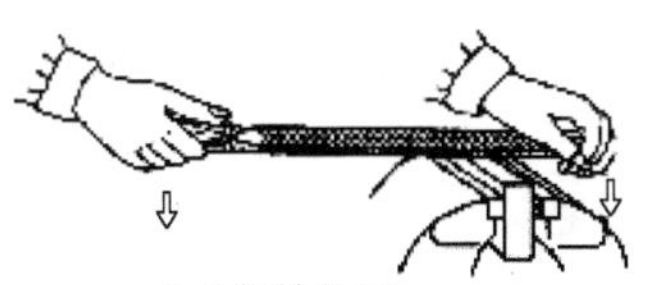 <br>（a）起始位置 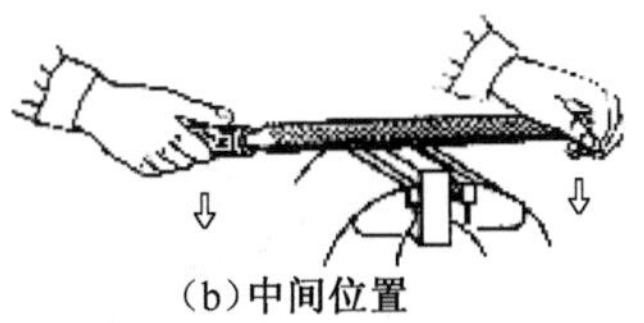　　　（b）中间位置 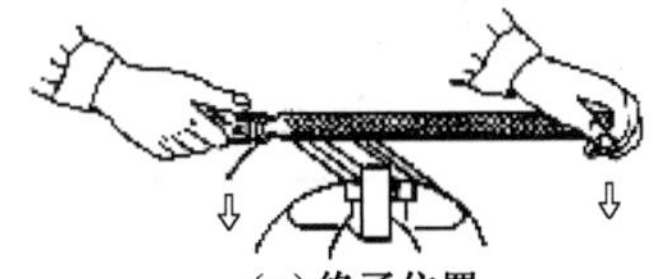<br>（c）终了位置 | 　　锉削行程中保持锉刀作直线运动。推进时右手压力要随锉刀推进而逐渐增加，左手压力则要逐渐减小，回程不加压力。锉削速度一般每分钟 40 次左右 |
| 5 | 锉削方法 | 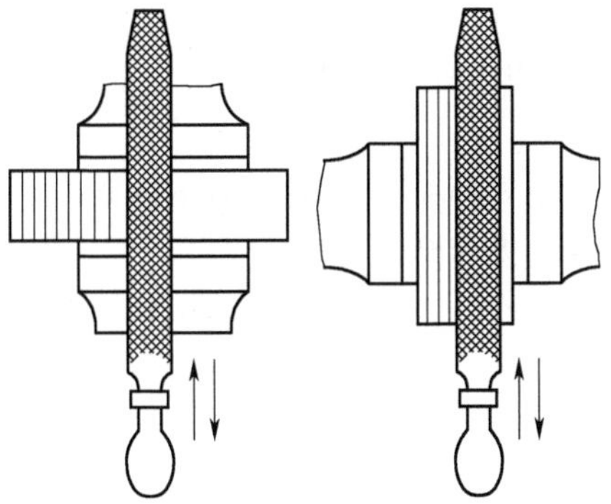 | 　　顺锉法：顺锉法是顺着同一方向对工件锉削的方法。它是锉削的基本方法，其特点是锉纹顺直，较整齐美观，可使表面粗糙度变细 |
| | | 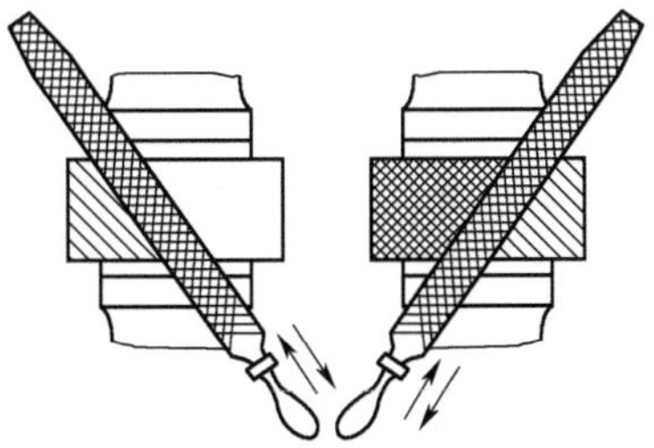 | 　　交叉锉法：交叉锉法是从两个方向交叉对工件进行锉削。其特点是锉面上能显示出高低不平的痕迹，以便把高处锉除。用此法较容易锉出准确的平面 |

| 序号 | 项目 | 图　　示 | 说明 |
|---|---|---|---|
| 5 | 锉削方法 | 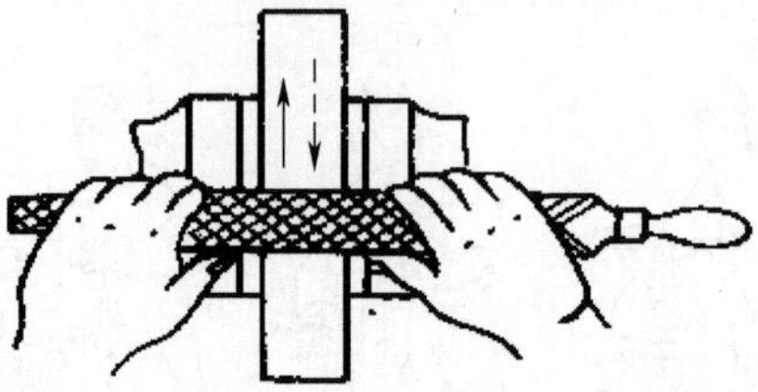 | 推锉法:推锉法是两手横握锉刀身,平稳地沿工件表面来回推动进行锉削,其特点是切削量少,降低了表面粗糙度,一般用于锉削狭长表面 |
| 6 | 曲面锉削方法 | 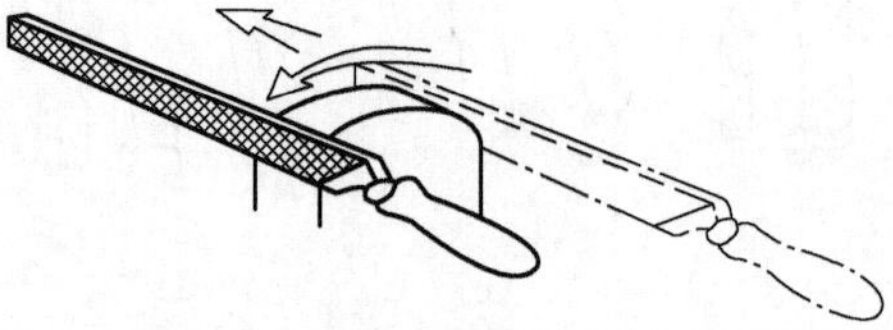 | 横着圆弧锉:将锉刀横对着圆弧锉,依次序把棱角锉掉,使圆弧处基本接近圆弧的多边形,最后用顺锉法把其锉成圆弧。此方法效率高,适用于粗加工阶段 |
| | | 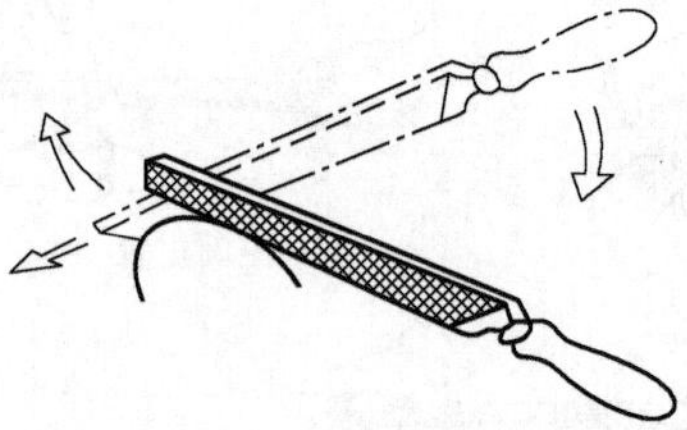 | 顺着圆弧锉:锉削时,锉刀在向前推的同时,右手把锉刀柄往下压,左手把锉刀尖往上提,这样能保证锉出的圆弧面无棱角,圆弧面光滑,它适用于圆弧面的精加工阶段 |

## 2. 锉削时注意事项

(1)锉削操作时,锉刀必须装柄使用,以免刺伤手心。

(2)由于虎钳钳口淬火处理过,不要锉到钳口上,以免磨钝锉刀和损坏钳口。

(3)不要用手去摸锉刀面或工件以防锐棱刺伤等,同时防止手上油污沾上锉刀或工件表面使锉刀打滑,造成事故。

(4)锉下来的屑末要用毛刷清除,不要用嘴吹,以免屑末进入眼内。

(5)锉面堵塞后,用钢丝刷顺着锉纹方向刷去屑末。

(6)锉刀放置时,不要伸出工作台之外,以免碰落摔断或砸伤脚背。

任务实施

制作錾口锤子的操作步骤如表 4-3 所示。

表 4-3　制作錾口锤子的操作步骤

| 序号 | 项目 | 图　　示 | 说明 |
|---|---|---|---|
| 1 | 检查毛坯 | 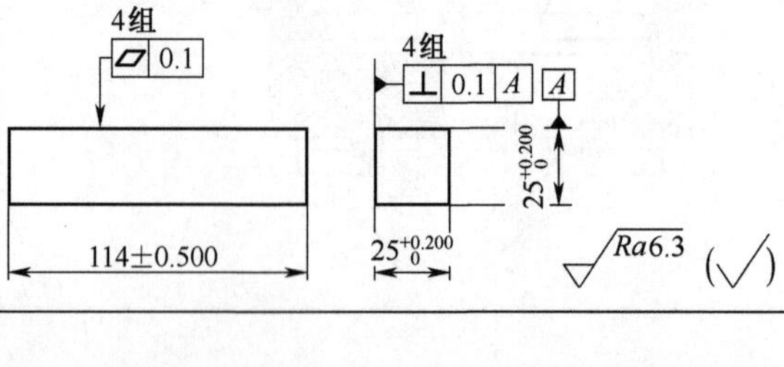 | (1)毛坯清理<br>(2)检查毛坯工件尺寸 |

| 序号 | 项目 | 图　示 | 说明 |
|---|---|---|---|
| 2 | 加工 20 mm× 20 mm 长方形 | 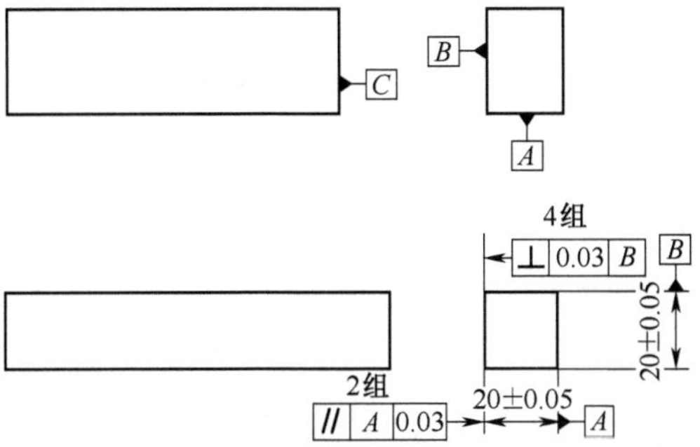 | （1）锉削加工基准面 $A$，选择 114 mm×20.5 mm 四个表面中平面度较好的一个加工，并保证其平面度。<br>（2）锉削加工 $A$ 面的对立面，用游标卡尺检查 20 mm 尺寸。<br>（3）锉削加工 $A$ 面的一个邻面，以 $A$ 面为基准用直尺测量垂直度，直至符合要求。<br>（4）锉削加工 $A$ 面的另一个邻面，用游标卡尺检查 20 mm 尺寸，直至符合要求 |
| 3 | 锉一端面 | 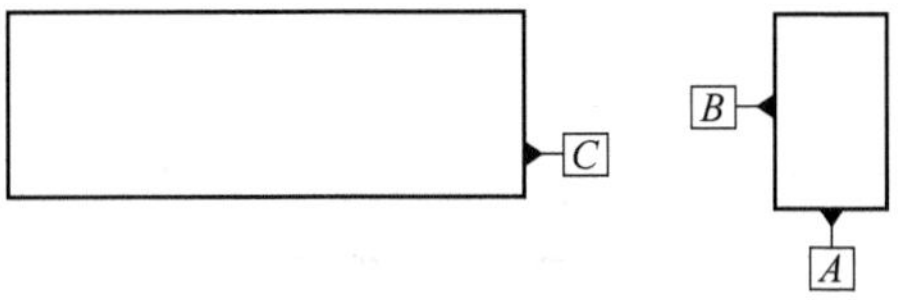 | 锉削加工端面 $C$，保证其与 $A$ 面和 $B$ 面垂直。同时，保证表面粗糙度要求 |
| 4 | 划形体加工线 | 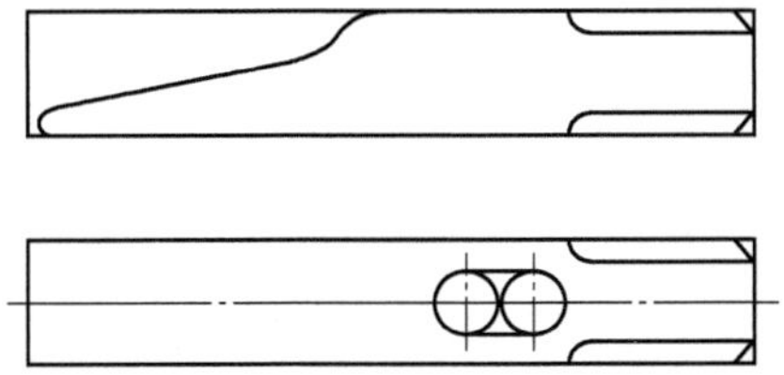 | 将工件需要划线的部位涂上蓝油，厚度要适中均匀。然后以 $A$ 面和端面为基准，用錾口锤头划线样板划出形体加工线（两面同时划出），并按图样尺寸划出 4×C3 倒角加工线 |
| 5 | 锉倒角 | 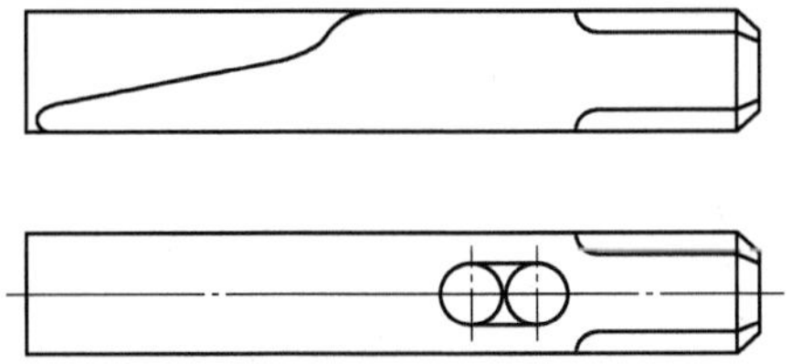 | （1）用圆锉粗锉出 $R3.5$ mm 圆弧。<br>（2）用平锉粗、细锉倒角。<br>（3）再用圆锉细锉 $R3.5$ mm 圆弧，修整后用纱布打光 |
| 6 | 加工腰孔 | 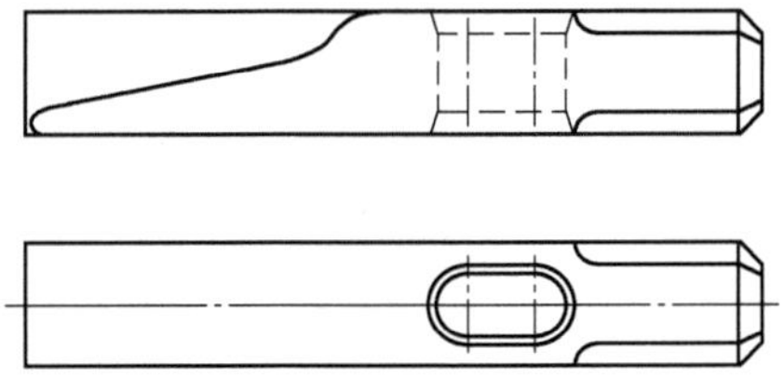 | （1）按图样划出腰孔加工线及钻孔检查线，并用 $\phi9.7$ mm 钻头钻孔。<br>（2）用圆锉锉通两孔，然后按图样要求锉好腰孔。<br>（3）将腰孔各面倒出 1 mm 弧形喇叭口 |

续表

| 序号 | 项目 | 图　　示 | 说明 |
|---|---|---|---|
| 7 | 锯、锉斜面及内外圆弧面 |  | （1）按线在 R12 mm 处钻 φ5 mm孔，用手锯锯去多余材料。<br>（2）用半圆锉按线粗锉 R12 mm内圆弧面，用平锉粗锉斜面与 R8 mm 圆弧面至划线线条。<br>（3）用细平锉细锉斜面。<br>（1）用半圆锉细锉 R12 mm 内圆弧面。<br>（2）用细平锉细锉 R8 mm 外圆弧面。<br>（3）锉 R2.5 mm 圆头，并保证总长尺寸 112 mm。<br>（4）用细锉做推锉修整，达到各面连接圆滑、光洁、纹理整齐 |
| 8 | 检查验收 | | 按图样技术要求进行检验 |

**任务评价**

操作完毕，按表4-4所示评分表进行评分。

表4-4　制作錾口锤头评分表

| 序号 | 考核内容 | 考核要求 | 配分 | 评分标准 | 检测结果 | 得分 |
|---|---|---|---|---|---|---|
| 1 | 锉削 | 锉削 20 mm±0.1 mm（2处） | 20 | 超差不得分 | | |
| 2 | | 倒角 4×C3.5（4处） | 8 | 尺寸正确得分 | | |
| 3 | | R3.5 mm | 4 | 连接圆滑，尖端无塌角得分 | | |
| 4 | | R12 mm 与 R8 mm 圆弧 | 4 | 圆弧面连接圆滑得分 | | |
| 5 | 几何公差 | // \| 0.03 \|（2处） | 10 | 超差不得分 | | |
| 6 | | ⊥ \| 0.03 \|（4处） | 20 | 超差不得分 | | |
| 7 | | ⚌ \| 0.2 \| A \| | 4 | 超差不得分 | | |
| 8 | 孔 | 腰孔长度 20±0.2 mm | 10 | 超差不得分 | | |

| 序号 | 考核内容 | 考核要求 | 配分 | 评分标准 | 检测结果 | 得分 |
|------|---------|---------|------|---------|---------|------|
| 9 | 表面粗糙度 | $Ra3.2$ um | 10 | 超差不得分 | | |
| 10 | 圆弧 | $R2.5$ mm 圆弧 | 10 | 圆弧面圆滑得分 | | |
| 11 | 安全文明生产 | 达到国家颁布的安全生产法规或行业(企业)的规定 | | 按违反有关规定程度从总分扣 1~5 分 | | |
| 合计 | | | | | | |

## 习 题

### 一、填空题

1. 锉刀由高速工具钢或_____组成。

2. 锉刀由_____和_____两部分组成。

3. 锉刀按其用途不同,分为_____锉、_____锉和_____锉三种。

4. 锉刀规格分为_____规格和_____规格两种。方锉的规格尺寸以_____表示,圆锉的规格尺寸以_____表示,其他的锉刀则以_____表示。

5. 普通钳工按其断面形状的不同,分为_____、_____、_____和_____五种。

6. 平面的锉削有_____、_____和_____三种。

### 二、判断题

1. 圆锉和方锉的规格尺寸是以锉身长度来表示的。

2. 应根据工件表面的形状和尺寸来选择锉刀尺寸规格。

3. 在锉削回程时应加以较小的压力,以减少锉齿的磨损。

4. 推锉一般用来锉削狭长的表面。

5. 新锉刀在使用时应先用 1 个面,待其用钝后在用另 1 个面。

### 三、问答题

1. 锉刀的种类有哪些?

2. 如何根据加工对象选择正确的锉刀?

3. 锉刀的尺寸规格如何表示?

项目 **五** 锯削

锯削是使用手锯对工件或材料进行分割的一种切削加工方法,它具有方便、简单和灵活的特点,因此手工锯削是需要掌握的基本方法之一。

**学习目标**

1. 了解锯削常用工具,掌握手锯的构造,锯条的选用和安装方法。
2. 熟悉锯削基本知识。
3. 掌握锯削基本操作方法,正确的锯割操作姿势,达到一定的锯割精度。
4. 掌握锯割操作技能。

# 任务 锯削零件加工

**任务描述**

利用 φ32 mm×40 mm 棒料锯割一尺寸为 20 mm×20 mm×40 mm 的长方体或利用 20 mm 厚板料锯割一尺寸为 40 mm×40 mm×20 mm 的长方体。

**相关知识**

## 一、常用的锯削工具

常用的锯削工具如表 5-1 所示。

表 5-1 常用锯削工具

| 序号 | 名称 | 图示 | 说明 |
|---|---|---|---|
| 1 | 台虎钳 | 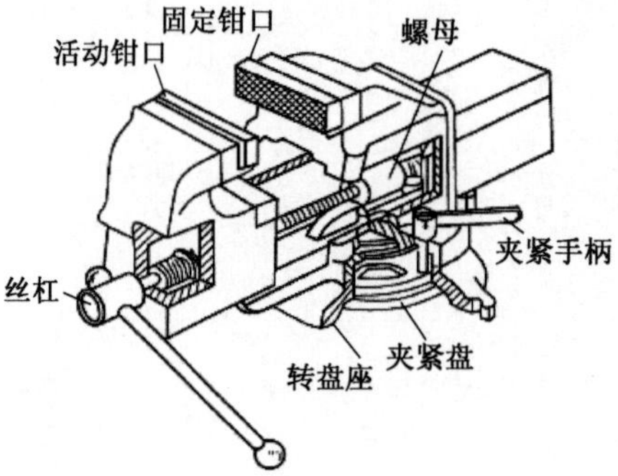  固定钳口 螺母 活动钳口 夹紧手柄 丝杠 转盘座 夹紧盘 | (1)它安装在钳桌边缘上,用来夹持工件。<br>(2)夹紧工件时,只允许依靠手的力量来扳动手柄,不能用锤子敲击手柄或套上长管子来看扳动手柄,以免丝杠、螺母或钳身等受到损坏。<br>(3)不允许在活动钳身的光滑平面上进行敲击作业。<br>(4)丝杠、螺母和其他活动表面上要经常加油并保持清洁 |

| 序号 | 名称 | 图　示 | 说　明 |
|---|---|---|---|
| 2 | 手锯 | 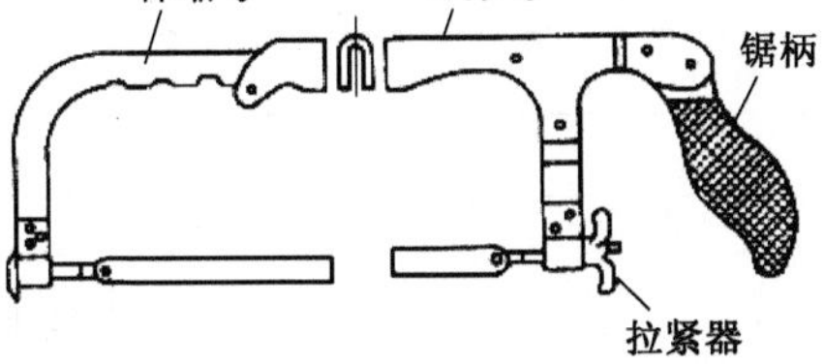 伸缩弓　U形弓　锯柄　拉紧器 | 用来锯削加工 |

## 二、锯条的选用和安装

锯条的选用和安装如表 5-2 所示。

表 5-2　锯条的选用和安装

| 序号 | 名称 | 图　示 | 说　明 |
|---|---|---|---|
| 1 | 锯条的结构 | 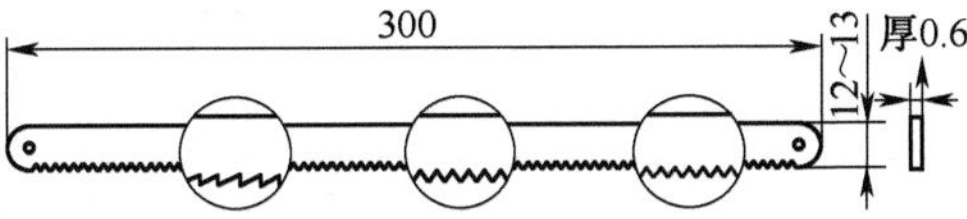 300　厚0.64　12~13 | 一般用渗碳软钢冷轧而成(也有用碳素工具钢或合金钢制成,经淬火处理而成) |
| 2 | 锯条的规格 | —— | 锯条的长度以两端装夹孔的中心距来表示,手锯常用的锯条长度为 300 mm、宽 12 mm、厚 0.8 mm |
| 3 | 锯齿的粗细 | —— | 锯齿粗细如下:<br><br>锯条\齿数 / 粗尺 14-18 / 中尺 18-24 / 细尺 32 |
| 4 | 锯条的选用 | —— | 锯条选用原则:<br>(1)根据被加工工件尺寸精度。<br>(2)根据加工工件的表面粗糙度。<br>(3)根据被加工工件的大小。<br>(4)根据加工工件的材质 |
| 5 | 锯条的安装 | 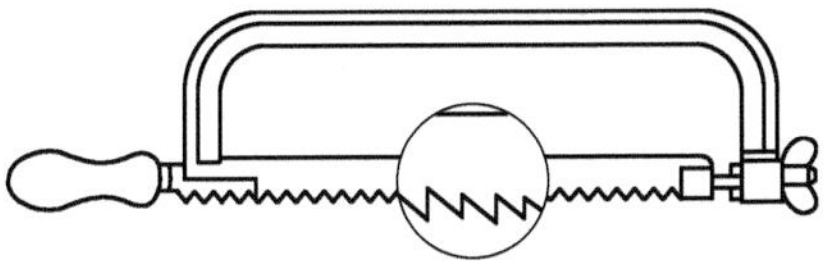  | (1)锯齿尖要向前,因为手锯在向前推进时才切割工件。<br>(2)锯条松紧要适当,如果锯条装得太紧,锯条受力大,失去弹性,锯削时稍有阻滞就容易折断;如果太松,锯条不但容易发生扭曲而造成折断,而且锯缝容易歪斜 |

### 三、锯削的步骤和方法

锯削的步骤和操作方法如表5-3、表5-4所示。

**表5-3　锯削前的准备**

| 序号 | 名称 | 图　　示 | 说　　明 |
|---|---|---|---|
| 1 | 划线 | —— | 清理工具并划好线 |
| 2 | 夹持好工具 | —— | （1）工件的夹持要牢固，不可有抖动，以防止锯削时工件移动而使锯条折断。同时也要防止夹坏已加工表面和工件变形。<br>（2）工件尽可能夹持在台虎钳的左面，以方便操作；锯削线应与钳口垂直，以防止锯斜；锯削线离钳口不应太远（一般取5~10 mm），以防止锯削时产生抖动 |
| 3 | 装锯条 | —— | 根据所锯材料，选择并安装好锯条 |
| 4 | 握锯方法 | 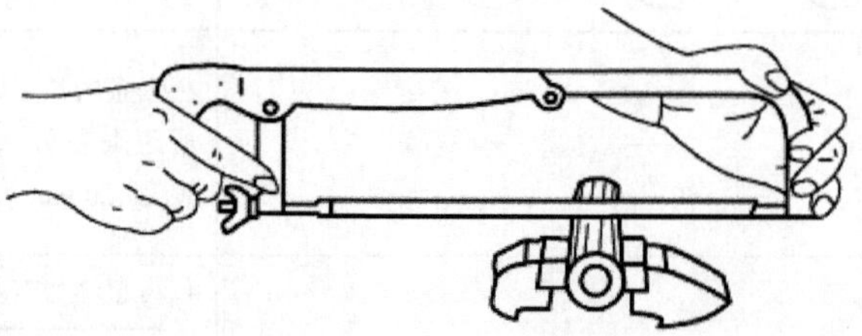 | 锯削时左脚超前半部，身体略向前倾与台虎钳中心约成75°。两腿自然站立，人体重心稍偏于右脚。锯削时视线要落在工件的切削部位。推锯时身体上部稍线向前倾，给手锯以适当的压力而完成锯削 |

**表5-4　锯　削　工　作**

| 序号 | 名称 | 图　　示 | 说　　明 |
|---|---|---|---|
| 1 | 起锯 | 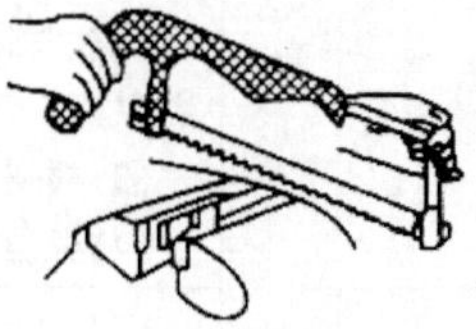 <br>（a）远起锯 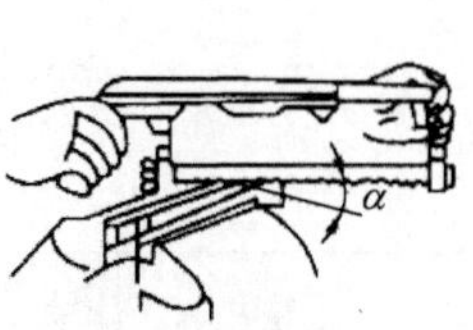　　（b）近起锯 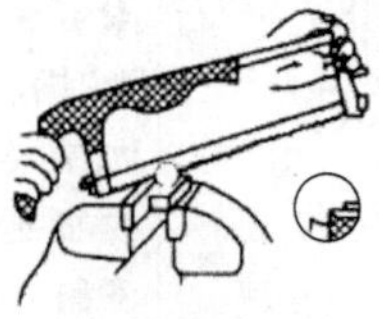<br>（c）起锯角太大 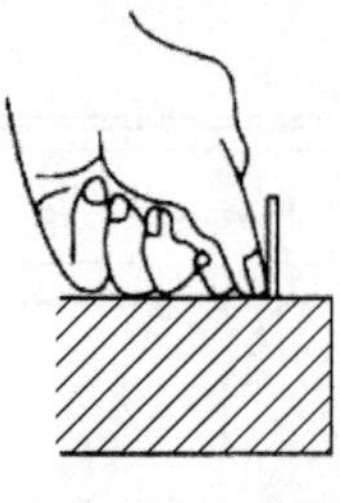　（d）用拇指挡住锯条起锯 | （1）起锯的方式有远起锯和近起锯两种，一般情况采用远起锯。<br>（2）起锯角α以15°左右为宜。为了起锯的位置正确和平稳，可用左手大拇指挡住锯条来定位。<br>（3）起锯时压力要小，往返行程要短，速度要慢，这样可以使起锯平稳 |

续表

| 序号 | 名称 | 图　示 | 说　明 |
|---|---|---|---|
| 2 | 正常锯削 | 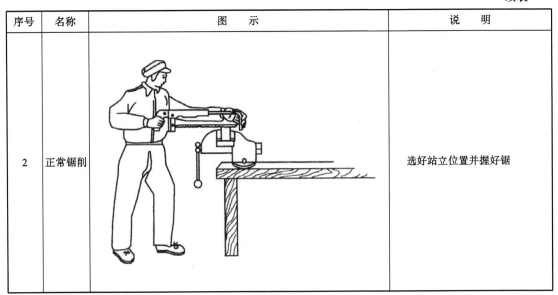 | 选好站立位置并握好锯 |

### 任务实施

利用 $\phi$32 mm×40 mm 棒料锯割一尺寸为 20 mm×20 mm×40 mm 的长方体或利用 20 mm 后板料锯割一尺寸为 40 mm×40 mm×20 mm 的长方体。具体的实施步骤如下：

#### 1. 材料准备

利用废旧板或棒材作为备用材料。

#### 2. 划线

如果使用板料,用划线角尺和划针在板材上划 40 mm×40 mm 的线;如果使用棒料,则需要用划线角尺和划针再划出 20 mm×20 mm 的线。如果需要锉削,则需要留加工余量。

#### 3. 加工顺序

(1) 锯第一表面。

(2) 加工第二表面的对面并保持平行。

(3) 加工第三平面的相邻垂直面并保持垂直。

(4) 加工第四表面的另一相邻垂直面并保持垂直。

#### 4. 锯削注意事项

(1) 保持划线清楚、锯条平直、锯路按线路走。

(2) 注意调整锯条的张紧力,太紧或太松,锯条易折断,并防止断裂伤人。

(3) 起锯和快锯断时用力要小,防突然断裂伤手,工件砸伤脚。

(4) 锯削保持匀速,不能太快,一般为 20~40 次/min,往复长度不应少于锯条全长的 2/3。

(5) 锯砍材料时速度要慢,锯软材料时速度可快些,锯薄材料可直线运动。

(6) 锯削结束后,应把锯条放松,并放置到位。

### 任务评价

操作完毕,按表 5-5 所示评分表进行评分。

表5-5　锯削长方体评分表

| 序号 | 考核内容 | 考核要求 | 配分 | 评分标准 | 检测结果 | 得分 |
|---|---|---|---|---|---|---|
| 1 | 实训态度 | (1)不迟到,不早退。<br>(2)实训态度应端正 | 10 | (1)迟到一次扣1分。<br>(2)旷课一次扣5分。<br>(3)实训态度不端正扣5分 | | |
| 2 | 安全文明生产 | (1)正确执行安全技术操作规程。<br>(2)工作场地应保持整洁。<br>(3)工件、工具摆放应保持整齐 | 6 | (1)造成重大事故,按0分处理。<br>(2)其余违规,每违反一项扣2分 | | |
| 3 | 设备、工具、量具的使用 | 各种设备、工具、量具的使用应符合有关规定 | 4 | (1)造成重大事故,按0分处理。<br>(2)其余违规,每违反一项扣1分 | | |
| 4 | 操作方法和步骤 | 操作方法和步骤必须符合要求 | 30 | 每违反一项扣1~5分 | | |
| 5 | 技术要求 | 符合操作要求 | 50 | 每违反一项扣10分 | | |
| 总计 | | | | | | |

# 习　题

## 一、填空题

1. 锯条一般由_____制造,并经热处理淬硬后使用。

2. 锯齿粗细由锯条每_____mm 长度内的锯齿数来表示。

3. 锯路的作用是减少的_____摩擦,使锯条在锯削时不被夹住或折断。

4. 锯削的速度控制在_____以内,推进时速度_____,回程时不施加压力,速度_____。

5. 锯削薄管子时,薄管子要用形木夹持,以防止_____夹扁或夹坏管子表面。

## 二、判断题

1. 锯削时,锯弓的运动可以取直线运动,也可以取小幅度上下摆动。　　　　　(　　)

2. 起锯有远起锯和近起锯两种,一般情况下采用近起锯比较适宜。　　　　　(　　)

3. 锯削推进时的速度稍微慢点,并保持匀速;锯削回程时的速度稍微快点,且不加压力。　　　　　(　　)

4. 工件将要锯断时锯力要减小,以防止断落的工件砸伤脚部。　　　　　(　　)

## 三、问答题

1. 什么叫起锯? 起锯的方法有哪两种? 常用的是哪一种?

2. 锯削管子为什么要用细齿锯条? 锯削管子时应注意什么?

3. 保证锯削安全的措施有哪些?

# 项目六　錾削

用锤子打击錾子对金属工件进行切削加工的方法,叫錾削,又称凿削。通过錾削工作的锻炼,可以提高锤击的准确性,为装拆机械设备打下扎实的基础。

（学习目标）

1. 了解錾削加工常用工具。
2. 熟悉錾削工具的基本知识和使用方法。
3. 掌握錾削基本操作方法。
4. 掌握錾子和手锤的握法及锤击动作,能进行錾削操作。

# 任务　錾削零件加工

（任务描述）

在 $\phi 30$ mm×115 mm 的圆钢(45 钢)上完成工件的平面錾削。

（相关知识）

## 一、认识錾削加工

錾削是用锤子敲击錾子对工件进行切削加工的一种方法。錾削工作主要用于不便机械加工的场合。它的主要工作内容包括去除凸缘、毛刺、分割材料、錾油槽等,有时也用作较小表面粗加工。

### 1. 常用的錾削工具

錾削时常用的工具如表 6-1 所示。

表 6-1　常用的錾削工具

| 序号 | 名称 | 图　　示 | 说　　明 |
|---|---|---|---|
| 1 | 钳桌 | 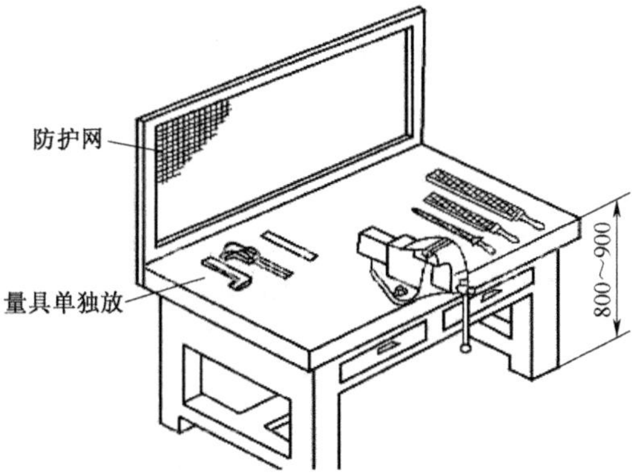 防护网<br>量具单独放<br>800~900 | (1)用来安装台虎钳和旋转各种工件。<br>(2)可分为钢结构、木质结构的台面覆盖铁皮,其高度为 800~900 mm,长度和宽度可随工件的需要而定 |

| 序号 | 名称 | 图 示 | 说 明 |
|---|---|---|---|
| 2 | 錾子 | 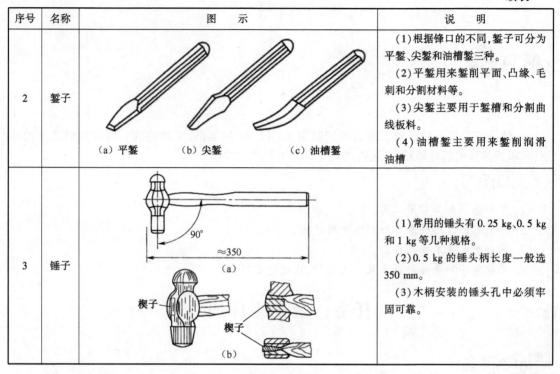（a）平錾　　　（b）尖錾　　　（c）油槽錾 | （1）根据锋口的不同,錾子可分为平錾、尖錾和油槽錾三种。<br>（2）平錾用来錾削平面、凸缘、毛刺和分割材料等。<br>（3）尖錾主要用于錾槽和分割曲线板料。<br>（4）油槽錾主要用来錾削润滑油槽 |
| 3 | 锤子 | 90° ≈350 （a） 楔子 楔子 （b） | （1）常用的锤头有0.25 kg、0.5 kg和1 kg等几种规格。<br>（2）0.5 kg的锤头柄长度一般选350 mm。<br>（3）木柄安装的锤头孔中必须牢固可靠。 |

## 2. 錾子的刃磨和热处理

錾子的几何角度、刃磨和热处理如表6-2所示。

表6-2 錾子的刃磨和热处理

| 序号 | 名称 | 图 示 | 说 明 |
|---|---|---|---|
| 1 | 錾子的几何角度 | 基面 切削平面 $\gamma$ $\beta$ $v$ $\alpha$ | （1）楔角$\beta$:錾子前刀面与后刀面之间的夹角称为楔角。楔角愈大,切削部分的强度愈高,但錾削阻力大,切入困难。选择楔角时,应在保证足够强度的前提下,尽量取较小的数值。<br>錾削硬钢或铸铁等硬材料时,楔角取60°~70°;<br>錾削中等硬度材料时,楔角取50°~60°;<br>錾削铜或铝等软材料时,楔角取30°~50°。<br>（2）后角$\alpha$:后刀面与切削平面之间的夹角称为后角。錾切平面时,切削平面与已加工表面重合。其后角大小取决于錾削时錾子被掌握的方向。作用是减少后刀面与切削表面之间的摩擦。后角不能过大,否则会使錾子切入过深;后角也不能太小,否则錾子容易滑出工件表面。一般后角为5°~8°。<br>（3）前角$\gamma$:前刀面与基面之间的夹角称为前角。作用是减少錾削时切屑的变形,减少切削阻力。前角愈大,切削愈省力。由于基面垂直于切削平面,即$\alpha+\beta+\gamma=90°$。当后角$\alpha$一定时,前角$\gamma$的数值由楔角$\beta$决定。楔角$\beta$大,则前角$\gamma$小,楔角$\beta$小,则前角$\gamma$大。因此前角在选择楔角后就被确定了 |

续表

| 序号 | 名称 | 图示 | 说明 |
|---|---|---|---|
| 2 | 錾子的刃磨 | 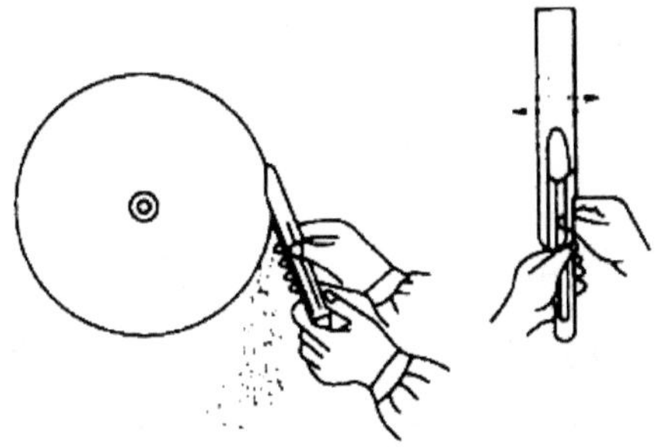 | 双手握持錾子,在旋转的砂轮上进行刃磨。在刃磨时,必须使切削刃高于砂轮水平中心线,在砂轮全宽上左右移动,并要控制錾子方向、位置,保证摸出所需要的楔角值。刃磨时,加在錾子上的压力不宜过大,左右移动要平稳、均匀,并且刃口要经常蘸水冷却,以防退火,使錾子的硬度降低 |
| 3 | 錾子的热处理 |  | (1)淬火:把錾子的切削部分切削刃一端(长度约为20 mm)均匀加热到750～780 ℃(呈樱红色)后迅速取出,并垂直把錾子放入冷水中冷却,浸入深度为5～6 mm。<br>(2)回火:錾子取出后,利用錾子上部的热量进行回火。一般刚出水时錾子刃口为白色,随后变成黄色,把錾子全部浸入水中冷却,此回火温度称为黄火;当呈现为蓝色时,把錾子全部浸入水中冷却,次回火温度称为蓝火。一般多采用蓝火,这样使錾子既能达到较高的硬度,又能保持足够的韧性 |

## 3. 锤子的使用

锤子的握法和挥锤的几种方法如表6-3所示。

表6-3　锤子的使用

| 序号 | 名称 | 图示 | 说明 |
|---|---|---|---|
| 1 | 握锤 | 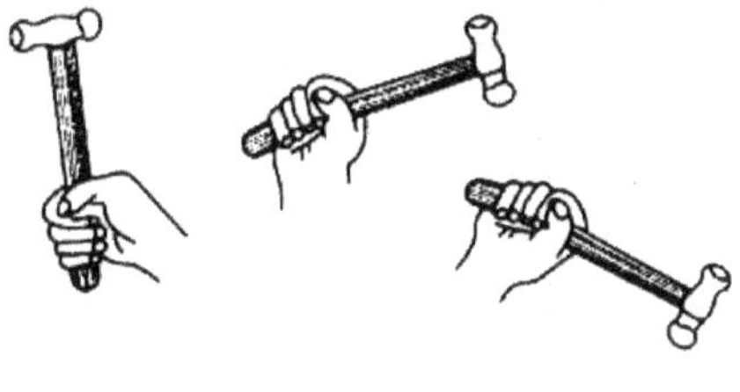 | 紧握法:用右手紧握锤柄,大拇指合在食指上,虎口对准锤头圆木部分,木柄尾端伸出长度为15～30 mm。在挥锤和敲击过程中,五指始终紧握 |
| | | 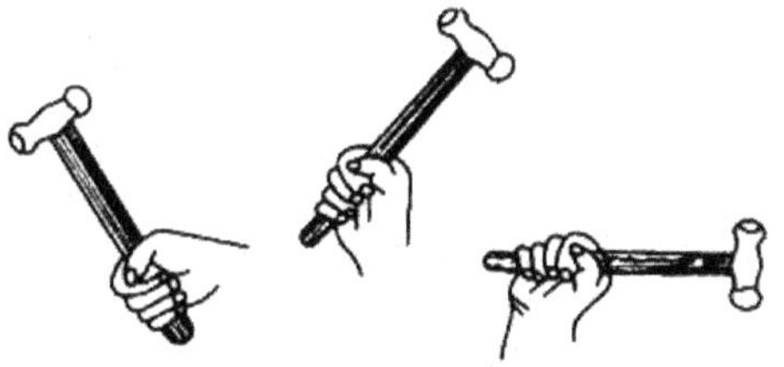 | 松握法:用大拇指和食指紧握锤柄,挥锤时小指、无名指和中指依次放松,敲击时又以相反的顺序收拢紧握 |

| 序号 | 名称 | 图　示 | 说　明 |
|---|---|---|---|
| 2 | 挥锤的方法 | 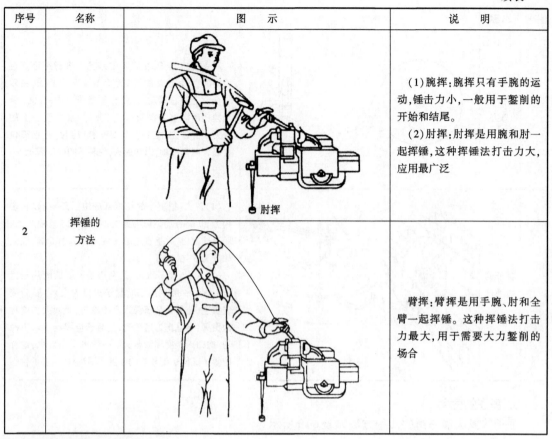肘挥 | （1）腕挥：腕挥只有手腕的运动，锤击力小，一般用于錾削的开始和结尾。<br>（2）肘挥：肘挥是用腕和肘一起挥锤，这种挥锤法打击力大，应用最广泛 |
| | | 臂挥 | 臂挥：臂挥是用手腕、肘和全臂一起挥锤。这种挥锤法打击力最大，用于需要大力錾削的场合 |

## 二、錾削的步骤和方法

錾子的握法及錾削平面的方法如表 6-4 所示。

表 6-4　錾 削 工 作

| 序号 | 名称 | 图　示 | 说　明 |
|---|---|---|---|
| 1 | 錾子的握法 | | 正握法：手心向下，用中指、无名指握住錾子，小指自然合拢，食指和大拇指作自然伸直地松靠，錾子头部伸出约 20 mm |
| | | | 反握法：手心向上，手指自然捏住錾子，手掌悬空 |

| 序号 | 名称 | 图　　　示 | 说　　　明 |
|---|---|---|---|
| 2 | 起錾方法 | 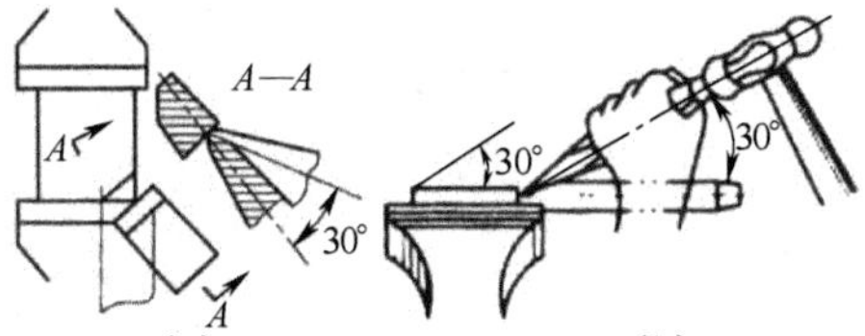 　（a）　　　　　　　（b） | 起錾时,錾子尽可能向右倾斜 45°左右。从工件边缘尖角处开始,并使錾子从尖角处向下倾斜约 30°轻打錾子,切入材料 |
| 3 | 錾削动作 | 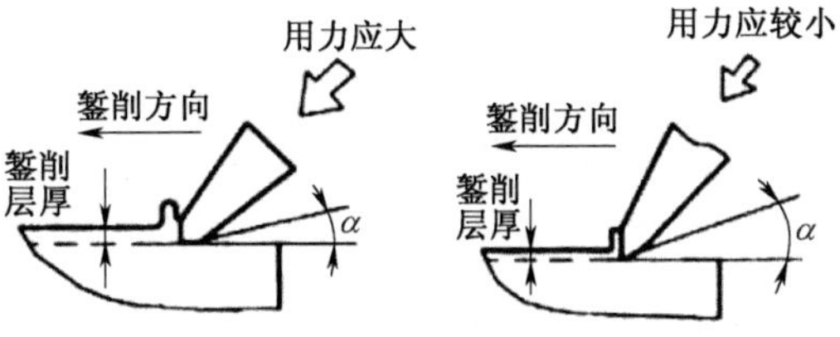 　（a）　　　　　　　（b） | (1)錾削时后角 α 一般为 5°~8°。后角过大,錾子易向工件深处扎入;后角过小,錾子易在錾削部位划出。<br>(2)在錾削过程中,每錾削 2、3 次,可将錾子退回一些,作一次短暂的停顿,然后再将刃口顶住錾削处继续錾削。这样,既可以随时观察錾削表面的平整情况,又可使手臂肌肉有节奏的得到放松 |
| 4 | 尽头处的錾削方法 | 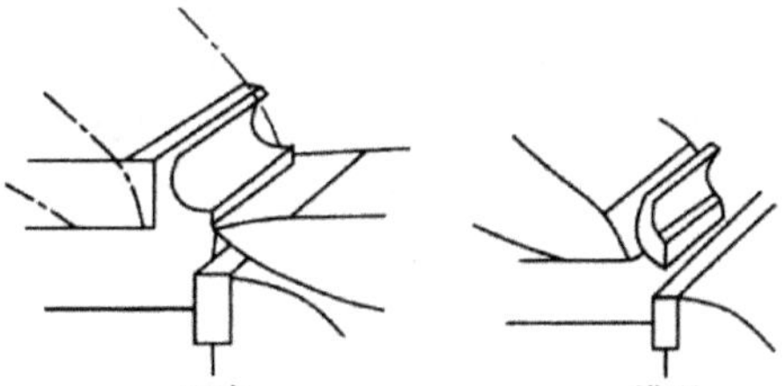 　正确　　　　　　　错误 | 当錾削至距离工件尽头 10~15 mm 时,应调转工件,从另一端錾削,錾去剩余部分材料,以免损坏工件棱角 |
| 5 | 板料的錾削 | 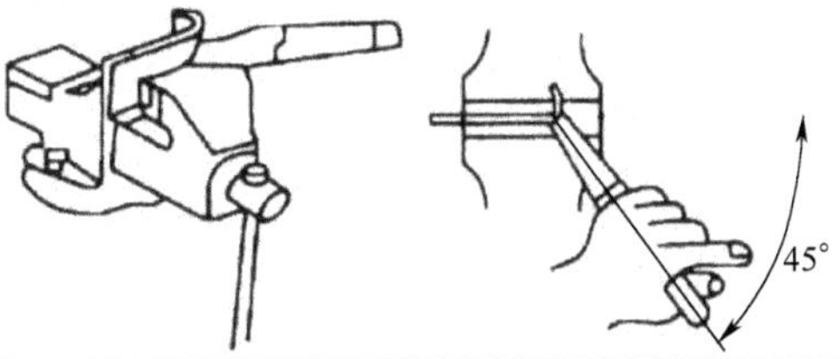 | 在台虎钳上錾削板料:錾削时,板料要按划线与钳口平齐,用扁錾沿着钳口并斜对着板料(约成 45°角)自右向左錾削。錾削时,錾子的刃口不能正对着板料錾削 |
|  |  | 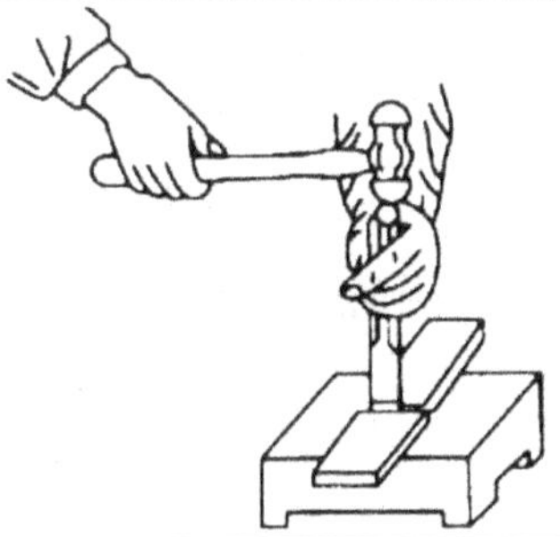 | 在铁毡上或平板上錾削板料:对于尺寸较大的板料,錾削时,所选用的切削刃应磨有适当的弧形,这样才便于錾削和錾痕对齐 |
|  |  | 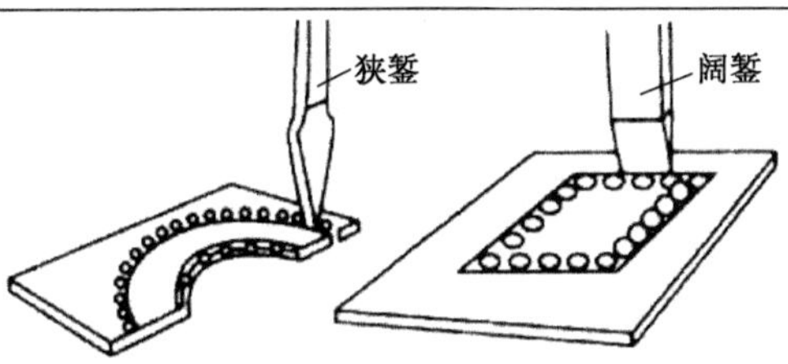 | 用密集钻孔的配合錾削板料:<br>(1)板料轮廓较复杂时,为了尽量减少变形,一般先按照要加工的轮廓线划线。<br>(2)钻出密集的孔。<br>(3)用扁錾、尖錾逐步錾削 |

| 序号 | 名称 | 图　示 | 说　明 |
|---|---|---|---|
| 6 | 平面的鏨削 | 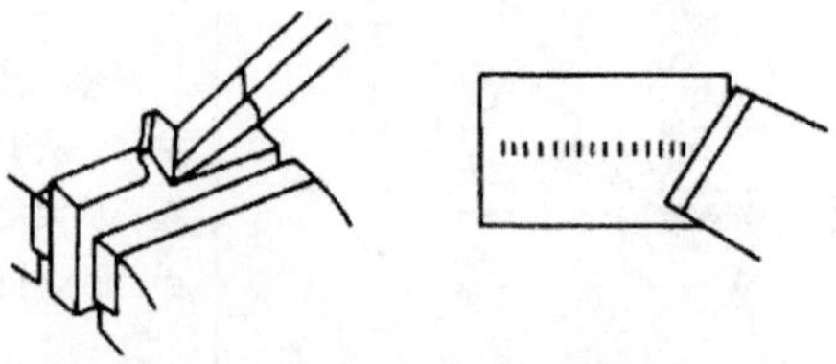 | 窄平面的鏨削：鏨削时，鏨子的刃口与鏨削方向应保持一定的角度 |
|  |  | 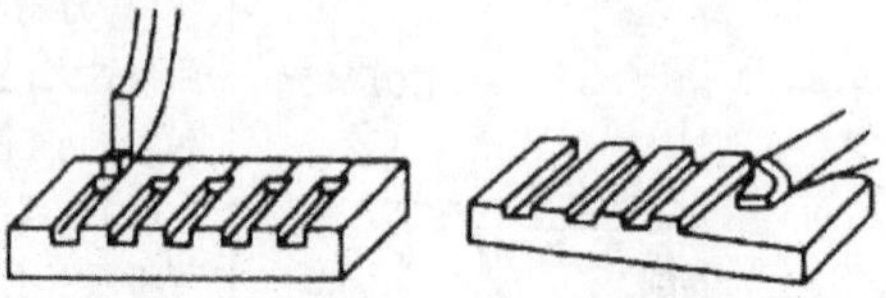 | 大平面的鏨削：鏨削时，可先用尖鏨间隔开槽，槽的深度应保持一致，然后再用扁鏨鏨去剩余的部分，这样比较省力 |
| 7 | 油槽的鏨削 | 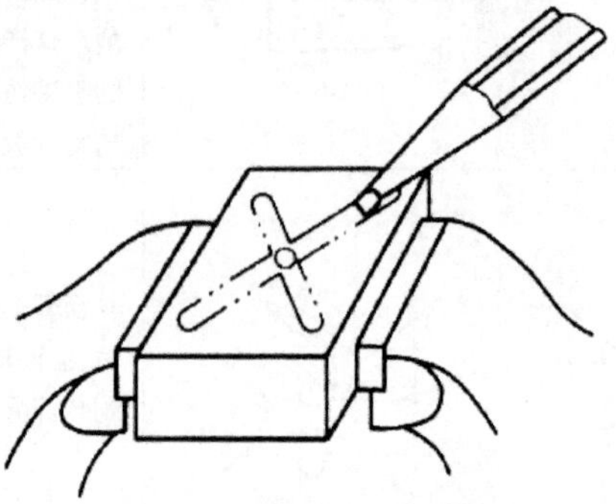 <br>（a） 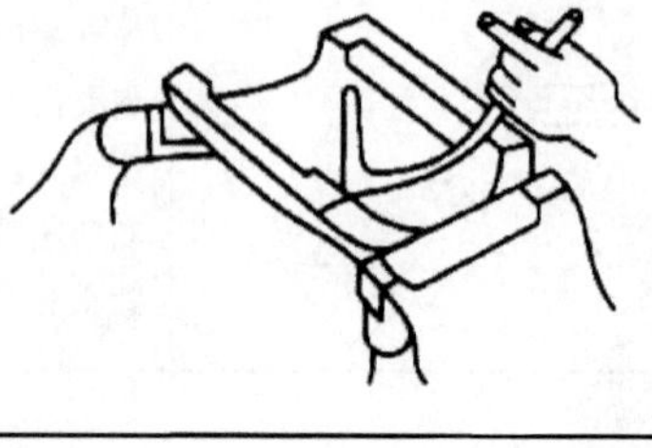 | （1）根据图样上油槽的断面形状、尺寸、刃磨好油槽鏨子的切削部分。<br>（2）在工件需要鏨削的油槽部分划线。<br>（3）鏨削时，鏨子的倾斜角需随曲面而变动，保持鏨削时的后角不变，这样鏨出的油槽光滑且一致 |

### 三、鏨削时的废品分析

鏨削时的废品分析如表6-5所示。

表6-5　鏨削时的废品分析

| 废品种类 | 原　因 | 预防方法 |
|---|---|---|
| 工件变形 | 立握鏨，切断时工件下面垫得不平 | 放平工件，较大工件由一人扶持 |
|  | 刃口过厚，将工件挤变形 | 修磨鏨子刃口 |
|  | 夹伤 | 较软金属应加钳口铁，夹持力量应适当 |
| 工件表面不平 | 鏨子楔入工件 | 调好鏨削角度 |
|  | 鏨子刃口不快 | 修磨鏨子刃口 |
|  | 鏨子刃口崩伤 | 修磨鏨子刃口 |
|  | 锤击力不均 | 注意用力均匀，速度适当 |

续表

| 废品种类 | 原　　因 | 预 防 方 法 |
|---|---|---|
| 錾伤工件 | 錾掉边角 | 快到尽头时调转方向 |
| | 起錾时,錾子没有吃进就用力錾削 | 起錾要稳,从角上起錾,用力要小 |
| | 錾子刃口忽上忽下 | 掌稳錾子,用力平稳 |
| | 尺寸不对 | 划线时注意检查,錾削时注意观察 |

## 四、錾削注意事项

錾削注意事项如下:

(1)锤头松动、锤柄有裂纹、手锤无楔不能使用,以免锤头飞出伤人。

(2)握锤的手不准戴手套,锤柄不应带油,以免手锤飞脱伤人。

(3)錾削工作台应装有安全网,以防止錾削的飞屑伤人。

(4)錾削脆性金属时,操作者应带上防护眼镜,以免碎屑崩伤眼睛。

(5)錾子头部有明显的毛刺时要及时磨掉,以免碎裂扎伤手面。

(6)錾削将近终止时,锤击力要轻,以免把工件边缘錾缺而造成废品。

(7)要经常保持錾子刃部的锋利,过钝的錾子不但工作费力,錾出的表面不平整,而且常易产生打滑现象而引起手部划伤的事故。

### 任务实施

在 $\phi 30$ mm×115 mm 的圆钢(45 钢)上完成工件的平面錾削具体步骤如下:

(1)划出 22±0.8 mm 平面加工线。

(2)粗、细錾两平面,达到图样要求。

(3)用锉刀修去毛刺并在两端倒棱。

### 任务评价

操作完毕,按表6-6所示评分表进行评分。

表 6-6　平面錾削评分表

| 序号 | 考核内容 | 考核要求 | 配分 | 评分标准 | 检测结果 | 得分 |
|---|---|---|---|---|---|---|
| 1 | 实训态度 | (1)不迟到,不早退。<br>(2)实训态度应端正 | 10 | (1)迟到1次扣1分。<br>(2)旷课1次扣5分。<br>(3)实训态度不端正扣5分 | | |
| 2 | 安全文明生产 | (1)正确执行安全技术操作规程。<br>(2)工作场地应保持整洁。<br>(3)工件、工具摆放应保持整齐 | 6 | (1)造成重大事故,按0分处理。<br>(2)其余违规,每违反一项扣2分 | | |

| 序号 | 考核内容 | 考核要求 | 配分 | 评分标准 | 检测结果 | 得分 |
|------|----------|----------|------|----------|----------|------|
| 3 | 设备、工具、量具的使用 | 各种设备、工具、量具的使用应符合有关规定 | 4 | (1)造成重大事故,按0分处理。(2)其余违规,每违反一项扣1分 | | |
| 4 | 操作方法和步骤 | 操作方法和步骤必须符合要求 | 30 | 每违反一项扣1~5分 | | |
| 5 | 技术要求 | 符合操作要求 | 50 | 每违反一项扣10分 | | |
| 总计 | | | | | | |

# 习 题

**一、填空题**

1. 用锤子打击_____对金属工件进行切削的方法,称为錾削。

2. 錾子切削部分由_____、_____和_____组成。

3. 錾削时,前角_____,切削省力,切削变形_____。

4. 錾子前刀面与后刀面之间的夹角称为_____角。

5. 对錾子进行热处理,一般将切削部分加热至_____℃(呈樱红色),取出后_____浸入水中_____冷却,并使其在水中缓慢地移动。

**二、判断题**

1. 錾子的前角、后角与楔角之和为90°。　　　　　　　　　　　　　　（　　）

2. 为使錾削时省力,应选择较大的錾削前角。　　　　　　　　　　　（　　）

3. 刃磨錾子时,应先把一个楔面磨好后再磨另一个楔面。　　　　　　（　　）

4. 錾子热处理时,"蓝火"的硬度太高,而"黄火"的硬度较合适。　　　（　　）

**三、问答题**

1. 錾子常用哪种材料制成?錾子热处理后太软或太硬会产生哪种现象?

2. 錾削中着重注意哪些事项?

3. 錾子在刃磨时,其切削刃与砂轮轴线应保持怎样的位置关系?为什么?

项目**七** 孔加工

孔加工一般分为钻孔、铰孔和扩孔等。

## 学习目标

1. 了解钻头的几何角度的作用与概念及其多钻孔的影响。
2. 了解钻孔、扩孔、锪孔和铰孔直径、转速、进给量的相互关系。
3. 掌握孔加工的安全操作规范。

# 任务一 钻 孔

## 任务描述

如图 7-1 所示,根据工件图要求,完成工件的划线钻、扩孔。

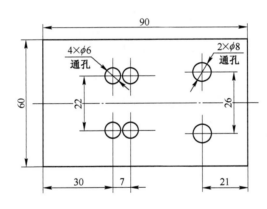

图 7-1 钻、扩孔零件图

## 相关知识

### 一、认识钻孔

用钻头在实体材料上加工孔的方法,称为钻孔。钻孔的公差等级为 IT10 以下,表面粗糙度 $Ra50 \sim 12.5\ \mu m$。钻孔时,刀具一般都作圆周切削运动,与此同时,刀具的进给却沿着旋转轴线方向作直线运动。刀具的切削刃通过进给力进入工件材料,而圆周切削运动产生切削力。

#### 1. 钻孔设备、工具及其使用方法

各类钻孔设备、工具的使用及其相关知识如表 7-1 所示。

**表 7-1 钻孔设备工具及其使用**

| 序号 | 名称 | 图 示 | 说 明 |
|---|---|---|---|
| 1 | 钻床 | 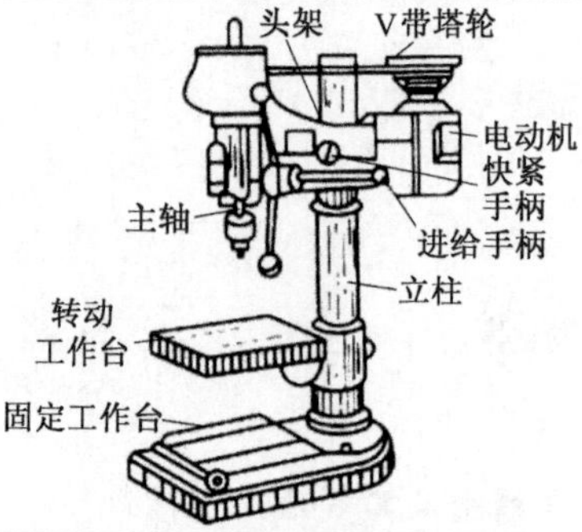 头架　V带塔轮　电动机　快紧手柄　进给手柄　主轴　立柱　转动工作台　固定工作台 | 台钻的主轴进给由转动进给手柄实现。<br>台钻小巧灵活,使用方便,结构简单,主要用于加工小型工件上的各种小孔。<br>在仪表制造、钳工和装配中用得较多 |
| | | 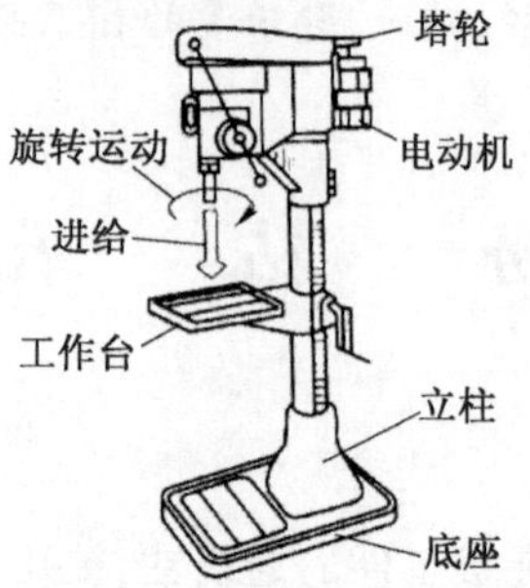 塔轮　旋转运动　电动机　进给　工作台　立柱　底座 | 立钻主轴的轴向进给可自动进给,也可作手动进给。<br>在立钻上加工多孔工件可通过移动工件来完成 |
| | | 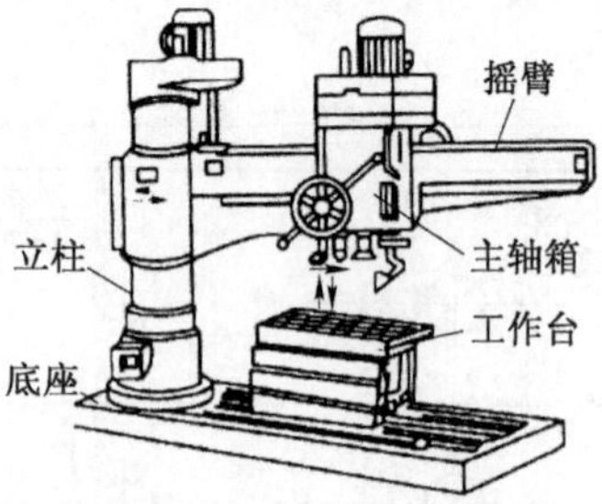 摇臂　立柱　主轴箱　工作台　底座 | 摇臂钻床用于大型工件、多孔工件上的大、中、小孔加工,广泛用于单件和成批生产中 |
| 2 | 钻头 | 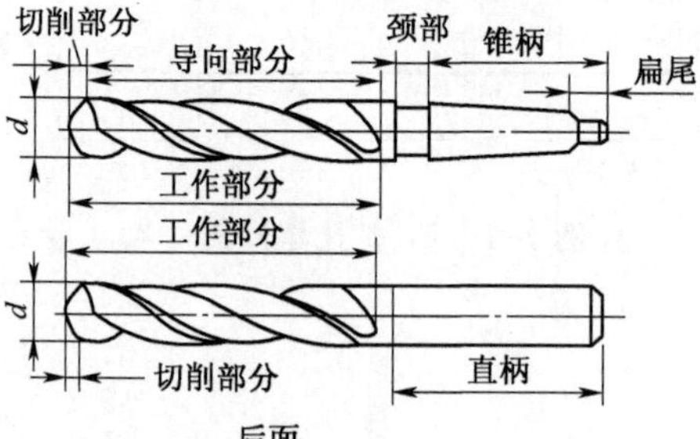 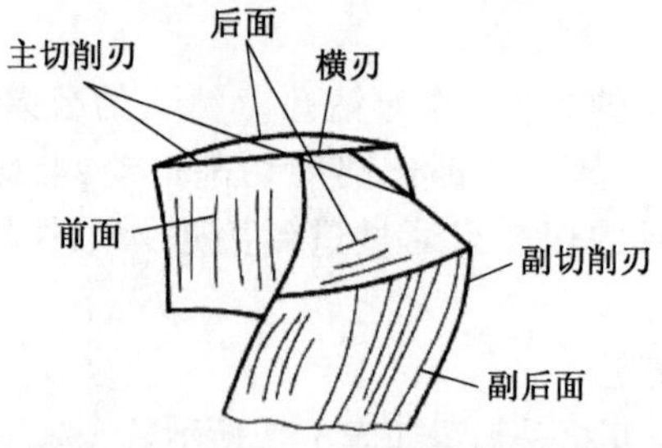 切削部分　导向部分　颈部　锥柄　扁尾　$d$　工作部分<br>工作部分　$d$　切削部分　直柄<br>后面　主切削刃　横刃　前面　副切削刃　副后面 | (1)柄部<br>麻花钻有锥柄和直柄两种,如图所示。一般钻头直径小于13 mm的制成直柄,大于13 mm的制成锥柄<br>(2)颈部<br>颈部在磨削麻花钻时供砂轮退刀使用,钻头的规格、材料及商标常打印在颈部 |

| 序号 | 名称 | 图 示 | 说 明 |
|---|---|---|---|
| 3 | 钻头夹 | 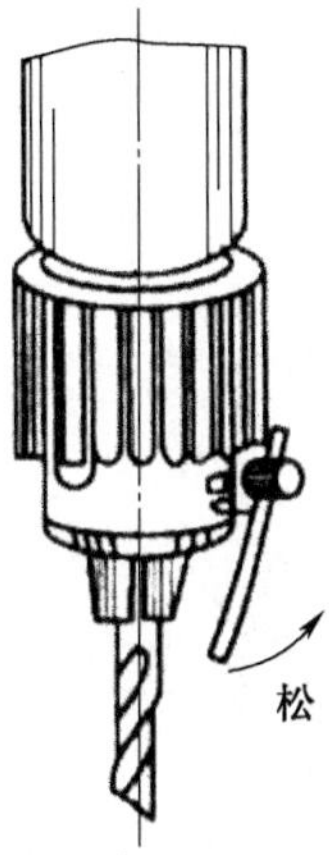 松 | 直柄麻花钻用钻夹头夹持。先将麻花钻柄装入钻夹头的三卡爪内(夹持长度不能小于15 mm),再用钻夹头钥匙旋转外套,做夹紧或放松动作 |
| 4 | 普通头套 | 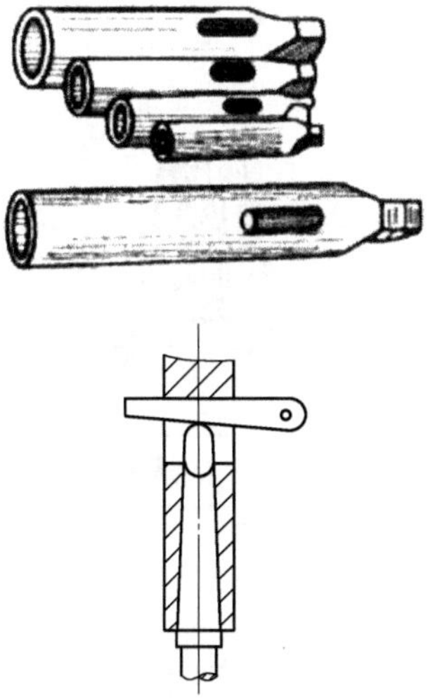 | 用于装夹锥柄钻头。钻套一端内锥孔安装钻头,另一端外锥面接钻床主轴内锥孔 |
| 5 | 快速钻头套 | 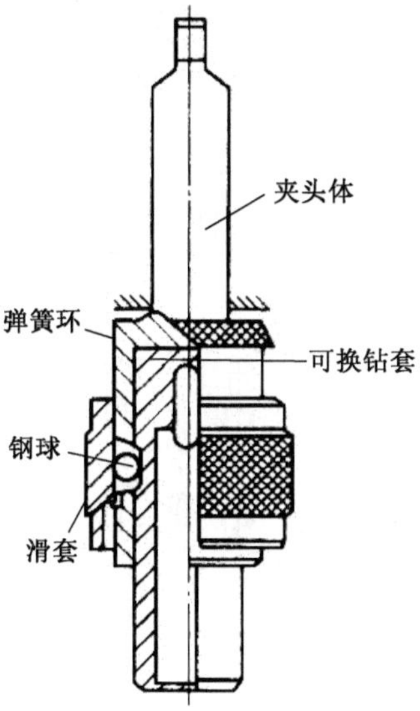 夹头体<br>弹簧环<br>可换钻套<br>钢球<br>滑套 | 换刀时,只要将滑套向上提起,钢珠受离心力的作用而贴于滑套端部的大孔表面,使可换套筒不再受到钢珠的卡阻,此时另一只手可把装有刀具的可换套筒取出,然后再把另一个装有刀具的可换套筒装上去。放下滑套,两粒钢珠重新卡入夹头体一起转动。这样可大大减少换刀的时间 |

## 2. 钻头的安装于拆卸

各类钻头的安装与拆卸的说明如表7-2、表7-3所示。

表7-2 钻头的安装

| 序号 | 名称 | 图示 | 说明 |
|---|---|---|---|
| 1 | 直柄钻头的安装 |  松 | 直柄麻花钻用钻夹头夹持。先将麻花钻柄装入钻夹头的三卡爪内（夹持长度不能小于15 mm），再用钻夹头钥匙旋转外套，做夹紧或放松动作 |
| 2 | 锥柄钻头的安装 |  | 锥柄麻花钻用柄部的莫氏锥体直接与钻床主轴连接。连接时，需将麻花钻锥柄、主轴锥孔擦干净。然后使矩形扁尾的长向与主轴上的腰形孔中心线方向一致，用加速冲力一次装夹完成，当麻花钻锥柄小于主轴锥孔时可加过渡套筒连接 |

表7-3 钻头的拆卸

| 序号 | 名称 | 图示 | 说明 |
|---|---|---|---|
| 1 | 直柄钻头的拆卸 | 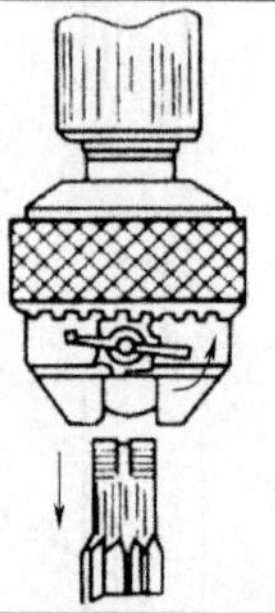 | 用钻头上的钥匙旋转外套，使卡爪退回至与卡头端平齐，钻头自然落下 |
| 2 | 锥柄钻头的拆卸 | 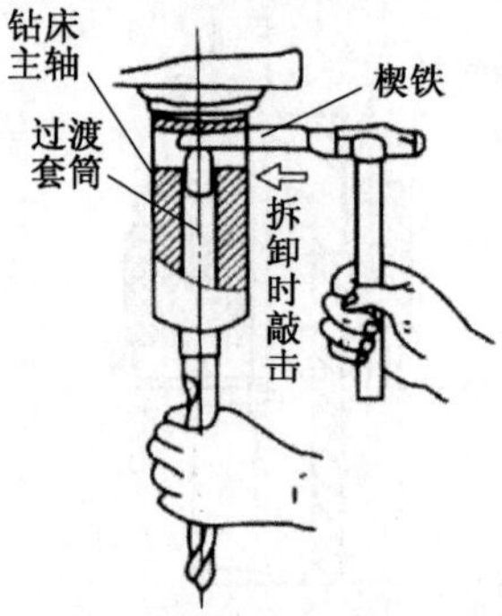 钻床主轴 楔铁 过渡套筒 拆卸时敲击 | （1）将楔铁插入主轴上的腰形孔内，单楔铁圆弧的一边放在上面。（2）用锤子敲击楔铁，钻头与主轴就可分离 |

钻头的结构要素、几何参数和几何角度有关知识如表7-4、表7-5和表7-6所示。

**表7-4　标准麻花钻头的结构角度**

| 序号 | 名称 | 图示 | 说明 |
|---|---|---|---|
| 1 | 顶角 $2\varphi$ | 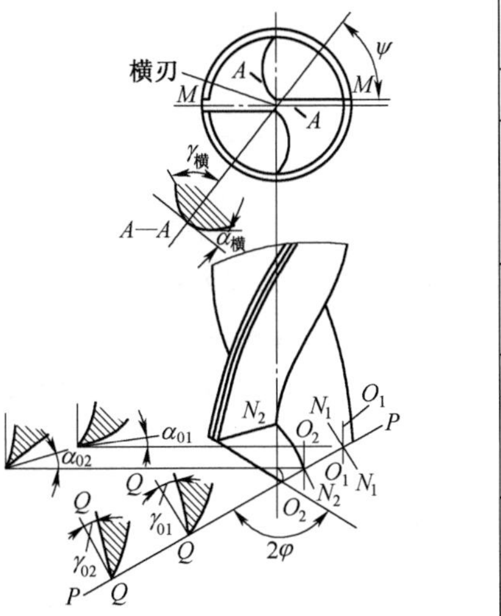 | 它是钻头两主切削刃在其平面 $M$–$M$ 上的投影所夹的角。标准麻花的顶角为 $118°\pm2°$ |
| 2 | 后角 $\alpha_f$ | | 它是后刀面与切削平面之间的夹角 |
| 3 | 横刃斜角 $\psi$ | | 它是横刃与主切削刃在垂直于钻头轴线平面上投影所夹的角。标准麻花钻的横刃斜角 $\psi$ 为 $50°\sim55°$ |
| 4 | 前角 $\gamma_0$ | | 主切削刃上任意前角是这一点的基面与前面之间的夹角 |
| 5 | 副后角 | | 它是副切削刃与副后面与孔壁切线之间的夹角。标准麻花钻的副后角为 $0°$ |
| 6 | 螺旋角 $\beta$ | | 它是主切削刃上最外缘处螺旋线的切线与钻头轴心线之间的夹角。当钻头直径大于 10 mm 时,$\beta=30°$。当钻头直径小于 10 mm,$\beta=18°\sim30°$ |

**表7-5　通用麻花钻头的主要几何角度**

| 钻头直径 $d$/mm | 螺旋角/(°) | 后角/(°) | 顶角/(°) | 横刃角/(°) |
|---|---|---|---|---|
| 0.36~0.49 | 20 | 26 | | |
| 0.5~0.7 | 22 | 24 | | |
| 0.72~0.98 | 23 | 24 | | |
| 1.0~1.95 | 24 | 22 | | |
| 2.0~2.65 | 25 | 20 | | |
| 2.7~3.3 | 26 | 18 | | |
| 3.4~4.7 | 27 | 16 | 118 | 40~60 |
| 4.8~6.7 | 28 | 16 | | |
| 6.8~7.5 | 29 | 16 | | |
| 7.6~8.5 | 29 | 14 | | |
| 8.6~18.0 | 30 | 12 | | |
| 18.25~23.0 | 30 | 10 | | |
| 23.25~100 | 30 | 8 | | |

**表7-6　加工不同材料时麻花钻头的角度**

| 加工材料 | 螺旋角/(°) | 后角/(°) | 顶角/(°) | 横刃斜角/(°) |
|---|---|---|---|---|
| 一般材料 | 20~23 | 12~15 | 116~118 | 35~45 |
| 一般硬材料 | 20~32 | 6~9 | 116~118 | 25~35 |
| 铝合金(通孔) | 17~20 | 12 | 90~120 | 35~45 |
| 铝合金(深孔) | 32~45 | 2 | 118~130 | 35~45 |
| 软黄铜和青铜 | 10~30 | 12~15 | 118 | 35~45 |
| 硬青铜 | 10~30 | 5~7 | 118 | 25~35 |

### 3. 麻花钻刃磨

标准麻花钻刃磨的方法如表 7-7 所示。

**表 7-7 标准麻花钻头的刃磨**

| 序号 | 名称 | 图 示 | 说 明 |
|---|---|---|---|
| 1 | 钻头的握法 | —— | 右手握住钻头导向部分前端,作为定位支点,左手握住钻头的柄部 |
| 2 | 钻头的位置 | —— | 钻头中心线和砂轮面成 φ 角,被刃磨部分的主切削刃处于水平位置 |
| 3 | 刃磨的动作 | 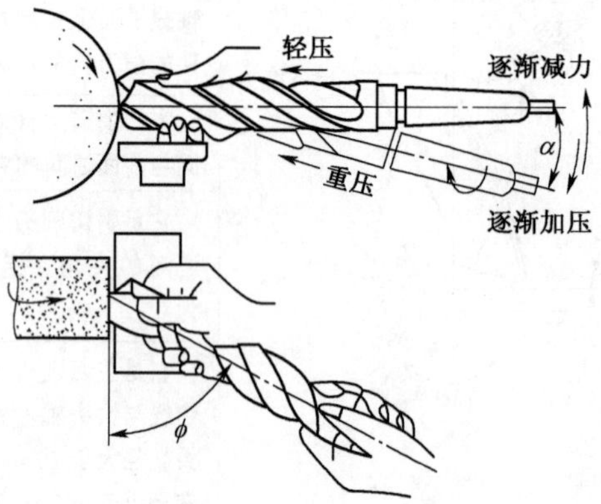 | (1)开始刃磨时,钻头轴心线要与砂轮中心线一致,主切削刃保持水平,同时用力要轻<br><br>(2)随着钻尾向下倾斜,钻头绕其轴线向上旋转 15°～30°,使后面磨成一个完整的曲面。<br><br>(3)旋转时加在砂轮上的力也要逐渐增加,返回时压力逐渐减小。<br><br>(4)刃磨 1～2 次后,转 180°再刃磨另一面 |
| 4 | 钻头的热处理 | —— | 刃磨时,要适时将钻头侵入水中冷却,以防止因过热退火而降低硬度 |
| 5 | 砂轮的选择 | —— | 一般采用粒度为 F46～F80,硬度为中软级的氧化铝砂轮为宜。砂轮旋转必须平稳,对跳动大的砂轮必须修磨 |
| 6 | 刃磨的检验 | 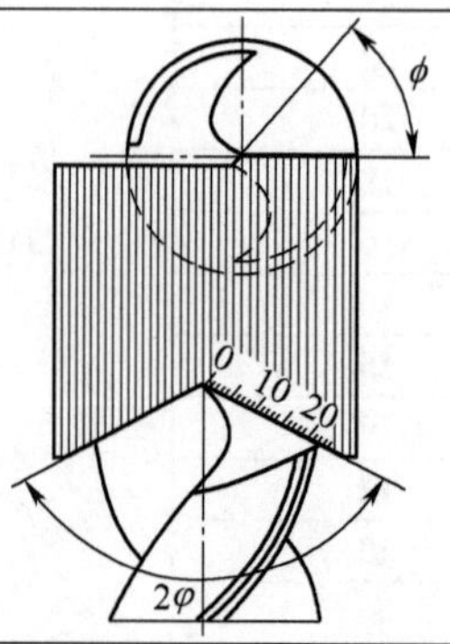 | 样板法:钻头的几何角度和两主切削刃的对称性等要求,可用检验样板进行检验 |
| | | | 目测法:把钻头竖立在眼前,双目平视,背景要清晰,由于两主切削刃转动后会产生视差,往往会感到左刃高而右刃低,因此要旋转 180°后反复观察几次,如果结果一样,就说明是对称的 |

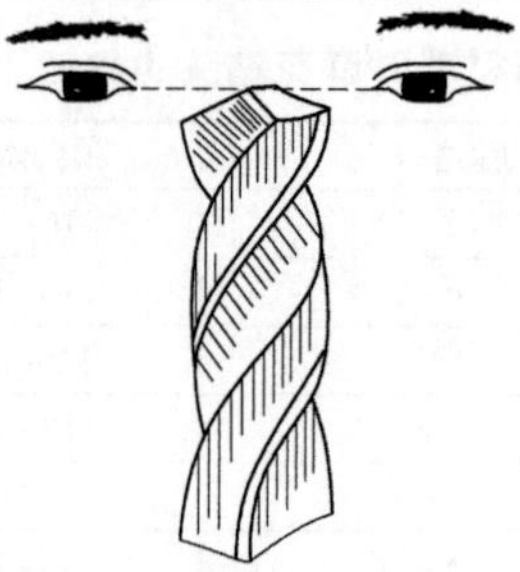

## 4. 钻孔操作步骤和方法

钻孔前准备工作如表 7-8 所示。

**表 7-8 钻孔前的准备**

| 序号 | 名称 | 图示 | 说　　明 |
|---|---|---|---|
| 1 | 工件装夹 | 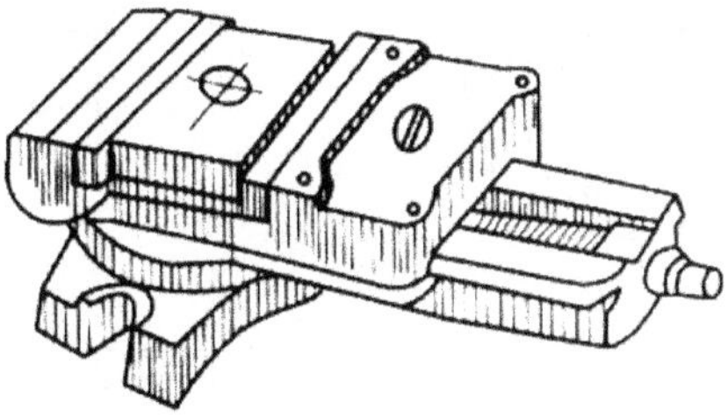 | （1）装夹时,应使工件表面与钻头轴线垂直。<br>（2）钻孔直径小于 12 mm 时,平口钳可以不固定,钻大于 12 mm 的孔时,必须将平口钳固定。<br>（3）用平口钳夹持工件钻通孔时,工件底部应垫上垫铁,空出钻孔部位,以免钻坏平口钳 |
| | |  | 对于圆柱形工件,可用 V 形铁进行装夹。<br>但钻头轴心线必须与 V 形铁的对称平面垂直,避免出现钻孔不对称的现象 |
| | | 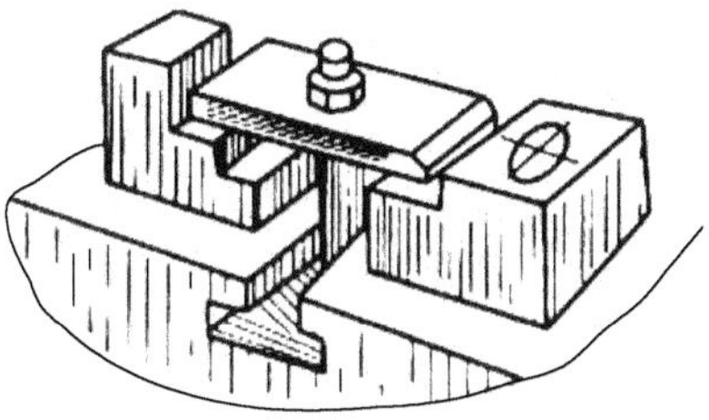 | 较大工件且钻孔直径在 12 mm 以上时,可用压板夹持的方法进行钻孔。<br>在使用压板装夹工件时应注意:<br>（1）压板厚度与锁紧螺栓直径的比例应适当,不要造成压板弯曲变形而影响夹紧力;<br>（2）锁紧螺栓应尽量靠近工件,垫铁高度应略超过工件夹紧表面,以保证对工件有较大的夹紧力,并可避免工件在夹紧过程中产生移动;<br>（3）当夹紧表面为已加工表面时,应添加衬垫,防止压出印痕 |
| | | 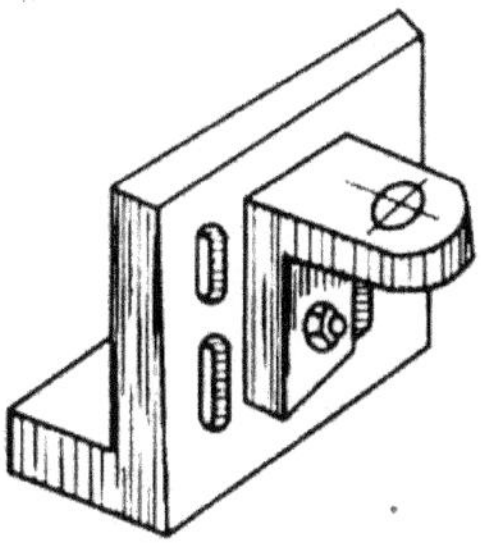 | 对于加工基准在侧面的工件,可用角铁进行装夹。由于此时的轴向钻削力作用在角铁安装平面以外,因此角铁必须固定在钻床工作台上 |

续表

| 序号 | 名称 | 图示 | 说　明 |
|---|---|---|---|
| 1 | 工件装夹 | 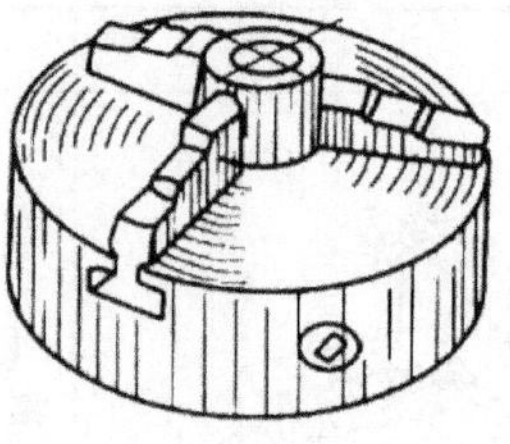 | 在圆柱形工件端面钻孔,可用三爪自定心卡盘进行装夹 |
| 2 | 钻中心孔 | —— | 先钻一个浅坑,以判断是否对准 |
| 3 | 切削用量的选择 | —— | 切削用量是切削加工过程中切削速度、进给量和背吃刀量的总称。可查有关手册确定 |
| 4 | 冷却液 | —— | (1)钻削钢件时常用的冷却液是机油或乳化液。<br>(2)钻削铝件时常用的冷却液是乳化液或炼油。<br>(3)钻削铸铁时常用的冷却液是煤油 |

## 5. 钻孔工作

钻孔工作如表 7-9 所示。

表 7-9　钻孔工作

| 序号 | 项目 | 说　明 | 注　意　事　项 |
|---|---|---|---|
| 1 | 钻通孔 | 钻通孔时,当孔将被钻透时,进刀量要减小 | 严禁戴手套,嘴吹或赤手清除钻屑 |
| 2 | 钻不通孔 | 钻不通孔时,可按钻孔深度下挡块,并通过测量实际尺寸来控制它的深度 | 钻通孔时工件下面必须垫上垫块或使钻头对准工作台槽,防止损坏工作台 |
| 3 | 钻深孔 | 钻深孔时,一般当钻进深度达到直径的 3 倍时,钻头要退出排屑,以后每钻一定深度,钻头即退出排屑一次,以免扭断钻头 | 工件要夹平、夹稳、夹紧固 |
| 4 | 钻大孔 | 钻削大于 $\phi 30$ mm 的孔应分两次钻,第一次先钻一个直径为加工孔的 0.5～0.7 倍的孔。第二次用钻头将孔扩大到所要求的直径 | 装卸工件、夹紧钻头、变挡时都应先关机,并待主轴停稳后再操作 |

## 二、扩孔

### 1. 扩孔的工具及其作用

用扩孔工具(如扩孔钻)扩大工件铸造孔和预钻孔孔径的加工方法称为扩孔。用扩孔钻扩孔,可以是为铰孔作准备,也可以是精度要求不高孔加工的最终工序。钻孔后进行扩孔,可以校正孔的轴线偏差,使其获得较正确的几何形状与较小的表面粗糙度值。扩孔的加工经济精度等级为 IT10~IT11,表面粗糙度 $Ra$ 值为 6.3~3.2 μm。

### 2. 扩孔的操作方法

扩孔的基本方法如表 7-10 所示。

**表 7-10 扩孔基本方法**

| 序号 | 名称 | 图　示 | 说　明 |
|---|---|---|---|
| 1 | 用麻花钻扩孔 | | 如果孔径较大或孔面有一定的表面质量要求,孔不能用麻花钻在实体上一次钻出,常用直径较小的麻花钻预钻一孔,然后用修磨的大直径麻花钻进行扩孔。由于扩孔时避免了麻花钻横刃切削的不良影响,扩孔时可适当提高切削用量,同时,由于吃刀量的减小,使切屑容易排出,孔的粗糙度可减小。<br>用麻花钻扩孔时,扩孔前的钻孔直径为所扩孔径的 50%~70%,扩孔时的切削速度约为钻孔的 1/2,进给量为钻孔的 1.5~2 倍 |
| 2 | 用扩孔钻扩孔 | | 为提高扩孔的加工精度,预钻孔后,在不改变工件与机床主轴相互位置的情况下,换上专用扩孔钻进行扩孔。这样可使扩孔钻的轴心线与已钻孔的中心线重合,使切削平稳,保证加工质量。扩孔钻对已有的孔进行再加工时,其加工质量及效率优于麻花钻。<br>专用扩孔钻通常有 3~4 个切削刃,主切削刃短,刀体的强度和刚度好,导向性好,切削平稳。扩孔钻刀体上的容屑空间可通畅地排屑,因此可以扩盲孔 |

### 3. 扩孔的特点

(1)刀齿数多(3~4 个),故导向性好,切削平稳;

(2)刀体强度和刚性较好;

(3)没有横刃,改善了切削条件。

因此,大大提高了切削效率和加工质量。

对技术要求不太高的孔,扩孔可作为终加工;对精度要求高的孔,常作为铰孔前的预加工。

在成批或大量生产时,为提高钻削孔、铸锻孔或冲压孔的精度和降低表面粗糙度值,也常使用扩孔钻扩孔。

### 任务实施

根据图 7-1 所示工件图要求,工件的划线钻、扩孔实施步骤如下:

(1)练习钻床的调整,钻头及工件的装夹。

(2)练习钻床的空车操作。

(3)在练习件上进行划线钻孔。

注意事项如下:

（1）用钻夹头装夹钻头时要用钻夹头钥匙，不得用扁铁和手锤敲击，以免损坏钻夹头。工件装夹时应牢固、可靠。

（2）钻孔时，手进给的压力应根据钻头的实际工作情况，用感觉进行控制。

（3）钻头用钝时应及时修磨，保证锋利。

（4）掌握钻孔时的安全文明生产要求。

**任务评价**

操作完毕，按表 7-11 所示评分表进行评分。

表 7-11 零件的钻、扩孔评分表

| 序号 | 考核内容 | 考核要求 | 配分 | 评分标准 | 检测结果 | 得分 |
|---|---|---|---|---|---|---|
| 1 | 实训态度 | （1）不迟到，不早退。<br>（2）实训态度应端正 | 10 | （1）迟到 1 次扣 1 分。<br>（2）旷课 1 次扣 5 分。<br>（3）实训态度不端正扣 5 分 | | |
| 2 | 安全文明生产 | （1）正确执行安全技术操作规程。<br>（2）工作场地应保持整洁。<br>（3）工件、工具摆放应保持整齐 | 6 | （1）造成重大事故，按 0 分处理。<br>（2）其余违规，每违反一项扣 2 分 | | |
| 3 | 设备、工具、量具的使用 | 各种设备、工具、量具的使用应符合有关规定 | 4 | （1）造成重大事故，按 0 分处理。<br>（2）其余违规，每违反一项扣 1 分 | | |
| 4 | 操作方法和步骤 | 操作方法和步骤必须符合要求 | 30 | 每违反一项扣 1~5 分 | | |
| 5 | 技术要求 | 符合图纸要求 | 50 | 每违反一项扣 10 分 | | |
| 总计 | | | | | | |

# 任务二 锪 孔

**任务描述**

如图 7-2 所示，根据工件图要求，完成工件的划线锪孔。

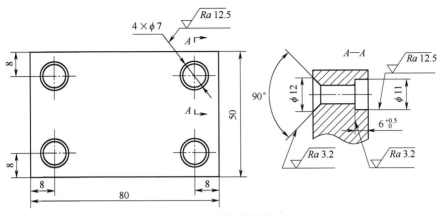

图 7-2　零件锪孔图

## 一、认识锪孔

锪孔是用锪孔钻对端面或锥形沉头孔进行加工的方法,其切削速度为钻孔的 0.3~0.5 倍。锪孔作用主要是去毛刺、倒角以及安装埋头螺钉等。锪孔的工具及其使用如表 7-12 所示。

表 7-12　锪孔的工具及其使用

| 序号 | 名称 | 图　示 | 说　明 |
|---|---|---|---|
| 1 | 柱形锪孔钻头 | | (1)用来锪柱形埋头孔。<br>(2)由端面切削刃(主切削刃)、外圆切削刃(副切削刃)和导柱等组成。<br>(3)也可由麻花钻改制而成 |
| 2 | 锥形锪孔钻头 | | (1)用来锪圆锥孔。<br>(2)其锥角有 60°、75°、90°、120°四种,有 4~12 个齿 |
| | | | 可由麻花钻改制而成 |

续表

| 序号 | 名称 | 图　示 | 说　明 |
|---|---|---|---|
| 3 | 端面锪孔钻头 | 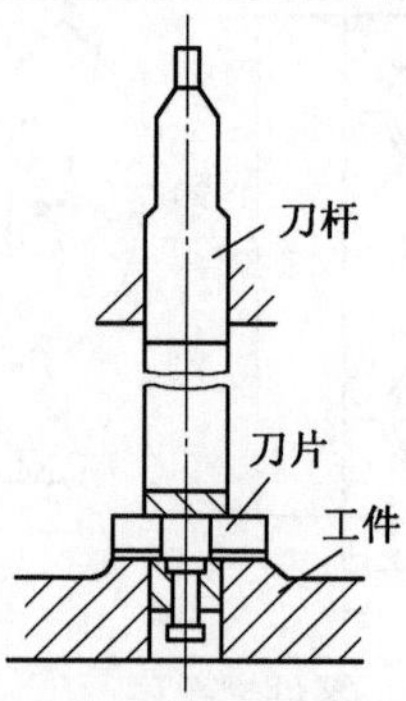 刀杆<br>刀片　工件 | (1)用来锪平孔端面。<br>(2)其端面刀齿为切削刃,前端导柱用来定心、导向,以保证加工后的端面与孔中心线垂直 |

## 二、锪孔的步骤和方法

锪孔时的工作步骤如表7-13所示。

表7-13　锪　孔　工　作

| 序号 | 名称 | 图　示 | 说　明 |
|---|---|---|---|
| 1 | 柱形埋头孔的锪削 | 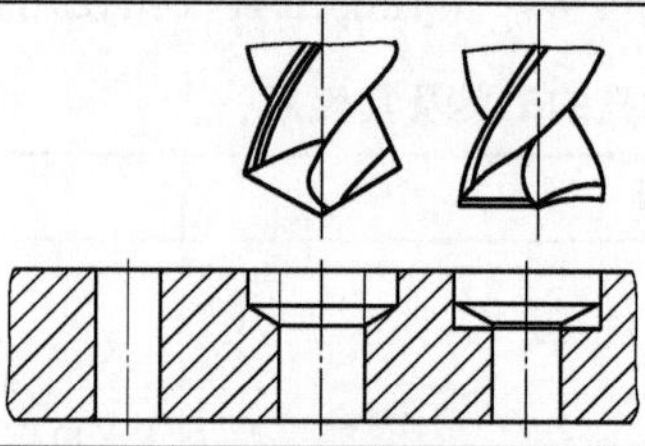 | 用麻花钻改制钻头锪柱形埋头孔。<br>(1)钻出台阶孔作导向。<br>(2)用麻花钻改制成不带导柱的柱形锪孔钻头,锪出如图所示埋头孔 |
| | | 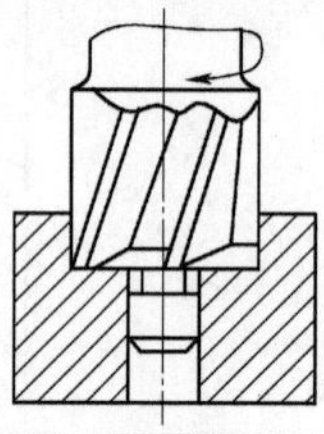 | 用柱形锪孔钻头锪柱形埋头孔。<br>(1)钻出台阶孔作导向<br>(2)用柱形锪孔钻头,锪出如图所示埋头孔 |
| 2 | 圆锥孔的锪削 | 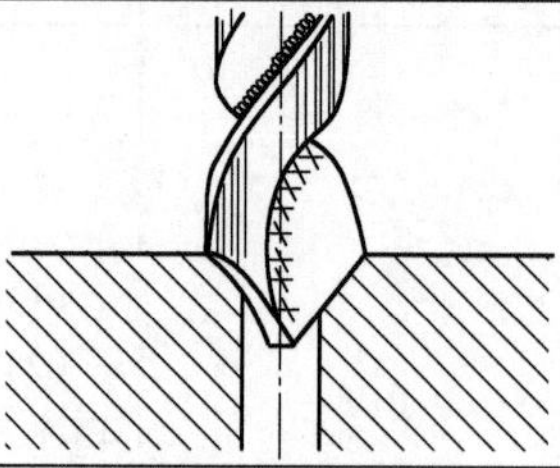 | 用麻花钻改制钻头锪锥孔。<br>(1)钻出符合要求的孔。<br>(2)用麻花钻改制钻头锪锥孔 |
| | | 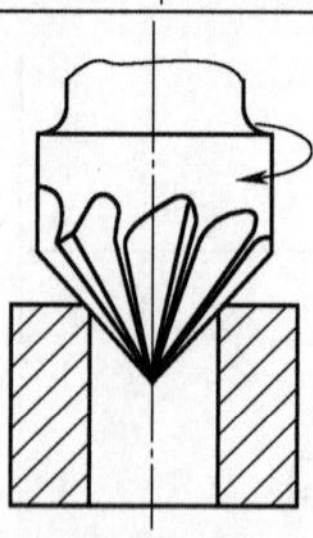 | 用锥形锪孔钻头锪锥孔。<br>(1)钻出符合要求的孔。<br>(2)用专用锥形锪孔钻头锪锥孔 |

| 序号 | 名称 | 图　示 | 说　明 |
|------|------|--------|--------|
| 3 | 孔端面的锪削 | 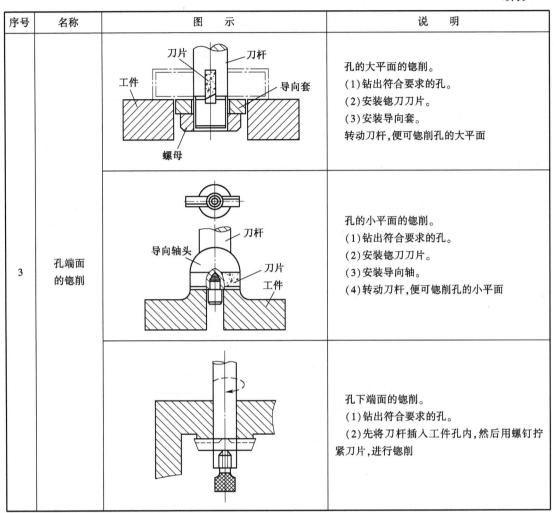 | 孔的大平面的锪削。<br>(1)钻出符合要求的孔。<br>(2)安装锪刀刀片。<br>(3)安装导向套。<br>转动刀杆,便可锪削孔的大平面 |
| | | | 孔的小平面的锪削。<br>(1)钻出符合要求的孔。<br>(2)安装锪刀刀片。<br>(3)安装导向轴。<br>(4)转动刀杆,便可锪削孔的小平面 |
| | | | 孔下端面的锪削。<br>(1)钻出符合要求的孔。<br>(2)先将刀杆插入工件孔内,然后用螺钉拧紧刀片,进行锪削 |

### 三、锪孔时常见问题和防止方法

表7-14介绍了锪孔时常见问题的产生原因和防止方法。

表7-14　锪孔时常见问题和防止方法

| 序号 | 常见问题 | 产生原因 | 防止方法 |
|------|----------|----------|----------|
| 1 | 表面粗糙度差 | (1)锪孔钻头磨损。<br>(2)切削液选用不当 | (1)刃磨好工具。<br>(2)更换成合适的切削液 |
| 2 | 平面呈凹凸形 | 锪钻切削刃与刀杆旋转轴线不垂直 | 正确刃磨和安装锪钻 |
| 3 | 锥面、平面呈多角形 | (1)切削液选用不当。<br>(2)切削速度太高。<br>(3)工件或锪钻装夹不牢固。<br>(4)锪钻前角太大,有扎刀现象 | (1)更换成合适的切削液。<br>(2)选用合适的切削速度。<br>(3)装牢锪钻。<br>(4)正确刃磨锪钻 |

### 四、锪孔注意事项

锪孔时存在的主要问题是所锪的端面或锥面出现振痕。锪孔时应注意以下事项:锪孔时,进给量为钻孔的 2~3 倍,切削速度为钻孔的 1/3~1/2。

（1）尽量选用较短的钻头来改磨锪钻,并注意修磨前面,减小前角,以防止扎刀和振动。还应选用较小后角,防止多角形。

（2）锪钢件时,因切削热量大,应在导柱和切削表面加切削液。

（3）精锪时,往往用较小的主轴的转速来锪孔,以减少振动而获得光滑表面。

## 任务实施

根据图 7-2 所示工件图要求,工件的划线锪孔实施步骤如下:

（1）调整好工件底孔与锪孔的同轴度,再将工件夹紧。调整时,可用手旋转钻床主轴试钻,使工件能自然定位。为减小振动,工件夹紧必须稳固。

（2）为控制锪孔深度,可利用钻床上的深度标尺或定位螺母来保证尺寸。

（3）要做到安全文明生产。

## 任务评价

操作完毕,按表 7-15 所示评分表进行评分。

表 7-15　零件的锪孔评分表

| 序号 | 考核内容 | 考核要求 | 配分 | 评分标准 | 检测结果 | 得分 |
|---|---|---|---|---|---|---|
| 1 | 实训态度 | （1）不迟到,不早退。<br>（2）实训态度应端正 | 10 | （1）迟到 1 次扣 1 分。<br>（2）旷课 1 次扣 5 分。<br>（3）实训态度不端正扣 5 分 | | |
| 2 | 安全文明生产 | （1）正确执行安全技术操作规程。<br>（2）工作场地应保持整洁。<br>（3）工件、工具摆放应保持整齐 | 6 | （1）造成重大事故,按 0 分处理。<br>（2）其余违规,每违反一项扣 2 分 | | |
| 3 | 设备、工具、量具的使用 | 各种设备、工具和量具的使用应符合有关规定 | 4 | （1）造成重大事故,按 0 分处理。<br>（2）其余违规,每违反一项扣 1 分 | | |
| 4 | 操作方法和步骤 | 操作方法和步骤必须符合要求 | 30 | 每违反一项扣 1~5 分 | | |
| 5 | 技术要求 | 符合图纸要求 | 50 | 每违反一项扣 10 分 | | |
| 总计 | | | | | | |

# 任务三　铰　　孔

## 任务描述

如图 7-3 所示,根据工件图要求,完成工件的划线铰孔。

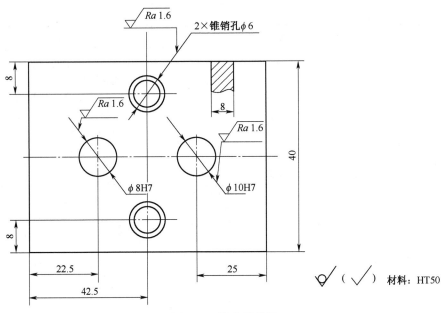

图 7-3 铰孔零件图

## 一、认识铰刀

用铰刀从工件孔壁上切除微量金属层,以获得孔的较高尺寸精度和较小表面粗糙度值的加工方法,称为铰孔。铰孔用的刀具叫铰刀。铰刀时尺寸精确的多刃工具,它具有刀齿数量较多、切削余量小、切削阻力小和导向性好等优点。铰孔尺寸精度可达 IT9～IT7,表面粗糙度值可达 $Ra1.6~\mu m$。不同类型的铰刀结构和有关知识如表 7-16 所示。

表 7-16  铰 刀 类 型

| 序号 | 名称 | 图 示 | 说 明 |
|---|---|---|---|
| 1 | 整体圆柱铰刀 | （a）<br>（b） | （1）用来铰制标准系列的孔。<br>（2）它由工作部分、颈部和柄部组成。工作部分包括引导部分、切削部分和校准部分。<br>（3）引导部分的作用是便于铰刀开始铰削时放入孔中,并保护切削刃。<br>（4）切削部分的作用是承受主切削力。<br>（5）校准部分的作用是引导铰孔方向和校准孔的尺寸。<br>（6）颈部的作用是在磨制铰刀时退刀用。<br>（7）柄部的作用是装夹工件和传递转矩。直柄和锥柄用于机用铰刀,而直柄带方榫用于手用铰刀 |

续表

| 序号 | 名称 | 图　示 | 说　明 |
|---|---|---|---|
| 2 | 可调手铰刀 | 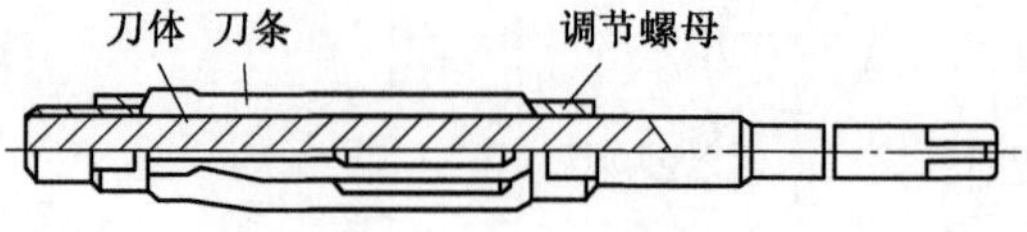 刀体　刀条　　　调节螺母 | (1)在单件生产和修配工作中用来铰削非标孔。<br>(2)刀体一般以用45号钢制作,直径小于或等于12.75 mm的刀齿条,用合金钢制成。而直径大于12.75 mm的刀齿条,用高速钢制成。<br>(3)刀体上开有6条斜底槽,具有相同斜度的刀齿条嵌在槽内,并用两端螺母压紧,固定刀齿条。<br>(4)调节两螺母可使铰刀齿条在槽中沿着斜槽移动,从而改变铰刀直径。<br>(5)标准可调手铰刀的直径范围为6~54 mm |
| 3 | 螺旋槽手铰刀 |  | (1)用来铰削带有键槽的圆柱孔。<br>(2)螺旋槽方向一般为左旋,这样可避免铰削时因铰刀顺时针转动而产生自动旋进现象。左旋的切削刃还能将铰下的切屑推出孔外 |
| 4 | 锥铰刀 | 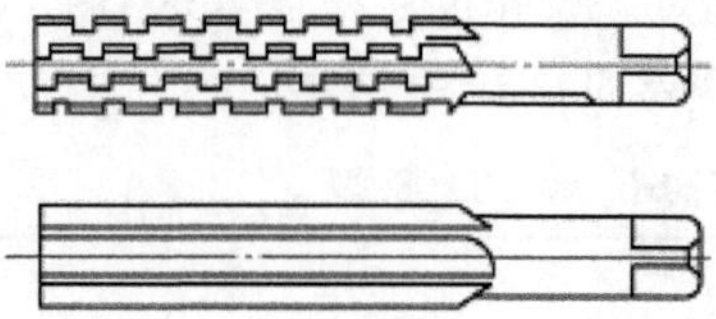 (a) <br><br>1:50<br>(b) | (1)有1：10、1：30、1：50和莫氏锥铰刀4种。<br>(2)1：10锥铰刀用来铰削连轴器上与锥销配合的锥孔。<br>(3)1：30锥铰刀用来铰削套式刀具上的锥孔。<br>(4)1：50锥铰刀用来铰削定位销孔。<br>(5)莫氏锥铰刀用来铰削0~6号莫氏锥孔。<br>(6)1：10锥铰刀和莫氏锥铰刀使用起来比较省力,这类铰刀一般制成2~3把一套,其中一把为精铰刀,其余是粗铰刀 |

## 二、铰孔步骤和方法

表7-17、表7-18所示为铰孔的准备工作和铰孔工作中基本知识和方法技能。

表7-17　铰孔前的准备工作

| 序号 | 名称 | 说　明 |
|---|---|---|
| 1 | 工件装夹 | 将钻(扩)孔后的工件固定好 |
| 2 | 检查铰刀 | 用棉纱布将铰刀擦干净、观察切削刃,如有毛刺等切削粘附,可用油石小心地磨去 |

续表

| 序号 | 名称 | 说明 |
|---|---|---|
| 3 | 铰刀直径的选择 | (1)铰刀的直径的基本尺寸=被加工孔的基本尺寸。<br>(2)上偏差=2/3被加工孔的公差。<br>(3)下偏差=1/3被加工孔的公差 |
| 4 | 铰削余量的选择 | <table><tr><td>铰孔直径/mm</td><td><5</td><td>5~20</td><td>21~32</td><td>33~50</td></tr><tr><td>铰孔余量/mm</td><td>0.1~0.2</td><td>0.2~0.3</td><td>0.3</td><td>0.2</td></tr></table> |
| 5 | 切削液的选择 | <table><tr><td>加工材料</td><td>切削液</td></tr><tr><td>铜</td><td>乳化液</td></tr><tr><td>铝</td><td>煤油</td></tr><tr><td>钢</td><td>1. 10%~20%乳化液<br>2. 铰孔要求高时,用30%的菜油和70%肥皂水<br>3. 铰孔要求更高时,用菜籽油、柴油和猪油等</td></tr><tr><td>铸铁</td><td>一般不用</td></tr></table> |
| 6 | 机铰切削速度的选择 | <table><tr><td>加工材料</td><td>切削速度/(m·min⁻¹)</td><td>进给量/(mm·r⁻¹)</td></tr><tr><td>铸铁</td><td>≤10</td><td>0.8</td></tr><tr><td>钢</td><td>≤8</td><td>0.4</td></tr></table> |

**表 7-18 铰孔工作**

| 序号 | 项目 | 图 示 | 说 明 |
|---|---|---|---|
| 1 | 起铰 | | 手工起铰时,可用右手沿铰刀轴线方向加压,左手转动2~3圈 |
| 2 | 正常铰孔和退刀 | | (1)正常铰孔时,两手用力要均匀,铰杠要放平,旋转速度要均匀、平衡,不得摇动铰刀。<br>(2)退刀时,不许反转铰刀,应按切削方向旋转向上提刀,以免刃口磨钝和切削嵌入刀具后面与孔壁间而将孔壁划伤 |
| 3 | 排屑 | | 铰孔时必须取出铰刀,用毛刷清屑,以防止切屑黏附在切削刃上,划伤孔壁 |

| 序号 | 项目 | 图　示 | 说　　明 |
|---|---|---|---|
| 4 | 锥孔的铰削 | | 　铰削定位锥孔时，两配合零件位置应正确，铰削时要经常用相配的锥销来检验铰孔尺寸，以防止把孔铰深 |
| 5 | 在钻床上的铰孔 | | （1）工件夹紧在工作台上，钻床主轴孔内安装顶针。<br>（2）落下主轴用顶针校对孔中心与顶针同心度。<br>（3）先用手铰引铰刀，再开动钻床铰孔 |

## 三、铰孔时常见问题的产生原因和防止方法

表 7-19 所示为铰孔时常见问题的产生原因和防止方法。

**表 7-19　铰孔常见问题及防止方法**

| 序号 | 常见问题 | 产　生　原　因 | 防　止　方　法 |
|---|---|---|---|
| 1 | 孔径过大 | （1）选错了铰刀。<br>（2）手工铰孔时两手用力不均匀，导致铰刀晃动。<br>（3）铰锥孔时，未常用锥销试配、检查。<br>（4）机铰时铰刀与孔轴线不重合，铰刀偏摆过大。<br>（5）切削速度过高 | （1）更换铰刀。<br>（2）手工铰孔时，两手用力要平衡，旋转的速度要均匀，铰杠不得有摆动。<br>（3）铰削时要经常用相配的锥销来检验铰孔尺寸。<br>（4）机铰时铰刀与孔轴线要调整重合。<br>（5）应合理选用切削速度 |
| 2 | 内孔过小 | （1）铰刀磨钝。<br>（2）铰削铸铁时加炼油，造成孔的收缩 | （1）刃磨铰刀。<br>（2）铰削铸铁时不允许加炼油 |
| 3 | 内孔不圆 | （1）铰刀过长，刚性不足，铰削产生振动。<br>（2）铰刀主偏角过小。<br>（3）铰孔余量偏、不对称。<br>（4）铰刀刃带窄 | （1）安装铰刀时应采用刚性连接。<br>（2）增大主偏角。<br>（3）铰孔余量要正、对称。<br>（4）更换合适的铰刀 |
| 4 | 内孔表面粗糙 | （1）铰削余量不均匀或太小，局部表面未铰到。<br>（2）铰刀切削部分摆差超差，刃口不锋利，表面粗糙。<br>（3）切削速度太高。<br>（4）切削液选的不合适。<br>（5）铰孔排屑不良 | （1）提高铰孔前底孔位置精度和质量，或增加铰孔余量。<br>（2）更换合格的铰刀。<br>（3）选用合格的铰刀。<br>（4）选用合适的切削液。<br>（5）改善排屑方法 |

#### 四、铰孔注意事项

铰孔注意事项如下：

(1)工件装夹要正,使操作者在铰孔时,对铰刀的垂直方向有一个正确的视觉和标志。

(2)铰刀的中心要与孔的中心尽量保持重合,不得歪斜,特别是铰削浅孔时。

(3)在手铰过程中,两手用力要平衡,旋转铰杠的速度要均匀,铰刀不得摇摆,以保持铰削稳定性。

(4)铰削进刀时,不要猛力压铰杠,要随着铰刀的旋转轻轻加压于铰杠,使铰刀缓慢地引进进孔内并均匀地进给,以保持良好的内孔表面粗糙度。

(5)在铰削过程中,铰刀被卡住时,不要猛力扳动旋转铰杠,以防止铰刀折断,而是应该将铰刀取出,清除切屑,检查铰刀是否崩刃。如果有轻微磨损或崩刃,可进行研磨,再涂上润滑油继续进行铰削加工。

(6)注意变换铰刀每次停歇的位置,以消除铰刀常在同一处停歇所造成的振痕。

(7)铰刀退出时不能反转。因为铰刀有后角,反转会使切屑塞在铰刀齿后面和孔壁之间将孔壁划伤,同时铰刀也容易磨损。

(8)工件孔处于水平位置铰削时,应用手轻轻托住铰杠使铰刀中心与孔中心保持重合。当工件结构限制铰杠作整圆周旋转时,一般是用扳手扳转铰刀,每扳转一次使其作少量的旋转。

(9)当一个孔快铰完时,不能让铰刀的校准部分全部出头,以免将孔的下端划伤。另外,当受到工件装夹或工件结构的限制时,不允许从孔的下面取出铰刀。

### 任务实施

根据图 7-3 所示工件图要求,工件的划线铰孔实施步骤如下:

(1)在练习件上按要求划线。

(2)钻孔、扩孔,预留适当的铰孔余量。

(3)铰孔,需符合图样要求。

注意事项如下:

(1)铰刀是精加工工具,要避免碰撞,对刀刃上的毛刺或积削瘤,可用油石磨去。

(2)熟悉铰孔中常出现的问题及其产生原因,在练习中应加以注意。

### 任务评价

操作完毕,按表 7-20 所示评分表进行评分。

表 7-20 零件的铰孔评分表

| 序号 | 考核内容 | 考核要求 | 配分 | 评分标准 | 检测结果 | 得分 |
|------|----------|----------|------|----------|----------|------|
| 1 | 实训态度 | (1)不迟到,不早退。<br>(2)实训态度应端正 | 10 | (1)迟到 1 次扣1 分。<br>(2)旷课 1 次扣5 分。<br>(3)实训态度不端正扣 5 分 | | |

续表

| 序号 | 考核内容 | 考核要求 | 配分 | 评分标准 | 检测结果 | 得分 |
|------|----------|----------|------|----------|----------|------|
| 2 | 安全文明生产 | (1)正确执行安全技术操作规程。<br>(2)工作场地应保持整洁。<br>(3)工件、工具摆放应保持整齐 | 6 | (1)造成重大事故,按0分处理。<br>(2)其余违规,每违反一项扣2分 | | |
| 3 | 设备、工具、量具的使用 | 各种设备、工具、量具的使用应符合有关规定 | 4 | (1)造成重大事故,按0分处理。<br>(2)其余违规,每违反一项扣1分 | | |
| 4 | 操作方法和步骤 | 操作方法和步骤必须符合要求 | 30 | 每违反一项扣1~5分 | | |
| 5 | 技术要求 | 符合图纸要求 | 50 | 每违反一项扣10分 | | |
| 总计 | | | | | | |

## 习 题

### 一、填空题

1. 在钻床上钻孔,钻头的旋转运动是_____运动,钻头沿轴向的移动是_____运动。

2. 麻花钻由_____、_____和_____组成。

3. 麻花钻的工作部分由_____部分和_____部分组成。

4. 用麻花钻扩孔时,因_____不参加切削,所以_____力小。

5. 锥形锪钻的锥角有_____、_____、_____和_____四种。

6. 铰刀由_____、_____和_____组成。

7. 铰刀容易磨损的部位是_____与_____,在略高于砂轮_____面上进行磨削。

### 二、判断题

1. 麻花钻的螺旋角是变化的,靠近外援处的螺旋角大。 (　　)

2. 麻花钻的后角是变化的,其中外援处的后角最大,越向中心线越小。 (　　)

3. 扩钻孔的齿数比麻花钻多,故导向性好、切削稳定。 (　　)

4. 锪孔比钻孔进给量小,切削速度大的目的是为了提高工作效率。 (　　)

5. 铰孔时经常反转,以利于断屑和排屑。 (　　)

6. 铰孔时无论是进刀或是退刀,均不能使铰刀反转。 (　　)

### 三、问答题

1. 麻花钻主要刃磨哪个面?刃磨的要求有哪些?

2. 钻孔时孔径尺寸大于规定尺寸的主要原因是什么?

3. 钻孔时造成孔径歪斜的主要原因有哪些?

4. 铰削余量为什么不能太大也不能太小?

項目 **八** 螺纹加工

螺纹零件主要用于密封、连接、紧固以及传递运动和动力等,在生产和生活中应用非常广泛。

 学习目标

1. 掌握攻螺纹底孔直径和套螺纹圆杆直径的确定方法。
2. 掌握攻、套螺纹方法。
3. 熟悉丝锥折断和攻套螺纹中常见问题的产生原因及防治方法。

# 任务一 攻 螺 纹

任务描述

如图 8-1 所示,按图样要求完成攻螺纹的练习。

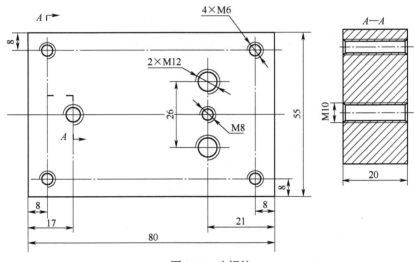

图 8-1 攻螺纹

相关知识

### 1. 螺纹的基本知识

攻螺纹(又称攻丝)是利用丝锥在已加工好的内孔表面上加工内螺纹的一种方法。螺纹零件主要用于密封、紧固连接及传递动力等,在生产和生活中应用非常广泛,是使用手动工具的零件加工和装配中的重要一项工作。根据表 8-1、表 8-2、表 8-3 所示熟悉有关螺纹的形成和类型及其主要参数知识。

表 8-1　螺纹的形成和类型

| 序号 | 名称 | 图　示 | 说　明 |
|---|---|---|---|
| 1 | 螺纹的形成 | 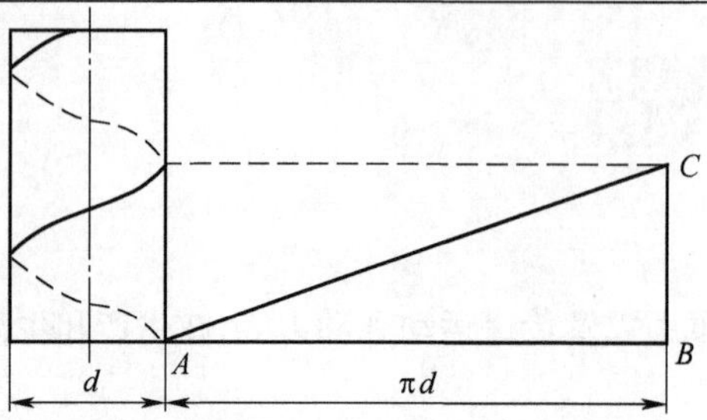 | 将一直角三角形(底边 $AB$ 长为 $d$)绕在直径为 $\pi d$ 的圆柱体上,同时底边 $AB$ 与圆柱体端面圆周线重合,则此三角形的斜边在圆柱体的表面上就形成了一条螺旋线 |
| 2 | 螺纹的类型 | 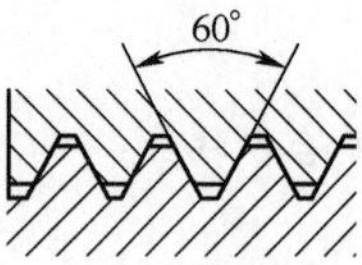 <br>(a)普通螺纹 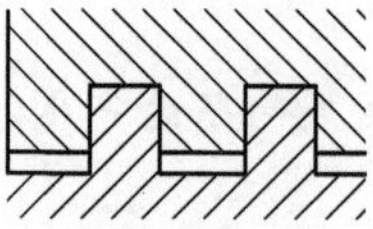　　(b)矩形螺纹 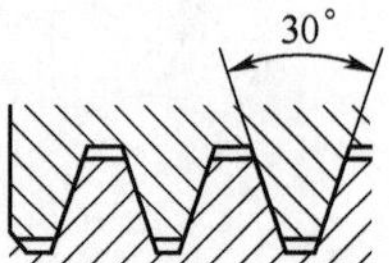<br>(c)梯形螺纹 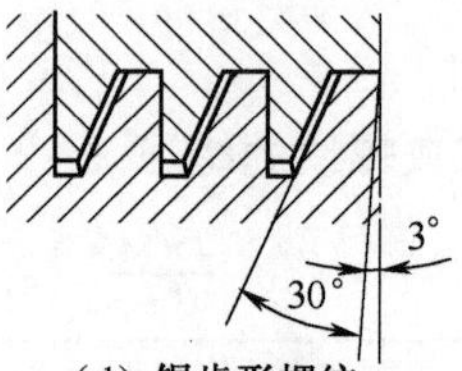　　(d)锯齿形螺纹 | (1)普通(三角形)螺纹、矩形、梯形和锯齿形的螺纹:用不同形状的车刀沿螺旋线可切制出三角形、矩形、梯形和锯齿形的螺纹 |
|  |  | 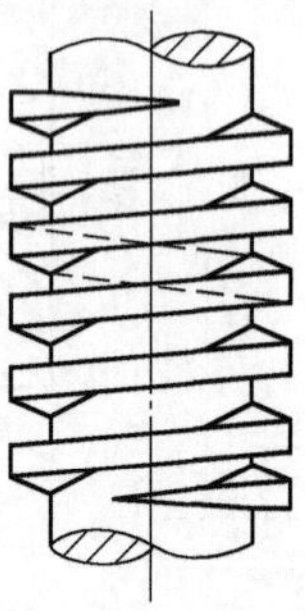 <br>(a) 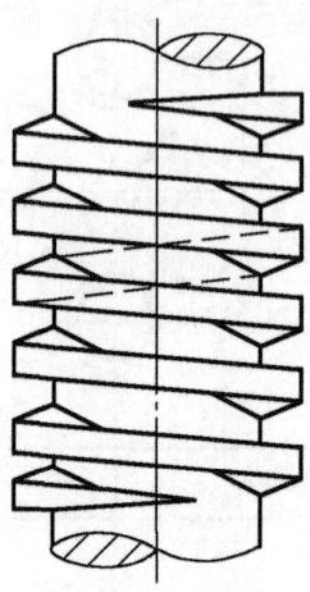　　　　　(b) | (2)单线螺纹和多线螺纹:在圆柱体上沿一条螺旋线切制的螺纹,称为单线螺纹(见图 a);沿二条、三条螺旋线切制的螺纹,称为双线螺纹(见图 b)和三线螺纹。单线螺纹主要用于连接,多线螺纹主要用于传动 |
|  |  | 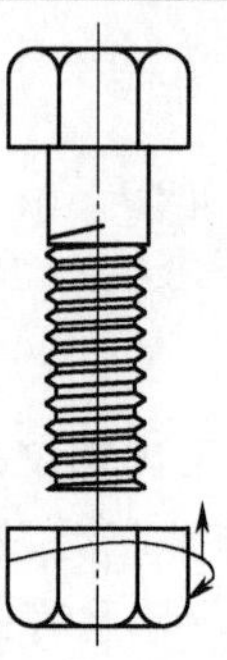 <br>(a) 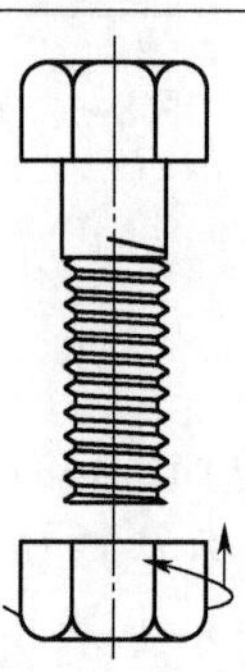　　　　　(b) | (3)右旋螺纹和左旋螺纹:按螺旋线绕行方向的不同,螺纹可分为右旋螺纹和左旋螺纹,分别如图 a 与图 b 所示。通常采用右旋螺纹 |

| 序号 | 名称 | 图　　示 | 说　　明 |
|---|---|---|---|
| 2 | 螺纹的类型 | —— | （4）连接螺纹和传动螺纹：按螺纹的作用不同，螺纹可分为右旋螺纹和左旋螺纹。起连接作用的螺纹称为连接螺纹；起传动作用的螺纹称为传动螺纹<br><br>（5）米制和英制螺纹：按螺纹的制式不同，螺纹可分为米制和英制（螺距以每英寸牙数表示）两类。我国除管螺纹外，多采用米制螺纹。凡牙型、外径及螺距符合国家标准的螺纹称为标准螺纹。机械制造中常用的螺纹均属此类 |

表 8-2　螺纹的主要参数

| 序号 | 名称 | 图　　示 | 说　　明 |
|---|---|---|---|
| 1 | 大径 $d$ | | 大径是与外螺纹牙顶或内螺纹牙底相重合的假想圆柱的直径 |
| 2 | 小径 $d_1$ | | 小径是与外螺纹牙底或内螺纹牙顶相重合的假想圆柱的直径 |
| 3 | 中径 $d_2$ | | 中径是螺纹牙厚与牙间宽相等处的假想圆柱的直径 |
| 4 | 螺距 $p$ | | 螺纹相邻两牙在中径上对就两点间的轴向距离，称为螺距 |
| 5 | 导程 $s$ | | 同一条螺旋线上相邻两牙在中径线上对应两点间的轴向距离，称为导程。设螺纹线数为 $n$，则对于单线螺纹有 $s=p$；则对于多线螺纹有 $s=np$ |
| 6 | 牙型角 $a$ | | 牙型角是在螺纹轴向剖面内，螺纹牙型相邻两侧边的夹角 |
| 7 | 升角 $r$ | | 升角是在中径 $d_2$ 的圆柱面上，螺纹线的切线与垂直于螺纹轴线的平面间的夹角 |

表 8-3　常用普通螺距表

| 螺纹直径 $D$/mm | 螺距 $P$/mm | 钻头直径 $d_0$/mm | |
|---|---|---|---|
| | | 铸铁、青铜、黄铜 | 钢、可锻铸铁、紫铜、层压板 |
| 2 | 0.4 | 1.6 | 1.6 |
| | 0.25 | 1.75 | 1.75 |
| 2.5 | 0.45 | 2.05 | 2.05 |
| | 0.35 | 2.15 | 2.15 |

续表

| 螺纹直径 D/mm | 螺距 P/mm | 钻头直径 d0/mm | |
|---|---|---|---|
| | | 铸铁、青铜、黄铜 | 钢、可锻铸铁、紫铜、层压板 |
| 3 | 0.5 | 2.5 | 2.5 |
| | 0.35 | 2.65 | 2.65 |
| 4 | 0.7 | 3.3 | 3.3 |
| | 0.5 | 3.5 | 3.5 |
| 5 | 0.8 | 4.1 | 4.2 |
| | 0.5 | 4.5 | 4.5 |
| 6 | 1 | 4.9 | 5 |
| | 0.75 | 5.2 | 5.2 |
| 8 | 1.25 | 6.6 | 6.7 |
| | 1 | 6.9 | 7 |
| | 0.75 | 7.1 | 7.2 |
| 10 | 1.5 | 8.4 | 8.5 |
| | 1.25 | 8.6 | 8.7 |
| | 1 | 8.9 | 9 |
| | 0.75 | 9.1 | 9.2 |
| 12 | 1.75 | 10.1 | 10.2 |
| | 1.5 | 10.4 | 10.5 |
| | 1.25 | 10.6 | 10.7 |
| | 1 | 10.9 | 11 |
| 14 | | 11.8 | 12 |
| | 2 | 12.4 | 12.5 |
| | 1.51 | 12.9 | 13 |
| 16 | 2 | 13.8 | 14 |
| | 1.5 | 14.4 | 14.5 |
| | 1 | 14.9 | 15 |
| 18 | 2.5 | 15.3 | 15.5 |
| | 2 | 15.8 | 16 |
| | 1.5 | 16.4 | 16.5 |
| | 1 | 16.9 | 17 |
| 20 | 2.5 | 17.3 | 17.5 |
| | 2 | 17.8 | 18 |
| | 1.5 | 18.4 | 18.5 |
| | 1 | 18.9 | 19 |
| 22 | 2.5 | 19.3 | 19.5 |
| | 2 | 19.8 | 20 |
| | 1.5 | 20.4 | 20.5 |
| | 1 | 20.9 | 21 |
| 24 | 3 | 20.7 | 21 |
| | 2 | 21.8 | 22 |
| | 1.5 | 22.4 | 22.5 |
| | 1 | 22.9 | 23 |

### 2. 常用的攻丝工具

根据表8-4所示熟悉常用的丝锥和铰丝工具有关知识。

表8-4　常用的攻丝工具

| 序号 | 名称 | 图　示 | 说　明 |
|------|------|--------|--------|
| 1 | 丝锥 | 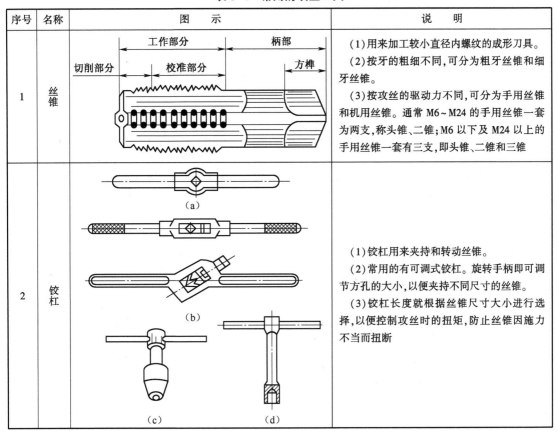 | (1)用来加工较小直径内螺纹的成形刀具。<br>(2)按牙的粗细不同,可分为粗牙丝锥和细牙丝锥。<br>(3)按攻丝的驱动力不同,可分为手用丝锥和机用丝锥。通常M6~M24的手用丝锥一套为两支,称头锥、二锥;M6以下及M24以上的手用丝锥一套有三支,即头锥、二锥和三锥 |
| 2 | 铰杠 |  | (1)铰杠用来夹持和转动丝锥。<br>(2)常用的有可调式铰杠。旋转手柄即可调节方孔的大小,以便夹持不同尺寸的丝锥。<br>(3)铰杠长度就根据丝锥尺寸大小进行选择,以便控制攻丝时的扭矩,防止丝锥因施力不当而扭断 |

### 3. 攻丝的步骤和方法

根据表8-5、表8-6、表8-7所示掌握攻丝的准备工作和攻丝的工作中基本知识和方法技能。

表8-5　攻丝前的准备工作

| 序号 | 项目 | 说　明 |
|------|------|--------|
| 1 | 底孔直径和确定 | 底孔的直径可查手册或按下面的经验公式计算。<br>(1)对于在脆性材料(如铸铁、黄铜、青铜等)上攻普通螺纹时:钻头直径 $D_0 = D-(1.05~1.1)P$,式中 $D$ 为螺纹大径;$P$ 为螺距。<br>(2)对于在塑性材料(如钢、可锻铸铁、纯铜等)上攻普通螺纹时:钻孔直径 $D_0 = D-P$ |
| 2 | 钻孔深度的确定 | 当攻不通孔(盲孔)的螺纹时,因丝锥不能攻到底,所以孔的深度要大于螺纹的长度,盲孔的深度可按下面的公式计算:盲孔的深度=所需螺纹的深度+0.7$D$,式中 $D$ 为螺纹外径 |
| 3 | 钻底孔 | 按钻孔方法进行钻孔 |
| 4 | 孔口倒角 | (1)攻螺纹前要在钻孔的孔口进行倒角,以利于丝锥的定位和切入。<br>(2)倒角的深度大于螺纹的螺距 |
| 5 | 夹装好工件 | 工作装夹时,要使孔中心垂直于钳口,以防止螺纹攻歪 |
| 6 | 选择好丝锥 | 根据工件上螺纹孔的规格,正确选择丝锥,先头锥,后二锥,再三锥,不可颠倒使用 |

表8-6 手工攻丝工作

| 序号 | 项目 | 图　示 | 说　明 |
|---|---|---|---|
| 1 | 用头锥起攻 | 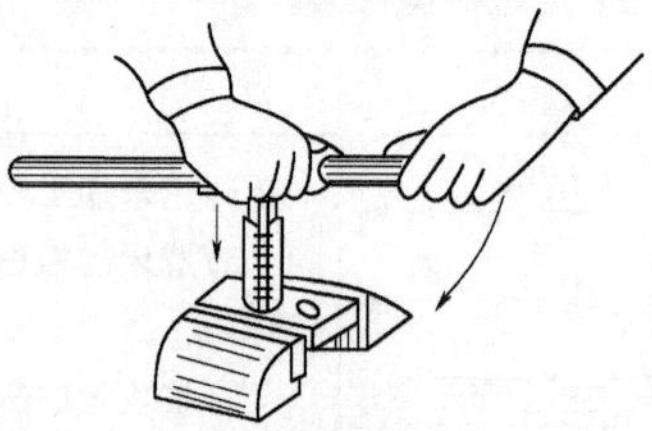 | 起攻时,可用一手掌按住铰杠中部,沿丝锥轴线用力加压,另一手配合作顺向旋转 |
| 2 | 检查丝锥垂直度 | 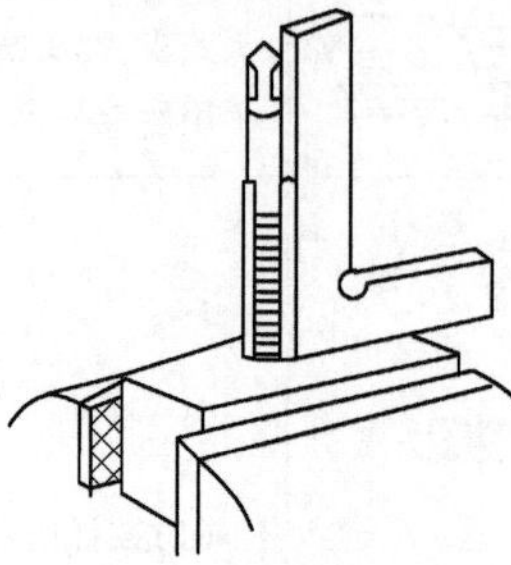 | 当旋入1~2圈后,要检查丝锥是否与孔端面垂直,如果发现不垂直,就立即校正至垂直 |
| 3 | 正常攻丝 | 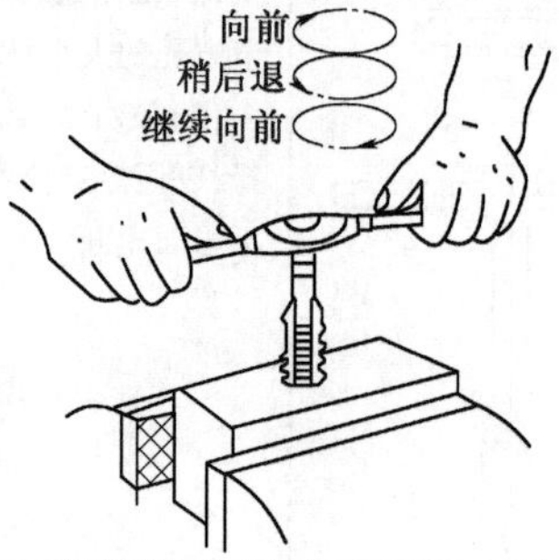 | 当切削部分已切入工作后,每转1/2~1圈时,就反转1/4~1/2圈,以便切屑碎断和排出;同时不能再施加压力,以免丝锥崩牙或攻出螺纹齿较瘦 |
| 4 | 用二、三锥攻丝 | —— | 攻丝时,必须按头锥、二锥和三锥的顺序攻至标准尺寸。在较硬的材料上攻丝时,可轮换各丝锥交替攻丝,以减小切削部分的负荷,防止丝锥折断 |

表8-7 机动攻丝工作

| 序号 | 项目 | 说　明 |
|---|---|---|
| 1 | 用头锥起攻 | 机动攻丝工作与手工攻丝的过程相似,机动攻丝确保主轴、丝锥、工件孔三种同轴度符合要求 |
| 2 | 正常攻丝 | 机动攻丝线手动进给,施加均匀的压力帮助丝锥切入工件,且进刀要慢,当丝锥切削部分进入工件后,应停止施加压力而靠丝锥螺纹自然进给攻丝 |
| 3 | 通孔攻丝 | 机攻通孔螺纹时,丝锥的校准部分不能全部攻出头,否则在转退出丝锥丝会产生烂牙 |
| 4 | 用二锥攻丝 | 类似手工攻丝工作 |
| 5 | 机动攻丝中的排屑 | 类似手工攻丝工作 |
| 6 | 切削液的选择 | 类似手工攻丝工作 |

### 4. 攻丝时常见问题及防止方法

根据表8-8所示掌握攻丝时常见问题的产生原因及防止方法。

表 8-8　攻丝时常见问题及防止方法

| 序号 | 常见问题 | 产 生 原 因 | 防 止 方 法 |
|---|---|---|---|
| 1 | 螺纹牙深不够 | (1) 攻丝前底孔直径过大；<br>(2) 丝锥磨损 | (1) 应正确计算底孔直径并正确施钻；<br>(2) 修磨丝锥 |
| 2 | 螺纹烂牙 | (1) 螺纹底孔直径太小，丝锥攻不进，孔口烂牙；<br>(2) 手攻时，铰杠掌握不正，丝锥左右摇摆，造成烂牙；<br>(3) 交替使用头锥、二锥时，未先用手将丝锥旋入，造成头锥、二锥不重合；<br>(4) 丝锥未经常倒转，切屑堵塞把螺纹啃伤；<br>(5) 攻不通孔螺纹时，丝锥到底后仍然继续扳旋丝锥；<br>(6) 没有选用合适的切削液；<br>(7) 丝锥切削部分全部切入后仍施加轴向压力 | (1) 检查底孔直径，把底孔扩大后再攻螺纹；<br>(2) 铰杠掌握要正，丝锥不能左右摇摆；<br>(3) 交替使用头锥、二锥和三锥时，就先用手将丝锥旋入，再用铰杠攻制；<br>(4) 丝锥每旋过 1～2 圈时，要倒转 1/2 圈，使切屑折断后排出；<br>(5) 在攻不通孔螺纹时，要在丝锥上做出深度标记；<br>(6) 重新选用合适的切削液；<br>(7) 丝锥切削部分全部切入后要停止施加轴向压力 |
| 3 | 螺纹歪斜 | (1) 手攻时，丝锥位置不正确；<br>(2) 机攻时，丝锥与螺纹底不同轴 | (1) 用角尺等工具检查，并校正；<br>(2) 钻底孔后不改变工件位置，直接攻制螺纹 |
| 4 | 螺纹表面粗糙 | (1) 丝锥前、后粗糙度过大；<br>(2) 丝锥前、后角太小；<br>(3) 丝锥磨钝；<br>(4) 丝锥刀齿上粘有积屑瘤；<br>(5) 没有选用合适的切削液；<br>(6) 切屑拉伤螺纹表面 | (1) 修磨丝锥；<br>(2) 修磨丝锥；<br>(3) 修磨丝锥；<br>(4) 用油石进行修磨；<br>(5) 选用合适的切削液；<br>(6) 经常倒转丝锥，折断切屑 |

### 任务实施

攻螺纹的练习图如图 8-1 所示。具体的实施步骤如下：

(1) 按图样要求依次完成划线、钻孔和倒角的工作。

(2) 分别攻制 M6、M8、M12 螺纹，并用相应的螺栓进行检验。

注意事项如下：

(1) 起攻时，一定要从两个方向检验垂直度并及时校正，这是保证螺纹质量的重要环节。

(2) 攻螺纹时如何控制两手用力均匀是攻螺纹的基本功，必须努力掌握。

### 任务评价

操作完毕，按表 8-9 所示评分表进行评分。

表 8-9　攻螺纹的评分表

| 序号 | 考核内容 | 考核要求 | 配分 | 评分标准 | 检测结果 | 得分 |
|---|---|---|---|---|---|---|
| 1 | 实训态度 | (1) 不迟到，不早退。<br>(2) 实训态度应端正 | 10 | (1) 迟到 1 次扣 1 分。<br>(2) 旷课 1 次扣 5 分。<br>(3) 实训态度不端正扣 5 分 | | |
| 2 | 安全文明生产 | (1) 正确执行安全技术操作规程。<br>(2) 工作场地应保持整洁。<br>(3) 工件、工具摆放应保持整齐 | 6 | (1) 造成重大事故，按 0 分处理。<br>(2) 其余违规，每违反一项扣 2 分 | | |

续表

| 序号 | 考核内容 | 考核要求 | 配分 | 评分标准 | 检测结果 | 得分 |
|---|---|---|---|---|---|---|
| 3 | 设备、工具、量具的使用 | 各种设备、工具和量具的使用应符合有关规定 | 4 | (1)造成重大事故,按0分处理。<br>(2)其余违规,每违反一项扣1分 | | |
| 4 | 操作方法和步骤 | 操作方法和步骤必须符合要求 | 30 | 每违反一项扣1~5分 | | |
| 5 | 技术要求 | 符合图纸要求 | 50 | 每违反一项扣10分 | | |
| | | 总计 | | | | |

# 任务二 套螺纹

## 任务描述

如图8-2所示,按图样要求完成套螺纹的练习。

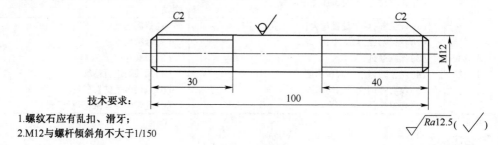

技术要求:
1.螺纹石应有乱扣、滑牙;
2.M12与螺杆倾斜角不大于1/150

图 8-2 套螺纹

## 相关知识

用板牙在圆杆上加工出外螺纹的操作方法称为套螺纹(又称套丝)。

### 1. 常用的套丝工具

表8-10、表8-11所示为常用的几种套丝工具有关知识。

表 8-9 常用的套丝工具

| 序号 | 名称 | 图 示 | 说 明 |
|---|---|---|---|
| 1 | 圆板牙 | 90° 60° 45° M16×2 | (1)用来加工外螺纹<br>(2)其外形像一个圆螺母,其牙圆上有4个锥坑和1条U形槽,4个锥坑用于定位和紧固板牙。内孔上面钻有3~4个排屑孔合并形成刀刃 |
| 2 | 圆板牙架 | | (1)用来夹持板牙、传递扭矩。<br>(2)不同外径的板牙应选用不同的板牙架 |

| 序号 | 名称 | 图　　示 | 说　　明 |
|---|---|---|---|
| 3 | 活络管子板牙 | 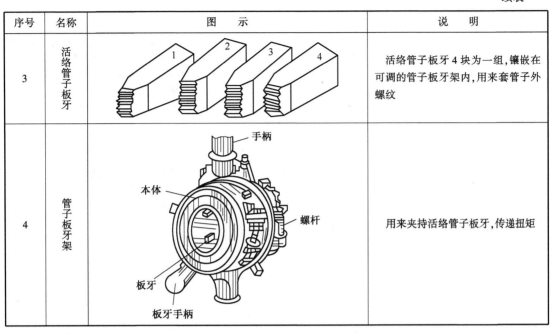 | 活络管子板牙4块为一组,镶嵌在可调的管子板牙架内,用来套管子外螺纹 |
| 4 | 管子板牙架 | | 用来夹持活络管子板牙,传递扭矩 |

**表 8-11　板牙套螺纹时圆杆直径**

| 粗牙普通螺纹 | | | | 英制螺纹 | | | 圆柱管螺纹 | | |
|---|---|---|---|---|---|---|---|---|---|
| 螺纹直径 $D$/mm | 螺距 $P$ /mm | 螺杆直径/mm | | 螺纹直径 $D$/in | 螺杆直径/mm | | 螺纹直径 $D$/in | 管子直径/mm | |
| | | 最小直径 | 最大直径 | | 最小直径 | 最大直径 | | 最小直径 | 最大直径 |
| M6 | 1 | 5.8 | 5.9 | 1/4 | 5.9 | 6 | 1/8 | 9.4 | 9.5 |
| M8 | 1.25 | 7.8 | 7.9 | 5/16 | 7.4 | 7.6 | 1/4 | 12.7 | 13 |
| M10 | 1.5 | 9.75 | 9.85 | 3/8 | 9 | 9.2 | 3/8 | 16.2 | 16.5 |
| M12 | 1.75 | 11.75 | 11.9 | 1/2 | 12 | 12.2 | 1/2 | 20.5 | 20.8 |
| M14 | 2 | 13.7 | 13.85 | — | — | — | 5/8 | 22.5 | 22.8 |
| M16 | 2 | 15.7 | 15.85 | 5/8 | 15.2 | 15.4 | 3/4 | 26 | 26.3 |
| M18 | 2.5 | 17.7 | 17.85 | — | — | — | 7/8 | 29.8 | 30.1 |
| M20 | 2.5 | 19.7 | 19.85 | 3/4 | 18.3 | 18.5 | 1 | 32.8 | 33.1 |
| M22 | 2.5 | 21.7 | 21.85 | 7/8 | 21.4 | 21.6 | 1.125 | 37.4 | 37.7 |
| M24 | 3 | 23.65 | 23.8 | 1 | 24.5 | 24.8 | 1.25 | 41.4 | 41.7 |
| M27 | 3 | 26.65 | 26.8 | 1.25 | 30.7 | 31 | 1.375 | 43.8 | 44.1 |
| M30 | 3.5 | 29.6 | 29.8 | — | — | — | 1.5 | 47.3 | 47.6 |
| M36 | 4 | 35.6 | 35.8 | 1.5 | 37 | 37.3 | — | — | — |
| M42 | 4.5 | 41.55 | 41.75 | | | | | | |
| M48 | 5 | 47.5 | 47.7 | | | | | | |
| M52 | 5 | 51.5 | 51.7 | | | | | | |
| M60 | 5.5 | 59.45 | 59.7 | | | | | | |
| M64 | 6 | 63.4 | 63.7 | | | | | | |
| M68 | 6 | 67.4 | 67.7 | | | | | | |

**2. 套丝的步骤和方法**

根据表 8-12、表 8-13 所示掌握套丝的准备工作和套丝工作中基本知识和方法技能。

表 8-12　套丝钳的准备工作

| 序号 | 项目 | 图　示 | 说　明 |
|---|---|---|---|
| 1 | 圆杆直径的确定 | —— | (1)圆杆直径应稍小于螺蚊的公称尺寸,圆杆直径可查表或按经验公式计算。<br>(2)经验公式:$d$(圆杆直径)= $d$(螺纹外径)$-0.13p$(螺距) |
| 2 | 圆杆端部的倒角 | 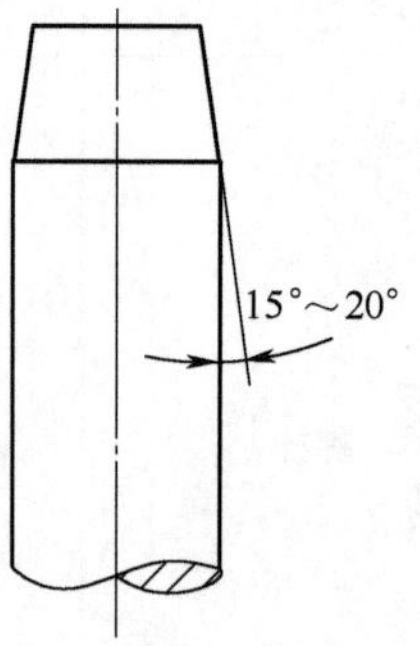 15°~20° | 套丝前圆杆端部应倒角,使板牙容易对准工件中心,同时也容易切入。倒角长度大于一个螺距,斜角为 15°~20° |
| 3 | 夹倒好工件 | 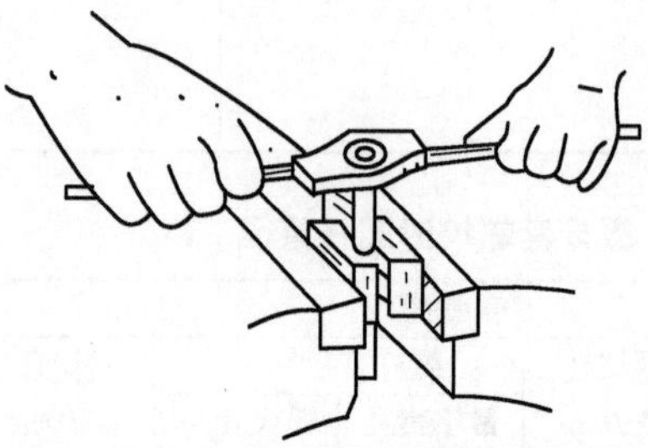 | 工件装夹时,一般用 V 形块或厚铜衬垫将工件夹紧,并使圆杆轴线垂直于钳口,防止螺纹套歪 |
| 4 | 选择好圆板 | —— | 根据要求选好圆板牙 |

表 8-13　套　丝　工　作

| 序号 | 项目 | 图　示 | 说　明 |
|---|---|---|---|
| 1 | 起套丝方法 | 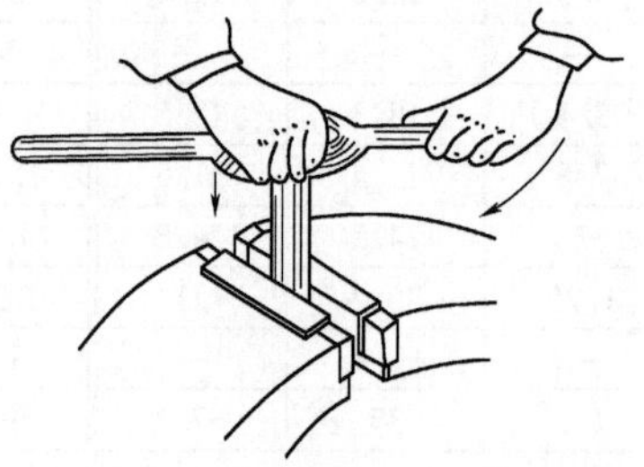 | 开始套丝时,一手用手掌按住铰杠中部,沿圆杆轴方向施加压力,另一只手配合顺时针方向切进,动作要慢,压力要大 |
| 2 | 检查圆板牙垂直度 | 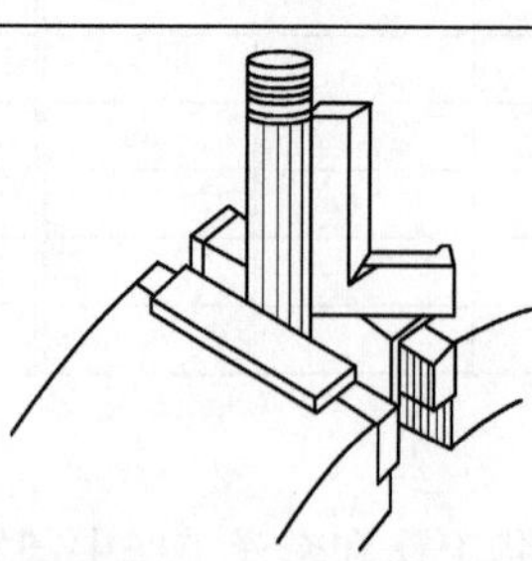 | 在板牙套出 2~3 牙时,要及时检查圆板牙端面与圆杆轴线的垂直度,并及时纠正 |

| 序号 | 项目 | 图 示 | 说 明 |
|---|---|---|---|
| 3 | 正常套丝 | —— | 在套 3~4 出牙后，可只转动而不加压，让板牙依靠螺纹自然引进，以免损坏螺纹和板牙 |
| 4 | 套丝中的排屑 | 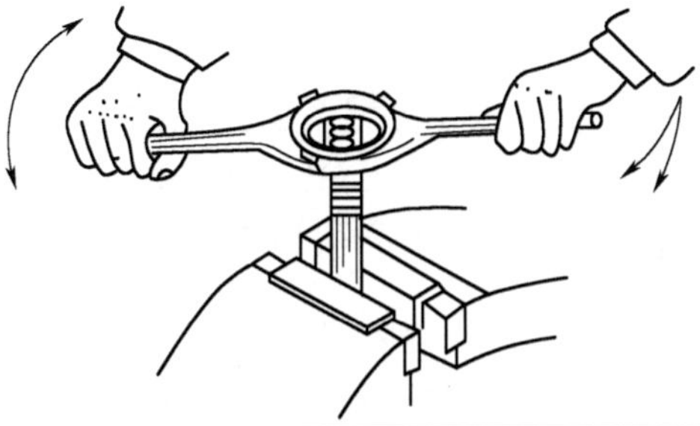 | 在套丝过程中也应经常反转 1/4~1/2 圈，以便断屑 |
| 5 | 润滑和冷却 | —— | 在钢制圆杆上套丝时要加机油或浓的乳化液润滑。要求高时可用菜油或二硫化钼 |

### 3. 套丝时常见问题及防止方法

根据表 8-14 所示掌握套丝时常见问题的产生原因和防止方法。

**表 8-14 套丝时常见问题和防止方法**

| 序号 | 常见问题 | 产生原因 | 防止方法 |
|---|---|---|---|
| 1 | 螺纹歪斜 | (1)圆杆端部的倒角不符合要求<br>(2)两手用力不均匀 | (1)使倒角长度大于一个螺距,斜角为 15°~20°;<br>(2)两手用力要均匀 |
| 2 | 螺纹乱牙 | (1)圆杆直径过大;<br>(2)套丝时,圆板牙一直不倒转,切屑堵塞而啃坏螺纹;<br>(3)对低碳钢等塑性好的材料套丝时,未加切削液,圆板牙把工作上的螺纹粘去了一块 | (1)圆杆直径要符合要求;<br>(2)圆板牙要倒转,以折断切屑;<br>(3)对低碳钢等塑性好的材料套丝时,一定要加切削液 |

### 任务实施

套螺纹练习图纸如图 8-2 所示。具体的实施步骤如下：

(1)按图样要求下料、倒角。

(2)套削 M12 螺纹，并用相应的螺母进行检验。

注意事项如下：

(1)起套时，一定要从两个方向检验垂直度并及时校正，这是保证螺纹质量的重要环节。

(2)套螺纹时如何控制两手用力均匀是套螺纹的基本功，必须努力掌握。

(3)选择适当的切削液。

### 任务评价

操作完毕，按表 8-15 所示评分表进行评分。

表 8-15 套螺纹的评分表

| 序号 | 考核内容 | 考核要求 | 配分 | 评分标准 | 检测结果 | 得分 |
|---|---|---|---|---|---|---|
| 1 | 实训态度 | (1)不迟到,不早退。<br>(2)实训态度应端正 | 10 | (1)迟到 1 次扣 1 分。<br>(2)旷课 1 次扣 5 分。<br>(3)实训态度不端正扣 5 分 | | |
| 2 | 安全文明生产 | (1)正确执行安全技术操作规程。<br>(2)工作场地应保持整洁。<br>(3)工件、工具摆放应保持整齐 | 6 | (1)造成重大事故,按 0 分处理。<br>(2)其余违规,每违反一项扣 2 分 | | |
| 3 | 设备、工具、量具的使用 | 各种设备、工具、量具的使用应符合有关规定 | 4 | (1)造成重大事故,按 0 分处理。<br>(2)其余违规,每违反一项扣 1 分 | | |
| 4 | 操作方法和步骤 | 操作方法和步骤必须符合要求 | 30 | 每违反一项扣 1~5 分 | | |
| 5 | 技术要求 | 符合图纸要求 | 50 | 每违反一项扣 10 分 | | |
| | | 总计 | | | | |

## 习 题

### 一、填空题

1. 钳工一般只能加工_____螺纹,该种螺纹分为_____螺纹、_____螺纹和_____螺纹三种。

2. 丝锥由_____和_____部分组成,而工作部分又由_____部分和_____部分组成。

3. 丝锥校准部分的作用是用来_____和_____已切出的螺纹。校准部分的后角为_____。

4. 当丝锥校准部分磨损时,应修模_____刀面。

### 二、判断题

1. 攻螺纹应在工件的孔口倒角,套螺纹应在工件的端部倒角。　　　　　　　（　　　）

2. 丝锥的校准部分没有完整的牙型,所以可以用来修光和校准已切出的螺纹。　（　　　）

3. 攻螺纹时工件底径太大,或套螺纹时工件颈杆太小,均会造成攻出牙型的不完整。（　　　）

4. 柱形分配的丝锥具有相等的切削量,故切削省力。　　　　　　　　　　（　　　）

### 三、问答题

1. 起攻螺纹时应注意哪些要点?

2. 攻盲孔螺纹应注意什么?

3. 攻螺纹或套螺纹发生乱牙的主要原因是什么?

4. 为什么攻螺纹时底孔直径要略大于螺纹小径?

項目 **九** 矫正与弯曲

金属板材、型材的不平、不直或翘曲变形的主要原因是由于在轧制或剪切等外力作用下，内部组织发生变化所产生的残余应力引起的变形。另外，原材料在运输和存放等处理不当时，也会引起变形缺陷。而矫正就是解决这一缺陷的手段和方法。

弯曲则是利用材料的塑性变形的特点，通过手工或借助设备，将材料弯成所需要的曲线形状或角度的操作。

学习目标

1. 能在平板上对薄板料进行矫正。
2. 能应用弯曲夹具对工件进行正确的弯曲，并能达到图样规定的要求。
3. 掌握弯曲和矫正的方法及要点，学会简单的矫正，弯曲。

# 任务一 矫 正

🕝 任务描述

根据薄板的变形不同，采用不同的矫正方法进行矫正操作，使其平直度达到使用要求。

👆 相关知识

消除金属板材、型材的不平、不直或翘曲等缺陷的操作称为矫正。矫正可在机器上进行，也可以用手工进行。

**一、矫正方法**

矫正方法如表9-1所示。

表9-1 所示为常用的矫正方法

| 序号 | 项目 | 图　示 | 说　明 |
|---|---|---|---|
| 1 | 扭转法 | 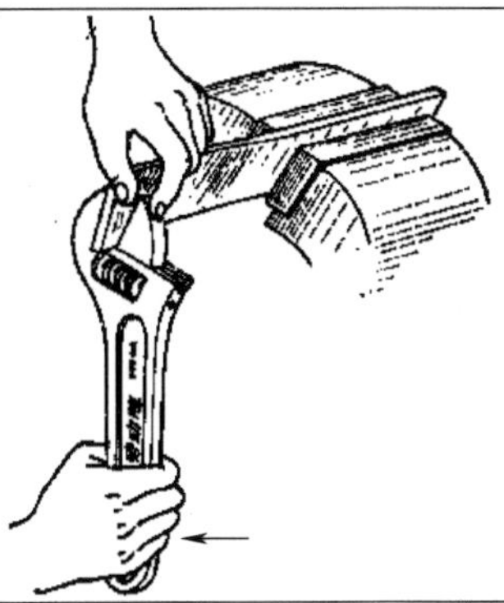 | 这种方法用来矫正受扭曲变形的条料 |

| 序号 | 项目 | 图　　示 | 说　　明 |
|---|---|---|---|
| 2 | 伸张法 | 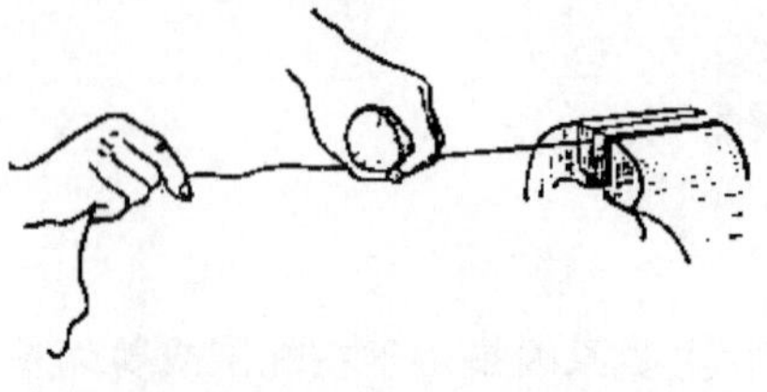 | 这种方法用于矫直线料。<br>注意:向后拉动时,手不要握紧线材,防止将手划伤,必要时应戴上布手套进行操作 |
| 3 | 弯曲法 | 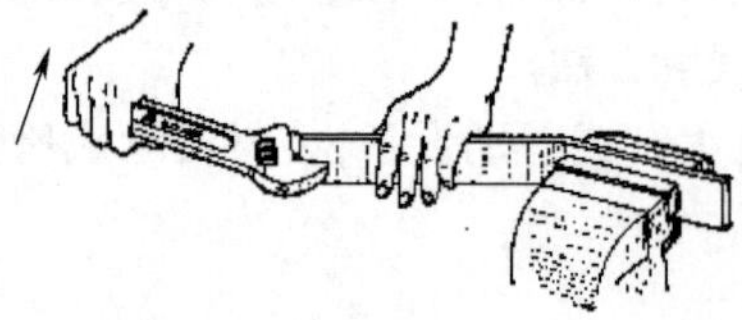 <br>(a) 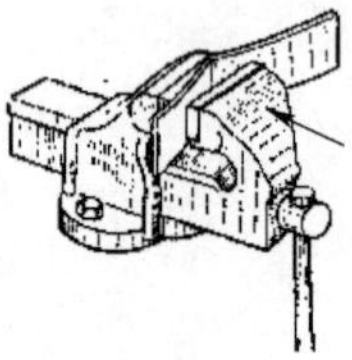 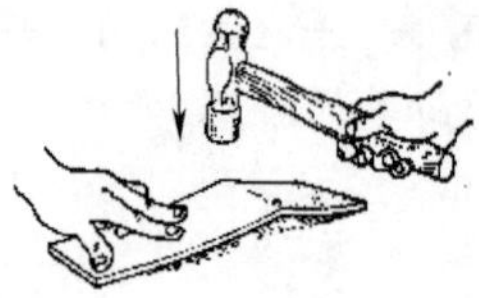<br>(b)　　　(c) | 这种方法用来矫正弯曲的棒料或在宽度方向上弯曲的条料。<br>(1)一般可用台虎钳夹持靠近弯曲处,用活动扳手将弯曲部分扳直(见图 a)。<br>(2)或用台虎钳将弯曲部分夹持在钳口内,利用台虎钳将它初步压直(见图 b)。<br>(3)再放在平板上用手锤矫直(见图 c),直径大的棒料或厚度尺寸大的条料,常采用压力机矫直 |
| 4 | 延展法 | 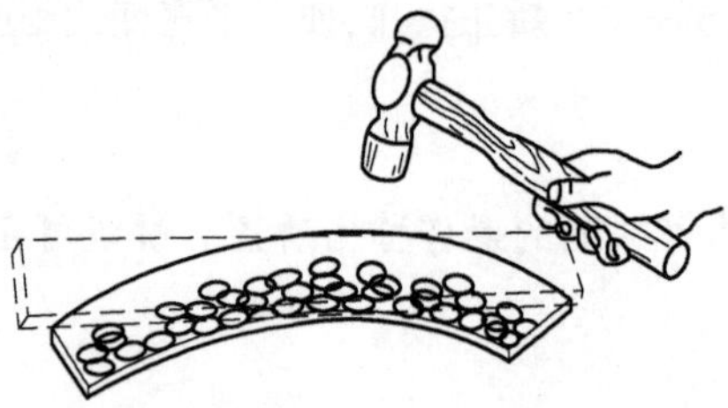 <br>(a) 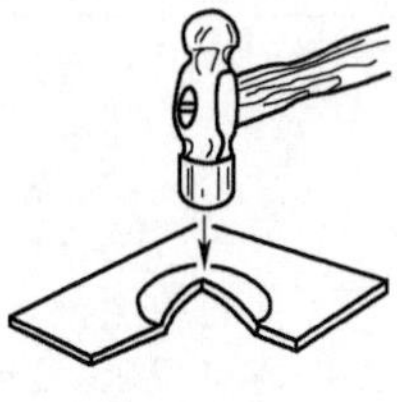 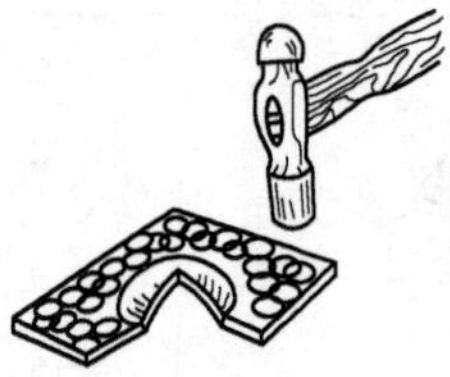<br>(b)　　　(c) | 这种方法用于锤敲击材料,使它延展伸长达到矫正的目的,所以通常又叫锤击矫正法。<br>(1)图 a 所示为宽度方向上弯曲的条料,如果采用弯曲法矫正,就会发生裂痕或折断,此时可用延展法来矫直,即锤击弯曲里边的材料,使里边材料延展伸长而得到矫直。<br>(2)图 b 所示中部凸起的薄板料,如果锤击凸起部分,由于材料的延展,就会使凸起更高。<br>(3)因此必须在凸起部分的四周锤击(见图 c),锤击时锤要端平,不可使锤边接触材料而敲击出麻点,同时要不断翻转板料,在正反两面进行锤击,在锤击时应先锤击边缘,从外到里逐渐由重到轻、由密到稀,使材料延展,凸起部分自然消除,最后达到平整要求 |

## 二、矫正工具

手工矫正是钳工经常采用的矫正方法,手工矫正工具如表 9-2 所示。

表 9-2　手工矫正工具

| 序号 | 矫正工具 | 图　示 | 说　明 |
|---|---|---|---|
| 1 | 平板、铁砧、V形铁 | | 它是矫正板材、型材或工件的基座 |
| 2 | 软、硬手锤 | | 矫正一般材料,通常使用钳工手锤和方头手锤。矫正已加工过的表面、薄铜件或有色金属制件,应使用铜锤、木锤、橡皮锤等软手锤 |
| 3 | 抽条、拍板 | | 抽条是采用条状薄板料弯成的简易手工工具,用于抽打大面积板料。拍板是用质地较硬的檀木制的专用工具,用于敲打板料 |
| 4 | 螺旋压力工具 | | 适用于矫正较大的轴类零件或棒料 |
| 5 | 检验工具 | —— | 包括平板、直尺、直角尺、百分表等 |

**任务实施**

薄板的变形不同,采用不同的矫正方法,具体的实施步骤如下:

(1)薄板中间凸起,是由于变形后中间材料变薄引起的。矫正时可锤击板料边缘,使边缘材料延展变薄,厚度与凸起部位的厚度愈趋近愈平整。如图 9-1(a)中箭头所示方向,即锤击位置。锤击时,由里向外逐渐由轻到重,由稀到密。如果直接敲击凸起部位,则会使凸起的部位变得更薄,这样不但达不到矫平的目的,反而使凸起更为严重。

(2)薄板四周呈波纹状,这说明料四周变薄而伸长。如图 9-1(b)所示。锤击点应从中间向四周,按图中箭头方向,密度逐渐变稀,力量逐渐减小,经反复多次锤打,使板料达到平整。

(3)薄板发生翘曲等不规则变形,如图 9-1(c)所示。当对角翘曲时,就应沿另外没有翘曲的对角线锤击,使其延展而矫平。

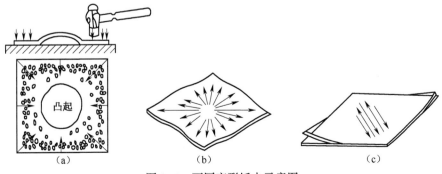

（a）　　　　　　　　　（b）　　　　　　　　　（c）

图 9-1　不同变形锤击示意图

## 任务评价

操作完毕,按表9-3所示评分表进行评分。

表9-3　矫正评分表

| 序号 | 考核内容 | 考核要求 | 配分 | 评分标准 | 检测结果 | 得分 |
|---|---|---|---|---|---|---|
| 1 | 实训态度 | (1)不迟到,不早退。<br>(2)实训态度应端正 | 10 | (1)迟到1次扣1分。<br>(2)旷课1次扣5分。<br>(3)实训态度不端正扣5分 | | |
| 2 | 安全文明生产 | (1)正确执行安全技术操作规程。<br>(2)工作场地应保持整洁。<br>(3)工件、工具摆放应保持整齐 | 6 | (1)造成重大事故,按0分处理。<br>(2)其余违规,每违反一项扣2分 | | |
| 3 | 设备、工具、量具的使用 | 各种设备、工具、量具的使用应符合有关规定 | 4 | (1)造成重大事故,按0分处理。<br>(2)其余违规,每违反一项扣1分 | | |
| 4 | 操作方法和步骤 | 操作方法和步骤必须符合要求 | 30 | 每违反一项扣1~5分 | | |
| 5 | 技术要求 | 符合要求 | 50 | 每违反一项扣10分 | | |
| 总计 | | | | | | |

# 任务二　弯　　曲

## 任务描述

将板料弯曲成如图9-2所示的抱箍件。

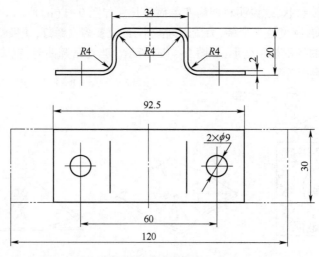

图9-2　抱箍件

**相关知识**

将原来平直的板材或型材弯成所要求的曲线形状或角度的操作叫弯曲。

在常温下进行的弯曲叫冷弯。对于厚度大于 5 mm 的板料以及直径较大的棒料和管子等，通常要将工件加热后再进行弯曲，这种方法称为热弯。弯曲方法如表 9-4 所示。

表 9-4　弯　曲　方　法

| 序号 | 项目 | 图　　示 | 说　　明 |
|---|---|---|---|
| 1 | 板料在厚度方向上的弯曲方法 |  （a） 　　（b） 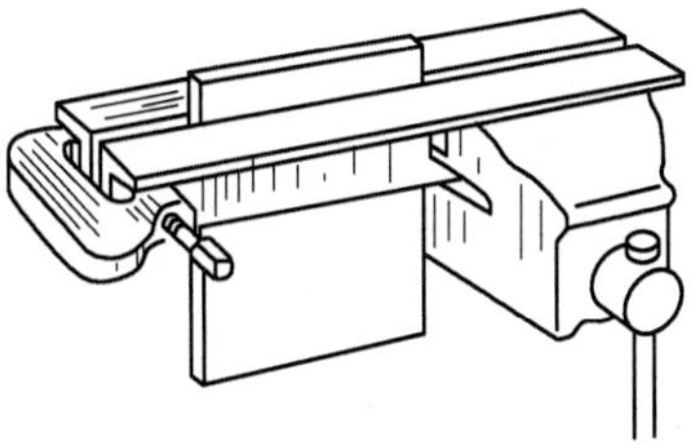　　（c） | 小的工件可在台虎钳上进行，先在弯曲的地方划好线，然后夹在虎钳上，使弯曲线和钳口平齐，用手锤锤击接近线处（见图 a），或用木垫与铁垫垫住，用手锤锤击垫块（见图 b）。如果虎钳钳口比工件短或深度不够时，可用角铁制作的夹具来夹持工件（见图 c） |
| 2 | 板料在宽度方向上的弯曲 | 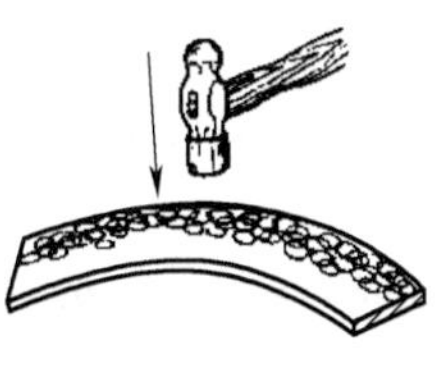 （a） 　　（b） 　　（c） | 可利用金属材料的延伸性能，在弯曲的外弯部分进行锤击，使材料向一个方向渐渐延伸，达到弯曲的目的（见图 a）。较窄的板料可用 V 形铁或特制弯曲模上用敲锤法，使工件变形弯曲（见图 b）。另外可以在一个简单的弯曲工具（见图 c）进行弯曲，它由底板、转盘和手柄等组成，在两只转盘的圆周上都有按工件厚度车制的槽，固定转盘直径与弯曲圆弧一致。使用时，将工件插入两转盘槽内，移动活动盘使工件达到所要求的弯曲形状 |

135

续表

| 序号 | 项目 | 图 示 | 说 明 |
|---|---|---|---|
| 3 | 圆弧形工件弯曲 | 推住 锤击处<br>（a）（b）（c）<br>（d）（e） | 弯制圆弧形工件时，先在坯料上划好线，按划线位置将工件夹在台虎钳上，用锤子初步锤击成型，然后用半圆模修整，使其符号图纸要求 |
| 4 | 管件弯曲 | | 管件的弯曲有机械设备弯曲和手工弯曲两种。手工弯管通常在专用工具上操作。直径大于 12 mm 的管子一般采用热弯，直径小于 12 mm 的管子则采用冷弯。弯曲前，必须将管子内灌满干的沙子，两端用木塞堵住管口，以防止弯曲部位发生凹瘪 |

## 任务实施

板料弯曲具体实施步骤如下：

（1）先备规格为 120 mm×30 mm，厚度 2 mm 的板料，材料 08F。

（2）准备钢尺，划针，手锤，30 mm×60 mm×80 mm 和 30 mm×20 mm×80 mm 硬木衬垫各一块，角铁衬一副。

（3）在板料长度上以中心线为基准划出（34-2×2）= 30 mm 的线和 20 mm 的线。

（4）将板料按线夹入角铁衬内弯 A 角，如图 9-3（a）所示。

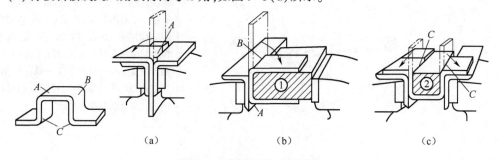

（a）　　　　　　　　（b）　　　　　　　　（c）

图 9-3　抱箍制作工件顺序

(5)再用衬垫(30 mm×60 mm×80 mm)弯 $B$ 角,如图 9-3(b)所示。

(6)最后用衬垫(30 mm×20 mm×80 mm)弯 $C$ 角,如图 9-3(c)所示。

### 任务评价

操作完毕,按表 9-5 所示评分表进行评分。

表 9-5　弯曲评分表

| 序号 | 考核内容 | 考核要求 | 配分 | 评分标准 | 检测结果 | 得分 |
|---|---|---|---|---|---|---|
| 1 | 实训态度 | (1)不迟到,不早退。<br>(2)实训态度应端正 | 10 | (1)迟到1次扣1分。<br>(2)旷课1次扣5分。<br>(3)实训态度不端正扣5分 | | |
| 2 | 安全文明生产 | (1)正确执行安全技术操作规程。<br>(2)工作场地应保持整洁。<br>(3)工件、工具摆放应保持整齐 | 6 | (1)造成重大事故,按0分处理。<br>(2)其余违规,每违反一项扣2分 | | |
| 3 | 设备、工具、量具的使用 | 各种设备、工具、量具的使用应符合有关规定 | 4 | (1)造成重大事故,按0分处理。<br>(2)其余违规,每违反一项扣1分 | | |
| 4 | 操作方法和步骤 | 操作方法和步骤必须符合要求 | 30 | 每违反一项扣1~5分 | | |
| 5 | 技术要求 | 符合要求 | 50 | 每违反一项扣10分 | | |
| 总计 | | | | | | |

## 习　题

**一、填空题**

1. 消除金属板材、型材的_____、_____或_____等缺陷的操作称为矫正。

2. 常用的手工矫正方法有_____法、_____法、_____法和_____等方法。

3. 矫正可在_____上进行,也可以用_____进行。

4. 弯曲法用来矫正_____的棒料或_____的条料。

5. 将原来_____的板材或型材_____所要求的_____或_____的操作叫弯曲。

6. 弯形的方法有_____弯和_____弯两种。

**二、判断题**

1. 宽度方向上弯曲的条料,可采用弯曲法矫正。　　　　　　　　　　　(　　)

2. 中部凸起的薄板料,应锤击凸起部分,最后达到平整要求。　　　　　(　　)

3. 矫正工具螺旋压力工具适用于矫正较大的轴类零件或棒料。　　　　　（　　）

4. 在板料宽度方向上弯曲时,应在弯曲的外弯部分进行锤击,使材料朝一个方向逐渐延伸。

（　　）

5. 对直径较大的棒料和管子可用冷弯的方法进行弯曲。　　　　　　　　（　　）

### 三、选择题

1. 矫正一般金属材料时,通常使用_____。

　　A. 软锤子　　　　　　　B. 铜锤子　　　　　　　C. 钳工锤子

2. 采用锤击、弯曲、延展和伸长等方法进行的矫正叫_____。

　　A. 机械矫正　　　　　　B. 手工矫正　　　　　　C. 高频矫正

3. 板材在宽度方向上的弯曲是利用金属的_____性能。

　　A. 强度　　　　　　　　B. 延伸　　　　　　　　C. 硬度

4. 扭转矫正法主要用来矫正_____的扭曲变形。

　　A. 板料　　　　　　　　B. 棒料　　　　　　　　C. 条料

### 四、问答题

1. 有一块薄钢板发生了中间凸起的变形,写出用延展法锤击矫正的过程。

2. 简述矫正、弯曲的作用。

# 项目十 刮削与研磨

刮削和研磨都是指去除工件表面上的微量金属,使工件表面达到更高的精度要求。其中,刮削是指用刮刀在半精加工过的工件表面上刮去微量金属,以提高表面形状精度,改善配合表面之间接触精度的钳工作业;研磨是用研磨工具(研具)和研磨剂从工件表面磨掉一层极薄的金属,使工件表面获得精确的尺寸、形状和极小的表面粗糙度值的加工方法。

刮研是机械制造和修理中最终精加工各种型面(如机床导轨、滑板、滑座、连接面、轴瓦、配合球面、工具、量具等)的一种重要方法。针对的材料有巴氏合金、白合金、铜合金(锡青铜、铝青铜、铅青铜)、粉末冶金、普通灰铸铁、耐磨铸铁、球墨铸铁等。

## 学习目标

1. 了解正确的刮削姿势;掌握其操作要领;掌握刮刀的刃磨方法;掌握刮削质量的检验方法。

2. 了解研磨的工具和研磨剂、研磨磨料的选择。

3. 了解研磨的操作要领;掌握研磨质量的检验方法。

# 任务一 刮 削

## 任务描述

教师指导学生熟悉常用平面刮削工具和使用方法,正确刃磨平面刮刀。掌握原始平板刮削方法及精度检查方法。按技术要求完成原始平板的刮削工作。

## 相关知识

刮削是机械制造和修理中一般机械加工难以达到各种型面(如机床导轨面、连接面、轴瓦、配合球面等)的一种重要加工方法,它具有切削量小、切削刀小、产生热量小、加工方便和装夹变形小的特点。通过刮削后的工件表面,不仅能获得很高的形位精度、尺寸精度、接触精度、传动精度,还能形成比较均匀的微浅凹坑,创造了良好的存油条件。加工过程中的刮刀对工件表面的多次反复的推挤和压光,使得工件表面组织紧密,从而得到较低的表面粗糙度值。

刮刀一般用碳素工具钢 T10、T12A 或轴承钢 GCr15 经锻打后成型,后端装有木柄,刀刃部分经淬硬后硬度为 HRC60 左右,刃口需经过研磨。刮削前工件表面先经切削加工,刮削余量为 0.05~0.4 mm,具体数值根据工件刮削面积和误差大小而定。

### 一、显示剂、刮削工具及其使用

刮削中所需要的辅助材料,工具和常用的几种刮刀及其使用说明,如表 10-1 所示。

表 10-1　刮削中所需要的辅助材料、工具和常用的几种刮刀及其使用说明

| 序号 | 项目 | 图　示 | 说　明 |
|---|---|---|---|
| 1 | 显示剂 | — | （1）显示剂是用来显示被刮表面误差大小的辅助涂料。它被均匀地涂在需刮削表面上，当校准工具与刮削表面合在一起对研后，凸起部分就被显示出来了。<br>（2）常用的显示剂有红丹粉和蓝油两种。<br>（3）红丹粉在使用时加机油调成，用于钢和铸铁工件的显点。<br>（4）蓝油由普鲁士蓝粉加蓖麻油调成，呈蓝色。用于精密工件和有色金属及其合金的工件显点 |
| 2 | 铸铁平尺 | 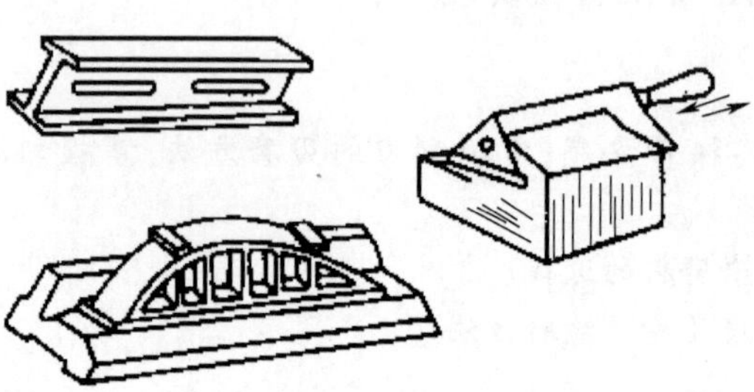 | 用来推磨点子和检验刮削平面的准确性 |
| 3 | 平面刮刀 | 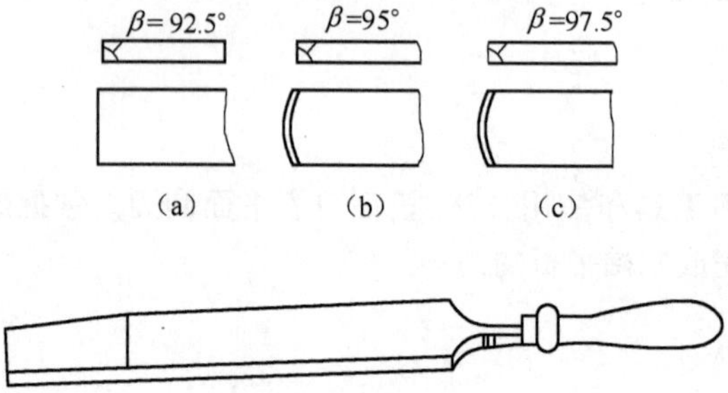 <br>$\beta=92.5°$　$\beta=95°$　$\beta=97.5°$<br>（a）　（b）　（c） | （1）用来刮削平面，如平板、平面导轨和工作台等。<br>（2）可分为粗刮刀、细刮刀和精刮刀三种，分别如图（a）、（b）、（c）所示 |
| 4 | 曲面刮刀 | 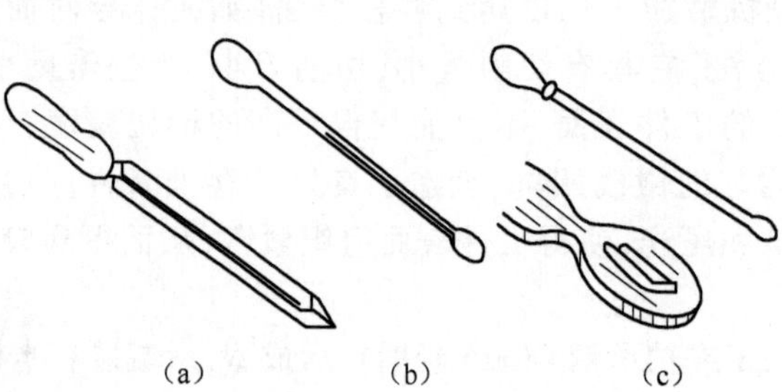 <br>（a）　（b）　（c） | （1）用来刮削曲面。<br>（2）常用的有三角刮刀、蛇头刮刀和柳叶刮刀三种。三角刮刀，如图（a）所示，用于刮削各种曲面；蛇头刮刀，如图（b）所示，用于精刮各种曲面；柳叶刮刀，如图（c）所示，用于精刮加工余量不多的各种曲面 |

## 二、刮刀的刃磨和热处理

刮刀的刃磨和热处理方法说明，如表 10-2 所示。

**表 10-2 所示为刮刀的刃磨和热处理方法说明**

| 序号 | 项目 | 图　　示 | 说　　明 |
|---|---|---|---|
| 1 | 平面刮刀的刃磨 | 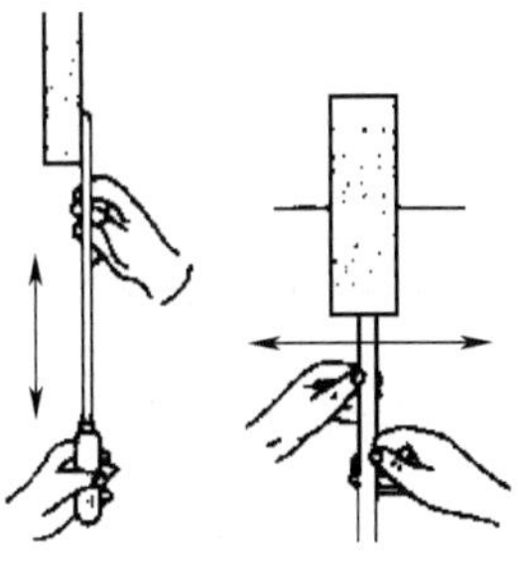 <br>(a) 　　　　(b) <br>（c） 　　　　（d） | （1）粗磨：双脚叉开并站稳，双手前后握刮刀，先磨两大平面，接着磨出两侧面，再磨出刀口（见图 a）。然后进行热处理。<br>（2）细磨：细磨两大平面，使其长度为 30~60 mm，宽度为 1.5~4 mm；细磨两侧面，使其平整；细磨顶端面，使其与刀身中心线垂直。<br>（3）精磨：先在油石上加适量机油，磨两平面（按图 b 中所示箭头方向往复移动刮刀），直到平面磨平为止。<br>（4）精磨端面（见图 c）：刃磨时左手扶住靠近手柄的刀身，使刮刀直立在油石上，略带前倾（前倾角度根据刮刀刃角的不同而定）地向前推移，拉回时刀身略微提起，以免损伤刃口，如此反复，直到切削部分形状和角度符合要求，且锋利为止。当一半面磨好后再磨另一半面。初学时还可将刮刀上部靠在肩上，两手握刀身向后拉动来磨锐刃口，而向前则将刮刀提起（见图 d），注意刃磨时刮刀要在油石上均匀地移动，防止油石因磨损产生凹陷而影响刀头几何形状 |
| 2 | 三角刮刀的刃磨 | | 粗磨：双脚叉开并站稳，右手握刮刀刀柄，左手将刮刀的刃口以水平位置轻压在砂轮的外圆弧面上，按刀刃弧形来回摆动。一面磨好后再用同样的方法磨另两个面，使三个面的交线形成弧形刀刃<br><br>开槽：磨削时，刮刀应上下移动，刀槽要开在两刃中间，刀刃边上只留 2~3 mm 的棱边 |

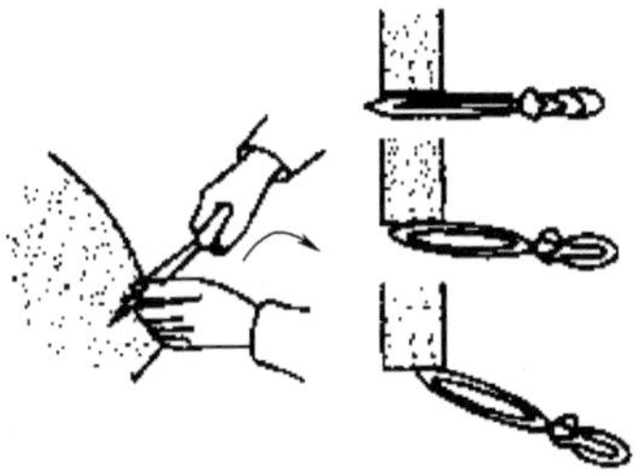

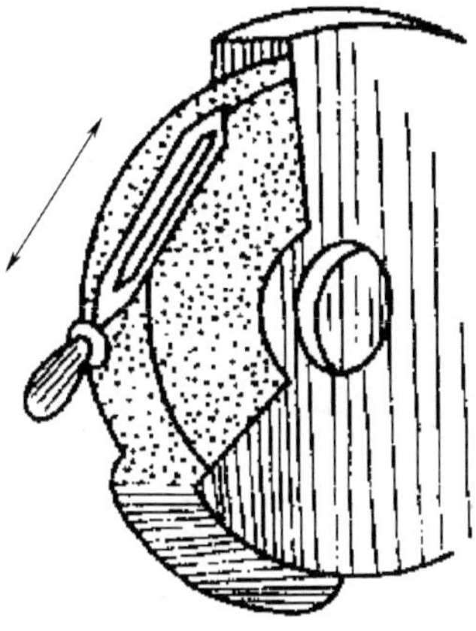

续表

| 序号 | 项目 | 图　示 | 说　明 |
|---|---|---|---|
| 2 | 三角刮刀的刃磨 | 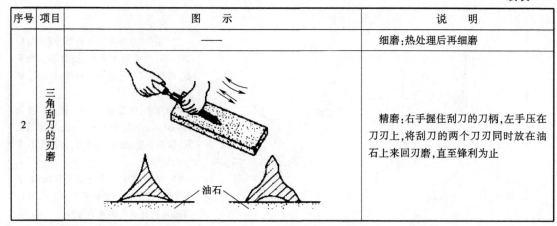 | ——<br><br>细磨:热处理后再细磨<br><br>精磨:右手握住刮刀的刀柄,左手压在刀刃上,将刮刀的两个刀刃同时放在油石上来回刃磨,直至锋利为止 |

### 三、刮削的特点

刮削的特点如下:

(1)具有切削量小、切削力小等优点,能获得很高的尺寸精度、形位精度、接触精度等。

(2)由于刮刀反复对工件推挤和压光,使刮削表面组织细密,从而提高刮削表面的耐磨性。

(3)刮削后的表面形成均匀的微浅凹坑,使表面具有良好的自润滑条件。

(4)刮削效率较低、劳动强度较大,因此只适合对工件进行精加工。

### 四、刮削的步骤和方法

#### 1. 刮削前的准备工作

刮削前的准备工作如表 10-3 所示。

表 10-3　刮削前的准备工作

| 序号 | 名称 | 图　示 | 说　明 |
|---|---|---|---|
| 1 | 刮刀的选择 | —— | 根据要求选择刮刀 |
| 2 | 场地的选择 | —— | (1)光线要适当。<br>(2)场地要平整、干净和无尘 |
| 3 | 工件表面的清理 | —— | (1)铸件必须彻底清砂、去浇口。<br>(2)工件上的锐边必须挂去,以免伤手。<br>(3)工件表面必须擦净 |
| 4 | 工件的安放 | —— | (1)工件必须放平稳。<br>(2)刮削面的高低一般在腰部上下。<br>(3)刮削小工件时,应用台虎钳或夹具夹持,但夹紧力不能太大 |
| 5 | 显点的方法 | | (1)中小型工件显点方法:一般是标准平板固定,工件被刮削平面(事先涂上显示剂)在平板推研。推研时,施加压力要均匀,运动轨迹一般呈 8 字形或螺旋形,也可直线推拉。<br>(2)大型工件显点方法:工件固定,标准工具在工件被刮面上研点,标准工具超出工件被刮面的长度,应小于标准工具的 1/5 |

续表

| 序号 | 名称 | 图　示 | 说　明 |
|---|---|---|---|
| 5 | 显点的方法 | 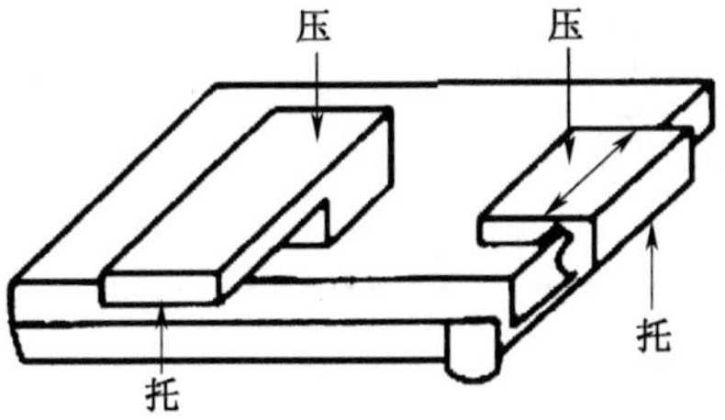 压　　压<br>托　　托 | 重量不对称工件的显点方法:推研时,应在工件的适当部位托或压,且托或压的力大小要适当、均匀、平衡 |

## 2. 平面刮削工作

平面刮削工作如表 10-4 所示。

**表 10-4　平面刮削工作**

| 序号 | 名称 | 图　示 | 说　明 |
|---|---|---|---|
| 1 | 平面刮削知识 |  | 挺括式:将刮刀柄放在小腹右下肌肉处,双手握住刀杆离刃口 70~80 mm 处,左手在前,右手在后。刮削时,左手向下压,落刀要轻,利用腿部和臂部的力量使刮刀向前推挤,双手引导刮刀前进,在推挤后的瞬间,用双手将刮刀提起,完成一次刮削 |
| | | 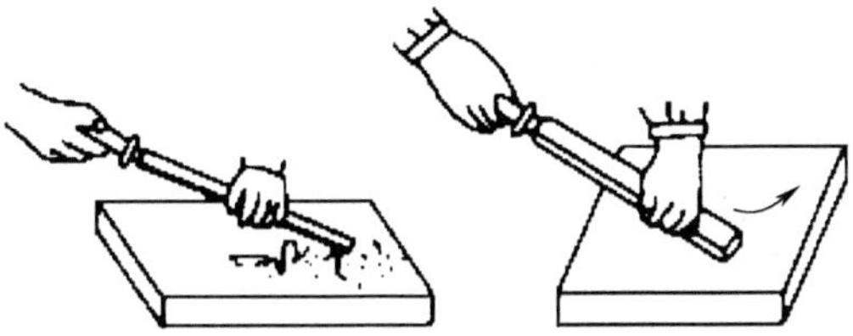 | 手推式:右手握住刀柄,左手握住刀杆距离刀刃 50~70 mm 处,刮刀与被刮削面成 25°~30°角,同时左脚前跨一步,上身向前倾。刮削时,右臂利用上身摆向前推,左手向下压,并引导刮刀向前运动,在下压推挤的瞬间迅速抬起刮刀,完成一次刮削 |
| 2 | 平面的刮削 | —— | (1)粗刮:用粗刮刀,采用长刮法将工件表面刮去一层,使工件整个刮削面在 25 mm×25 mm 正方形内有 3~4 点。<br>(2)细刮:用细刮刀,采用短刮法将刮削面上稀疏的大块研点刮去,使工件四个刮削面在 25 mm×25 mm 正方形内有 12~15 点。<br>(3)精刮:用精刮刀,采用点刮法将刮削面上稀疏的各研点刮去,使刮削面在 25 mm×25 mm 正方形内有 20 点以上。精刮时,刀迹长度为 5mm 左右,落刀要轻,提刀要快,每个点只能刮一次,不得重复,并始终交叉进行 |

| 序号 | 名称 | 图　示 | 说　明 |
|---|---|---|---|
| 2 | 平面的刮削 | 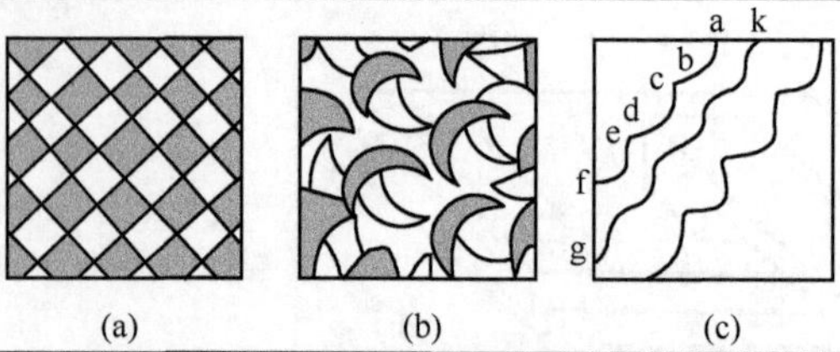 (a)　　　　(b)　　　　(c) | 刮花:刮花的目的是增加刮削面的美观,改善滑动件之间的润滑。常见的花纹有斜纹花、鱼鳞花和半月花三种 |

**3. 曲面刮削工作**(以轴瓦曲面为例)

(1)曲面刮削工作(见表10-5)。

表 10-5　内曲面刮削工作

| 序号 | 名称 | 图　示 | 说　明 |
|---|---|---|---|
| 1 | 内曲面刮削姿势 | 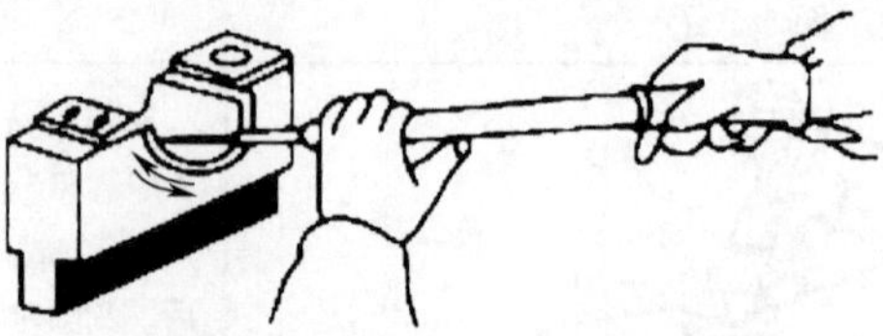 | 右手握刀柄法:右手握刀柄,左手掌心向下用四指横握刀杆,拇指抵着刀身。刮削时,右手作半圆周转动,左手顺着曲面方向拉动或推动作螺旋形运动,与此同时,刮刀作轴向转动 |
| | | 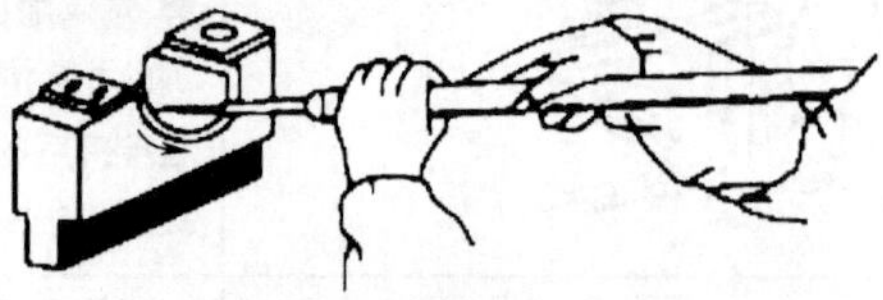 | 双手握刀杆法:刮刀柄搁在右手臂上,双手握住刀杆。刮削时,左右手动作与右手握刀柄法的动作一样 |
| 2 | 内曲面刮削 | 粗刮轴瓦 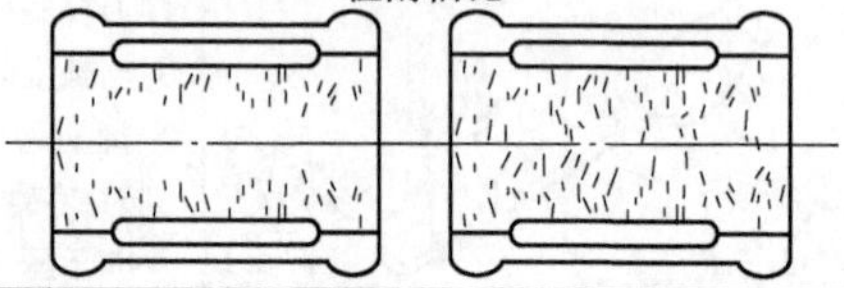 | 粗刮:用粗三角刮刀或蛇头刮刀,对滑动轴承单独进行粗刮,刮去机械加工的刀痕 |
| | | 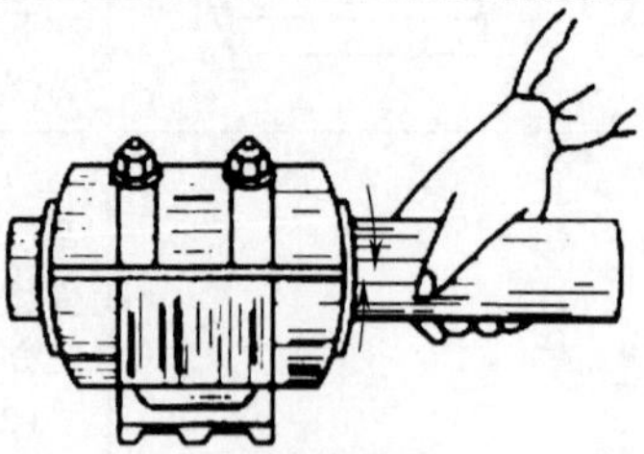 | 显点:先将显示剂均匀地涂布在轴的圆周面上,使轴在内曲面上来回旋转显示出接触点 |
| | | 细刮轴瓦 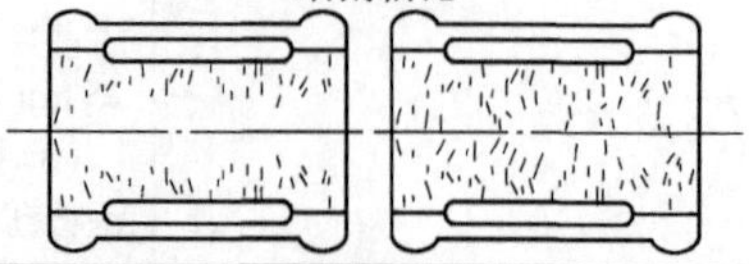 | 细刮:用细三角刮刀或蛇头刮刀在曲面内接触点上做螺旋运动刮除研点,直至研点符合要求 |
| | | 精刮轴瓦 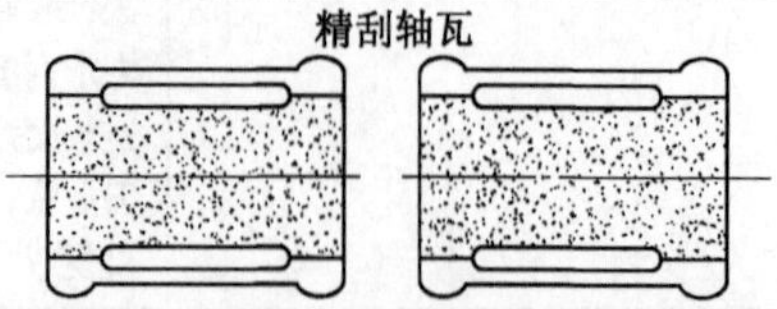 | 精刮:在细刮基础上用小刀迹进行精刮使研点小而多,直至研点符合要求 |

（2）轴瓦与瓦座、瓦盖的接触要求

①受力轴瓦的瓦背与瓦座的接触面积应大于 70%，而且分布均匀，其接触范围角 α 应大于 150°，其余允许有间隙部分的间隙量 b 不大于 0.05 mm，如图 10-1 所示。

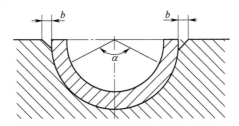

图 10-1　轴瓦与瓦座、瓦盖的接触

②不受力轴瓦与瓦盖的接触面积应大于 120°，允许有间隙部位的间隙量 b，应不大于 0.05 mm，如图 10-1 所示。

③如达不到上述要求，应以瓦座与瓦盖为基准，用着色法，涂以红丹粉检查接触情况，用细锉锉瓦背进行修研，直到达到要求为止。接触斑点达到每 25 mm×25 mm 之内 3~4 点即可。

④轴瓦与瓦座、瓦盖装配时，固定滑动轴承的固定销（或螺钉）端头应埋入轴承体内 2~3 mm，两半瓦合缝处垫片应与瓦口面的形状相同，其宽度应小于轴承内侧 1 mm，垫片应平整无棱刺，瓦口两端垫片厚度应一致。瓦座、瓦盖的连接螺栓应紧固而受力均匀。所有件应清洗干净。

（3）瓦轴刮削面使用性能要求的几大要素

①接触范围角 α 与接触面、接触斑点要求。

瓦轴的接触范围角 α 与接触面的要求如表 10-6 所示。

表 10-6　瓦轴的接触范围角 α 与接触面要求

| 图示 | 名称 | 通用技术要求 | | 重载及其他要求 | | 接触面要求 |
|---|---|---|---|---|---|---|
| | 轴瓦 | 上瓦 | 下瓦 | 上瓦 | 下瓦 | 接触面面积要求分布均匀 |
| | α | 120° | 120° | 90° | 90° | |

在特殊情况下，接触范围角 α 也有要求为 60°。对于接触范围角 α 的大小和接触斑点要求，通常由图样明确地给出。如无标注，也无技术文件要求的，可通过技术标准规定执行（见表 10-6）。轴瓦的接触斑点要求可参照表 10-7 所示数值要求，对轴瓦进行刮削和检验。

表 10-7　滑动轴承的研点数

| 轴承直径 /mm | 机床或紧密机械主轴轴承 | | | 锻压设备、通用检修轴承 | | 动力机械、冶金设备的轴承 | |
|---|---|---|---|---|---|---|---|
| | 高精度 | 精密 | 普通 | 重要 | 普通 | 重要 | 普通 |
| | 每（25×25）mm² 内的研点数 | | | | | | |
| ≤120 | 25 | 20 | 16 | 12 | 8 | 8 | 5 |
| >120 | — | 16 | 10 | 8 | 6 | 6 | 2 |

②油线与瓦口油槽带。

a. 半开式滑动轴承,都是采用强力润滑,油槽一般都开在不受力的上瓦上(上瓦受力较小)。截面为半圆弧形,沿上瓦内周180°分布,由机械加工而成。油槽中间位置与上瓦中心位置的油孔相通,两端连接瓦口油槽带。由于上瓦有间隙量的存在,润滑油很容易进入上瓦面与轴上。其主要作用是能将润滑油畅通地注入轴瓦内侧(径向)的瓦口油槽带。

b. 油槽带分布在上、下轴瓦结合部位处(两侧),如图10-2所示。油槽带成圆弧楔形,瓦口结合面处向外侧深度一般在1~3 mm。视轴瓦的大小,油槽带宽度 h 一般为8~40 mm。油槽带单边距轴瓦端面的尺寸 b 一般为8~25 mm。上述要求通常在图样上明确标出。油槽带的长度为轴瓦向长度的85%左右,是一个能存较大量的润滑油的带状油槽,便于轴瓦与轴的润滑与冷却,油槽带通常由机械加工而成,也有使用手动工具加工的。

③润滑油楔。

润滑油楔位于接触范围角 α 值之内油槽带与轴瓦的连接处,由手工刮削而成(俗称刮瓦口)。其主要作用有两个,一是存油冷却轴瓦与轴,二是利用其圆弧楔角,在轴旋转的带动下,将润滑油由轴向宽度的面接连不断地吸向承载部分,使轴瓦与轴有充分良好的润滑。润滑油楔部分是由两段不规则的圆弧组成的一个圆弧楔角,它将油槽带和轴瓦工作接触面光滑地连接起来,其形状如图10-3所示。与油槽带连接部分要刮得多一些,并将油槽带连接处加工棱角刮掉,在润滑楔角中部至接触面过渡处,刮成圆弧楔角形。图中 b 的尺寸为油槽带与润滑楔角连接处尺寸,视轴瓦的大小,一般在0.10~0.40 mm 之间。刮削润滑楔角,要在轴瓦精刮基本结束时进行,不易提前刮削。

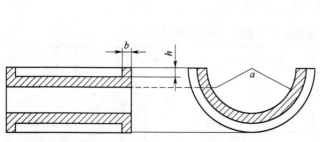

图10-2　轴瓦的油槽带与润滑油楔分布　　　　图10-3　润滑楔角示意图

④轴瓦的顶间隙与侧间隙。

轴瓦的顶间隙,在图样无规定时,根据经验可取轴直径的1‰~2‰,应按转速、载荷和润滑油黏度在这个范围内选择。对高质量、高精度加工的轴颈,其值可降到5/10 000。侧间隙在图样上无规定时,每面为顶间隙的1/2。侧间隙需根据需要刮削出来。但在刮削轴瓦时不可留侧间隙,因刮轴瓦时,需确定轴在180°范围内的正确位置,此时需有侧间隙的部位应暂时作为轴的定位用,要在轴瓦基本刮削完毕时,将侧间隙轻轻刮出。侧隙部位由瓦口的结合面处延伸到规定的工作接触角度区,轴向与油槽带、润滑楔角相接,此部位不应与轴有接触,刮削时应注意这点。留侧隙的目的是为了散失热量,润滑油由此流出一部分并将热量带走。侧隙不可开得过大,这样会使润滑油大量地从侧隙流走而减少轴与轴瓦所需用的润滑油量,这点应特别注意。侧隙如图10-4所示,最宽处 b 为

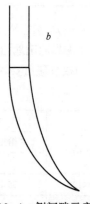

图10-4　侧间隙示意图

瓦口计划面处,尺寸为规定侧间隙的最大值。侧隙与瓦口平面处的尖角,视轴瓦大小,一般为$C1$~$C3$。侧隙基本上由两段不规则的圆弧组成。

(4)轴瓦的刮削过程(见表10-8)。

表10-8　轴瓦的刮削过程

| 序号 | 名称 | 方　　法 |
|---|---|---|
| 1 | 下轴瓦的粗细刮研 | 把两下轴瓦安装机体瓦座上,并使下轴瓦在横向保持基本水平,然后将齿轮轴放入两下轴瓦中,并沿其正常运转方向转动2~3圈。测量轮轴的水平度并作记录。最后将齿轮轴吊走,这时应根据轴颈和两瓦的接触情况及两瓦的相对标高开始对两瓦同时进行粗刮。粗刮时应首先考虑齿轮轴的水平度。粗刮的头几遍,刀法应重,刀的运动行程为15~25 mm,刀迹要宽10 mm以上,没有接触到的不允许刮削,当两瓦的接触弧面达到50%左右,齿轮轴的水平在0.25/1 000之内时,就应开始细刮研,刮研时刮刀要锋力,用力不要过大,过大会产生波纹,刮去粗刮时的高点,刀迹长6~10 mm,宽6 mm,按一定的方向依次刮削,刀迹与轴瓦中线成45°,高点周围也要刮去,点越疏刮削面积越大,直至接触角内接触点均匀,齿轮轴的水平度在0.20/1 000之内时,至此就完成下轴瓦的粗、细刮研工作,但不要急于精刮,因为在精刮上轴瓦时,下轴瓦接触点会增大,这样就需要在精刮上轴瓦的同时修刮下轴瓦的大块点 |
| 2 | 上轴瓦的粗细刮研 | 上轴瓦的粗、细刮研的方法及其要求与下轴瓦的粗、细刮研的方法及要求基本相同,两者所不同的是应把上轴瓦放在齿轮轴上进行对研,此处不再赘述 |
| 3 | 上、下轴瓦的精刮研 | 上、下轴瓦经过粗、细刮研后,已经在接触角内有了接触点,但接触点较大,尚需要进一步精刮研。先合上上轴瓦,打上定位销,拧紧螺栓,使齿轮轴按其正常运动方向转动两圈,折去上轴瓦,吊走齿轮轴,最后进行破大点精刮工作,直至接触点达到要求。精刮分3种情况,最亮的点全部刮去,中点在中间刮去一小片,小点不刮。在研后小点会变大,中点会变成两个小点,大点会变成几个小点,没有点的地方会出现新点,点越来越多,刀迹长一般5~6 mm,宽4 mm。注意:要根据计算出轴瓦顶隙确定结合面的加垫厚度,加垫片数不宜超过3片,材质为铜 |
| 4 | 侧间隙的刮削 | 待精刮完成后,应把120°接触角以外的部分刮去(也可将中部刮成舌口型,比侧间隙要低,保证进油),同时将轴瓦接触角处轴向两侧刮低0.02~0.04 mm,宽度在10~20 mm。注意:刮侧间隙时,在轴瓦的接触部分和不接触部分之间不允许有明显的界线,应使其圆滑过渡 |
| 5 | 存油点的刮削 | 当以上工作完成后,宜在轴瓦的接触弧面上刮存油点,存油点的作用是储存润滑油并积脏物,以保证轴瓦的良好润滑,点的形状可刮成圆形或扁状,低速轴瓦点要均匀,油点要深(一般0.3~0.5 mm),面积为15~20 mm²,其面积不应超过接触角面积的1/5,存油点要使它与瓦面圆滑过渡。高速轴瓦油点要均匀,油点要浅些,以便建立油膜 |

## 五、刮削精度的检查

刮削精度的检查如表10-9所示。

表 10-9　刮削精度的检查

| 序号 | 名称 | 图　示 | 说　明 |
|---|---|---|---|
| 1 | 平面刮削精度的检查 | | 刮削的精度常用 25 mm×25 mm 的正方形内的研点数目来表示。各种平面接触精度的接触点数见下表。<br><br>平面类型｜点数｜应用举例<br>超精密面｜>25｜0级平板,精密量具<br>精密平面｜20~25｜1级平板,精密量具<br>精密平面｜16~20｜精密机床导轨<br>一般平面｜12~16｜机床导轨及导向面<br>一般平面｜8~12｜一般基准面<br>一般平面｜5~8｜一般接合面<br>一般平面｜2~5｜较粗糙固定接合面 |
| 2 | 曲面刮削精度检查 | —— | 通用机械主轴承接触精度的接触点数见下表。<br><br>轴承直径/mm｜重要｜普通<br>≤120｜12｜8<br>>120｜8｜6 |

## 六、刮削时常见问题和防止方法

刮削时常见问题和防止方法如表 10-10 所示。

表 10-10　刮削时常见问题和防止方法

| 序号 | 名称 | 特　征 | 产生原因 | 防止方法 |
|---|---|---|---|---|
| 1 | 深凹痕 | 刮削面研点局部稀少或刀迹与显示研点高低相差太多 | (1)粗刮时用力不均匀,局部落刀太重或多次刀痕重叠。<br>(2)刮刀刀刃弧形磨得过大 | (1)粗刮时用力要均匀,刀痕不得重叠。<br>(2)按要求磨刀 |
| 2 | 划道 | 刮削面上划出深浅不一的直线 | 研点时有沙粒、铁屑等杂质,或显示剂不干净 | 研点时要将被刮表面清理干净 |
| 3 | 振痕 | 刮削面上出现有规则的波纹 | 多次同向刮削,刀痕没交叉 | 刀痕应交叉 |
| 4 | 刮削面精密度不够 | 显点情况无规律地改变且捉摸不定 | (1)研具不准确。<br>(2)推研时压力不均匀,研具伸出工件太多,过多的刮削假点造成 | (1)更换准确的研具。<br>(2)推研时压力要均匀,研具伸出工件不能太多 |

### 任务实施

原始平板的刮削一般采用渐进法刮削,即不用标准平板,而以三块(或三块以上)平板依次循环互研互刮,直到达到需求。

（1）先将三块平板单独进行粗刮,去除机械加工的刀痕和锈迹。对三块平板分别编号为1、2、3,按编号次序进行刮削,其刮削循环步骤如下:

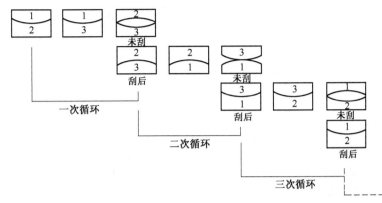

（2）一次循环。先设1号平板为基准,与2号平板互研互刮,使1、2号平板贴合。再将3号平板与1号平板互研,使1、3号平板贴合。然后用2、3号平板互研互刮,这时2号平板和3号平板的平面度略有提高。这种按顺序有规划的互研互刮或单刮,称为一次循环。

（3）二次循环。在上一次2号与3号平板互研互刮的基础上,按顺序以2号平板为基准,1号与2号平板互研,单刮1号平板,然后3号与1号平板互研互刮。这时3号和1号平板的平面度又有了提高。

（4）三次循环。在上一次3号与1号平板互研互刮的基础上,按顺序以3号平板为基准,2号与3号平板互研,单刮2号平板,然后1号与2号平板互研互刮,这时1号和2号平板的平面度进一步提高。推研时应先直研(纵、横向)以消除纵向起伏产生的平面度误差,几次循环后必须对角推研,以消除平面扭曲产生的平面度误差。如此循环次数越多,则平板越精密。直到在三块平板中任取两块推研,不论是直研还是对角研都能得到相近的清晰研点,且每块平板上任意25 mm×25 mm内均达到20点以上,表面粗糙度$Ra \leqslant 0.8$ μm,且刀迹排列整齐美观,刮削即告完成。

## 任务评价

操作完毕,按表10-11由教师做出评价。

**表10-11　原始平板刮削评分标准**

| 序号 | 技术要求 | 配分 | 评分标准 | 实测记录 | 得分 |
|---|---|---|---|---|---|
| 1 | 站立姿势正确 | 10 | 酌情扣分 | | |
| 2 | 用手握刮刀的姿势正确、用力得当 | 20 | 酌情扣分 | | |
| 3 | 刀迹整齐、美观(三块平板) | 10 | 酌情扣分 | | |
| 4 | 接触点每25 mm×25 mm内均达到18点以上(三块平板) | 24 | 酌情扣分 | | |
| 5 | 点子清晰、均匀,25 mm×25 mm点数不超过6点(三块平板) | 18 | 不符合要求不得分 | | |
| 6 | 无明显落刀痕,无丝纹和振痕 | 18 | 酌情扣分 | | |
| 7 | 安全文明生产 | 扣分 | 违者每次扣2分,严重者扣5~10分 | | |
| | 总计 | | | | |

# 任务二 研 磨

## 任务描述

教师指导学生熟悉常用磨料用途和研具使用方法,掌握手工研磨方法,完成刀口尺形面磨损后的研磨修复。

## 相关知识

用研磨工具(研具)和研磨剂从工件表面磨掉一层极薄的金属,使工件表面获得精准的尺寸、形状和极小的表面粗糙度值的加工方法,称为研磨。研磨的主要作用是使工件获得很高的尺寸精度、形状精度和极小的表面粗糙度值。

研具是保证被研磨工件几何形状精度的重要因素,因此,对研具的材料、精度和表面粗糙度都有较高要求。对研具材料的要求是:其硬度应比被研磨工件低,组织均匀且最好有针孔,具有较高的耐磨性和稳定性。

### 1. 常用的研具材料及特性

常用的研具材料及特性如表 10-12 所示。

表 10-12 常用研具材料及特性

| 序号 | 材料名称 | 特 性 |
|------|----------|-------|
| 1 | 灰铸铁 | 具有硬度适中、嵌入性好、价格低、研磨效果好等特点,是一种应用广泛的研磨材料 |
| 2 | 球墨铸铁 | 比灰铸铁的嵌入性更好,且更加均匀、牢固,常用于精密工件的研磨 |
| 3 | 软钢 | 韧性好,不易折断,常用来制造小型工件的研具,如研磨 M8 以下的螺纹及工件的小孔等 |
| 4 | 铜 | 性质较软,嵌入性好,常用来制作研磨(软钢类)工件的研具 |

### 2. 常用的研具分类

常用的研具分类如表 10-13 所示。

表 10-13 常用的研具分类

| 序号 | 项目 | 图 示 | 说 明 |
|------|------|-------|-------|
| 1 | 研磨平板 | 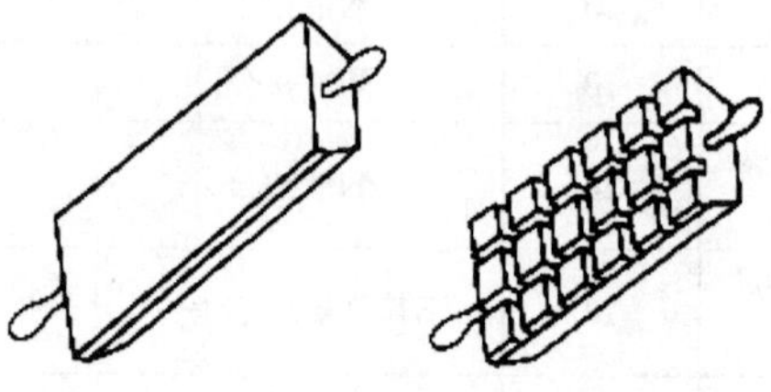 <br>(a)　　　　(b) | 研磨平板主要用来研磨平面,如研磨量块,精密量具的平面等。它分有槽的和光滑的两种,有槽的用于粗研,光滑的用于精研 |

| 序号 | 项目 | 图　　　示 | 说　　　明 |
|---|---|---|---|
| 2 | 研棒 | 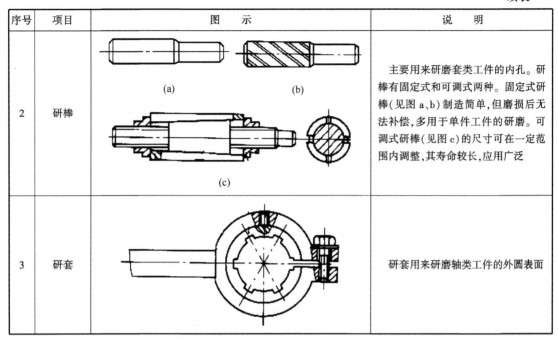<br>(a)　　　　(b)<br>(c) | 主要用来研磨套类工件的内孔。研棒有固定式和可调式两种。固定式研棒(见图 a、b)制造简单,但磨损后无法补偿,多用于单件工件的研磨。可调式研棒(见图 c)的尺寸可在一定范围内调整,其寿命较长,应用广泛 |
| 3 | 研套 | | 研套用来研磨轴类工件的外圆表面 |

### 3. 研磨剂

研磨剂是由磨料、研磨液和辅助材料的混合剂,各组成成分的作用和常用材料如表 10-14 所示。

**表 10-14　研磨剂组成部分的作用和常用材料**

| 序号 | 项目 | 作　　　用 | 常用材料 |
|---|---|---|---|
| 1 | 磨料 | 磨料在研磨中起切削作用,研磨效率,研磨精度都和磨料有密切关系 | 氧化铝系、碳化物系、金刚石系、其他 |
| 2 | 研磨液 | 研磨液的主要作用是使磨料均匀分布在研具表面,并且有冷却和润滑作用 | 10 号机油、20 号机油、煤油、汽油和淀子油 |
| 3 | 辅助材料 | 辅助材料是一种黏度较大和氧化作用较强的混合脂,它的作用是使工件表面形成氧化膜,加速研磨进程 | 油酸、脂肪酸、硬质酸、工业甘油 |

### 4. 磨料的系列与用途

磨料的系列与用途如表 10-15 所示。

**表 10-15　磨料的系列与用途**

| 系列 | 磨料名称 | 代号 | 特　　　性 | 试用范围 |
|---|---|---|---|---|
| 氧化铝系 | 棕刚玉 | A | 棕褐色、硬度高、韧性大、价格便宜 | 粗、精研磨钢、铸铁和黄铜 |
| | 白刚玉 | WA | 白色、硬度比棕刚玉高,韧性比棕刚玉差 | 精研磨淬火钢、高速钢、高碳钢及薄壁零件 |
| | 铬刚玉 | PA | 玫瑰红或紫红色、韧性比白刚玉高,磨削粗糙度值较低 | 研磨量具、仪表零件等 |
| | 单晶刚玉 | SA | 淡黄色或白色、硬度和韧性比白刚玉高 | 研磨不锈钢、高钒高速钢等强度高、韧性大的材料 |

| 系列 | 磨料名称 | 代号 | 特 性 | 试用范围 |
|---|---|---|---|---|
| 碳化物系 | 黑碳化硅 | C | 黑色有光泽,硬度比白刚玉高,脆而锋利,导热性和导电性良好 | 研磨铸铁、黄铜、铝、耐火材料及非金属材料 |
| | 绿碳化硅 | GC | 绿色,硬度和脆性比黑碳化硅高,具有良好的导热性和导电性 | 研磨硬质合金、宝石、陶瓷、玻璃等材料 |
| | 碳化硼 | BC | 灰黑色,硬度仅次于金刚石,耐磨性好 | 精研磨和抛光硬质合金、人造宝石等硬直材料 |
| 金刚石系 | 人造金刚石 | —— | 无色透明或淡黄色、黄绿色、黑色,硬度高,比天然金刚石略脆,表面粗糙 | 粗、精研磨硬质合金、人造宝石、半导体等高硬度脆性材料 |
| | 天然金刚石 | —— | 硬度最高、价格昂贵 | |
| 其他 | 氧化铁 | —— | 红色至暗红色,比氧化铬软 | 精研磨或抛光钢、玻璃等材料 |
| | 氧化铬 | —— | 深绿色 | |

### 5. 手工研磨运动轨迹的形式

手工研磨运动轨迹的形式如表 10-16 所示。

表 10-16  手工研磨运动轨迹的形式

| 序号 | 项目 | 图 示 | 说 明 |
|---|---|---|---|
| 1 | 直线研磨运动轨迹 | 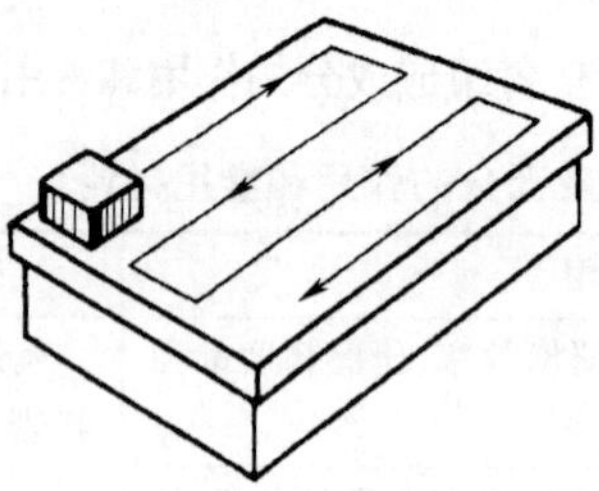 | 直线研磨运动的轨迹由于不能相互交叉,容易直线重叠,使工件难以获得很小的表面粗糙度值,但可以获得较高的几何精度,故常用于有台阶的狭长平面的研磨 |
| 2 | 摆动式直线研磨运动轨迹 | 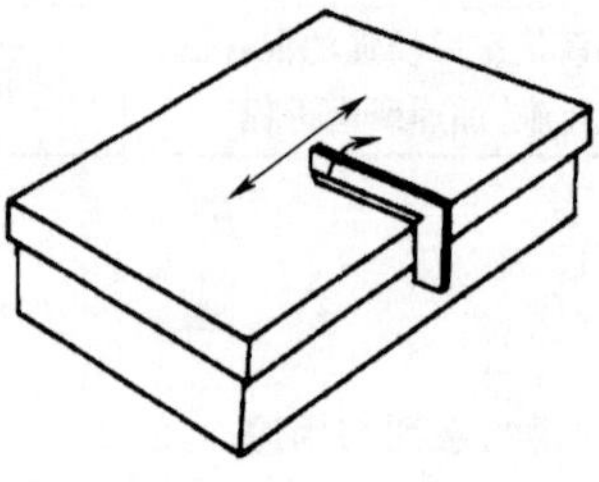 | 工件在作直线研磨的同时,作前后摆动。采用这种轨迹的研磨可获得比较好的平直度,如研磨刀口形直尺,刀口形直角尺等 |
| 3 | 螺旋线形研磨运动轨迹 | 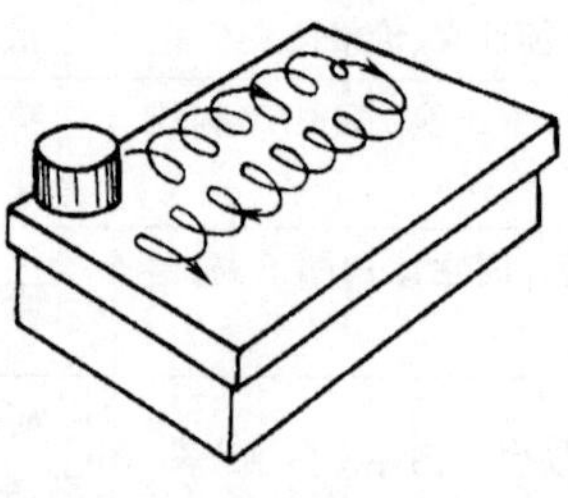 | 工件以螺旋线滑移状研磨,适用于圆柱形或圆片形工件的端面研磨,能得到较好的平面度和很小的表面粗糙度值 |

| 序号 | 项目 | 图 示 | 说 明 |
|------|------|-------|-------|
| 4 | 8 字形研磨运动轨迹 | 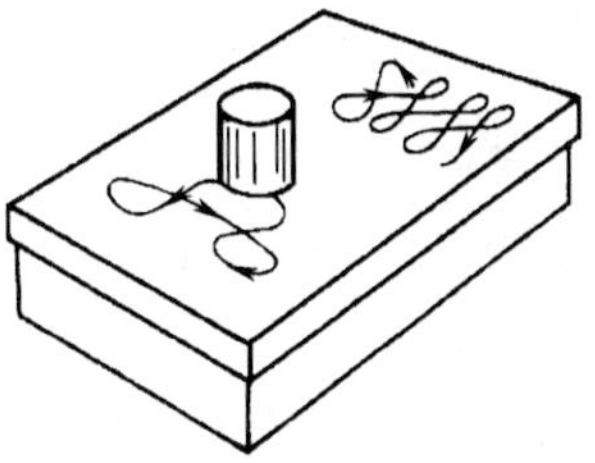 | 工件研磨滑移的轨迹为 8 字形,能使研磨表面保持均匀研削,有利于提高工件的研磨质量,且能均匀使用研具 |

## 6. 平面研磨和圆柱面的研磨

平面研磨和圆柱面的研磨如表 10-17 所示。

**表 10-17 平面研磨和圆柱面的研磨**

| 序号 | 项目 | | 图 示 | 说 明 |
|------|------|------|-------|-------|
| 1 | 平面研磨 | | | 研磨前应清洁研磨平板,然后在平板上加适量的研磨剂,把工件研磨表面贴合在平板上,沿平板的全部表面采用一定的研磨运动轨迹进行研磨,在研磨过程中,研磨的压力和速度对研磨的质量和效率影响较大。压力大,研削量就大,表面粗糙度值高,甚至会将磨料压碎而划伤研磨面。对较小的工件或粗研时,可用较大的压力和较低的研磨速度。对较大、较重或接触面较大的工件为了减轻研磨阻力,可以加些润滑油或硬脂酸起润滑作用,同时也可以减少工件发热,防止工件变形。研磨窄平面的工件时,应用金属块作导靠,金属块的工作面与导靠面应具有很好的垂直度 |
| 2 | 圆柱面的研磨 | 外圆柱面的研磨 | 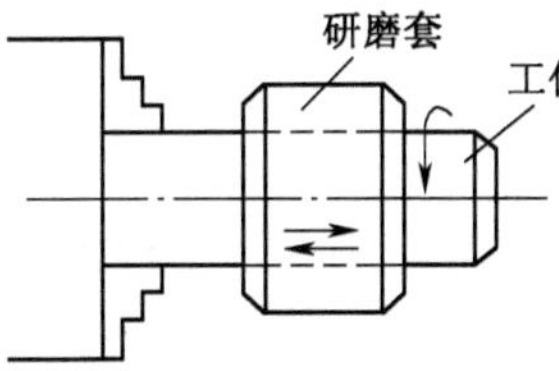 | 一般是在车床或钻床上用研磨套对工件进行研磨。研磨套的内径应比工件的外径略大 0.025~0.05 mm,研磨套的长度一般是其孔径的 1~2 倍 |
| | | 内圆柱面的研磨 | 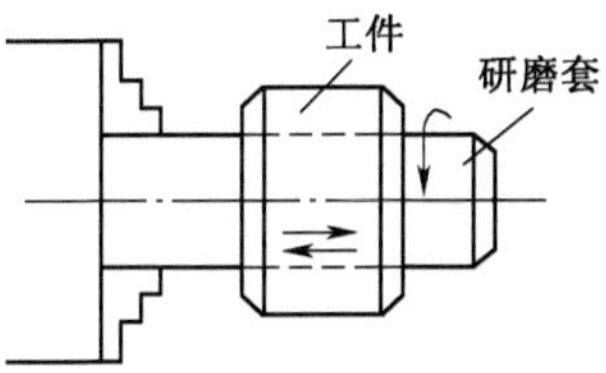 | 将工件套在研磨棒上进行研磨。研磨棒的外径应比工件内径小 0.01~0.025 mm,研磨棒工作部分的长度一般为工件长度的 1.5~2 倍 |

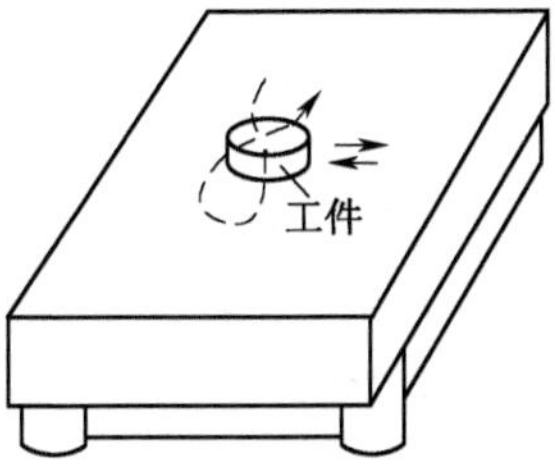

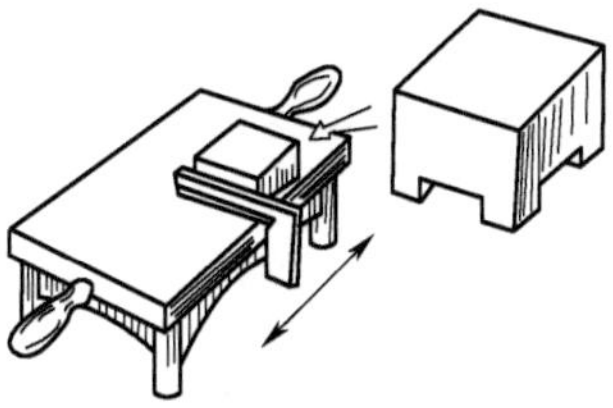

## 7. 研磨的缺陷分析

研磨的缺陷分析如表 10-18 所示。

表 10-18　研磨面常见缺陷的分析

| 缺陷形式 | 缺陷产生原因 |
|---|---|
| 表面粗糙度不合格 | (1)磨料太粗。<br>(2)研磨液不当。<br>(3)研磨剂涂得薄而不均匀 |
| 表面拉毛 | 忽视研磨时的清洁工作,研磨剂中混入杂质 |
| 平面成凸形或孔口扩大 | (1)研磨剂涂得太厚。<br>(2)孔口或工件边缘被挤出的研磨剂未及时擦去仍继续研磨。<br>(3)研磨棒伸出孔口太长 |
| 孔的圆度和圆柱度不合格 | (1)研磨时没有更换方向。<br>(2)研磨时没有掉头 |
| 薄型工件拱曲变形 | (1)工件发热温度超过 50 ℃仍继续研磨。<br>(2)夹持过紧引起变形 |

## 任务实施

研磨的具体实施步骤如下:

(1)粗研磨用浸湿汽油的棉花蘸上 W20~W10 的研磨粉,均匀涂在平板的研磨面上,握持刀口形直尺[见图 10-5(a)、(b)],采用沿其纵向移动与刀口面为轴线而向左右作 30°角摆动相结合的运动形式;研磨内直角时要用护套进行保护,以免碰伤。

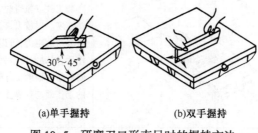

(a)单手握持　　　　　　　(b)双手握持

图 10-5　研磨刀口形直尺时的握持方法

(2)精研磨时的运动形式与粗研磨大致相同。采用压砂平板,选用 W5 或 W7 的研磨粉,利用工件自重进行精研磨,使其表面粗糙度值达到 $Ra0.025\ \mu m$;

(3)采用光隙判别法检验质量。观察光隙的颜色,判断其直线度误差。

研磨注意事项如下:

(1)刀口形直尺在研磨时如不需要出刀口处圆弧,则要保持平稳,可作一"靠山"来支撑,防止不稳。

(2)研磨时要经常调头研磨工件,应常改变工件在研具上的研磨位置,防止研具局部磨损。

(3)粗研与精研时不可使用同一块研磨平板。若用同一块研磨平板,必须用汽油将粗研磨料清洗干净。

## 任务评价

操作完毕,按表 10-19 所示评分表进行评分。

表 10-19　研磨评分表

| 序号 | 考核内容 | 考核要求 | 配分 | 评分标准 | 检测结果 | 得分 |
|---|---|---|---|---|---|---|
| 1 | 实训态度 | (1)不迟到,不早退。<br>(2)实训态度应端正 | 10 | (1)迟到 1 次扣 1 分。<br>(2)旷课 1 次扣 5 分。<br>(3)实训态度不端正扣 5 分 | | |
| 2 | 安全文明生产 | (1)正确执行安全技术操作规程。<br>(2)工作场地应保持整洁。<br>(3)工件、工具摆放应保持整齐 | 6 | (1)造成重大事故,按 0 分处理。<br>(2)其余违规,每违反一项扣 2 分 | | |
| 3 | 设备、工具、量具的使用 | 各种设备、工具、量具的使用应符合有关规定 | 4 | (1)造成重大事故,按 0 分处理。<br>(2)其余违规,每违反一项扣 1 分 | | |
| 4 | 操作方法和步骤 | 操作方法和步骤必须符合要求 | 30 | 每违反一项扣 1~5 分 | | |
| 5 | 技术要求 | 符合要求 | 50 | 每违反一项扣 10 分 | | |
| 总计 | | | | | | |

# 习　题

## 一、填空题

1. 用＿＿＿＿刮除工件表面＿＿＿＿的加工方法称为刮削。

2. 平面刮削采用＿＿＿＿和＿＿＿＿两种姿势。

3. 粗刮要求每(25×25) $mm^2$ 方框内有＿＿＿＿个研点,细刮要求每(25×25) $mm^2$ 方框内有＿＿＿＿个研点。

4. 刮花的目的是增加刮削面的＿＿＿＿,改善滑动件之间的＿＿＿＿。

5. 刮削具有切削量小,切削力小等优点,能获得很高的＿＿＿＿精度,＿＿＿＿精度,＿＿＿＿精度等。

6. 用＿＿＿＿工具和＿＿＿＿从工件表面上研去一层极薄金属层的加工方法称为研磨。

7. 研磨的作用主要是使工件获得很高的＿＿＿＿精度、＿＿＿＿精度和表面粗糙度值。

8. 常用的研磨工具有＿＿＿＿、＿＿＿＿和＿＿＿＿等。

9. 研磨剂是由＿＿＿＿、＿＿＿＿和＿＿＿＿材料混合而成的一种制剂。

10. 手工研磨一般有＿＿＿＿、＿＿＿＿、＿＿＿＿和 8 字形等多种运动轨迹。

## 二、判断题

1. 刮削具有刮削量小,切削力大,切削热少,切削变形大等特点。　　　　　　　（　　）

2. 中小型工件刮削研点时,工件不动,而用校准平板在工件上推研。　　　　　　（　　）

3. 粗刮的目的是增加研点数,改善工件表面质量,满足精度要求。　　　　　　　(　　)

4. 若以不均匀的压力研点,会出现假点,造成研点失真。　　　　　　　　　　(　　)

5. 软钢的塑性好,不易折断,常用来制作大型的研具。　　　　　　　　　　　(　　)

6. 研磨内圆柱表面时,研磨棒的长度为工件长度的 1.5~2 倍。　　　　　　　(　　)

7. 金刚石磨料虽然硬度高,但因切削性能较差,故很少使用。　　　　　　　　(　　)

8. 研磨平面时,如采用螺旋线形的运动轨迹则难以获得较好的平面度以及较小的表面粗糙度值。　　　　　　　　　　　　　　　　　　　　　　　　　　　　　(　　)

### 三、选择题

1. 刮削前工件表面先经切削加工,刮削余量为(　　　)。

　　A. 0.4~1.0 mm　　　　　　　B. 0.05~0.4 mm　　　　　　C. 1~2 mm

2. 精刮时,使刮削面在 25 mm×25 mm 正方形内研点有(　　　)。

　　A. 3~4 点　　　　　　　　　B. 12~15 点　　　　　　　　C. 20 点以上

3. 对研具材料的要求是其硬度应比被研磨工件(　　　)。

　　A. 高　　　　　　　　　　　B. 一样　　　　　　　　　　C. 低

4. 磨料在研磨中起(　　　)作用。

　　A. 氧化　　　　　　　　　　B. 润滑　　　　　　　　　　C. 切削

### 四、问答题

1. 试述刮削的特点和功用。

2. 试述原始平板的刮削过程。

3. 研磨时的压力及研磨速度对研磨质量有哪些影响?

4. 研磨以后,工件表面粗糙度不合格的原因有哪些?

# 项目十一　铆接粘接

用铆钉连接两个或两个以上的零件或构件的操作方法,称为铆接。用粘接剂把不同或相同材料牢固地连接在一起的操作方法,称为粘接。

### 学习目标

1. 了解铆接的种类;了解铆钉的分类及应用,了解铆接工具。
2. 掌握铆接的操作方法。
3. 了解粘接的优缺点,了解粘接剂的种类,了解粘接的操作方法。

# 任务一　铆　　接

### 任务描述

一般钳工工作范围内的铆接多为冷铆。铆接时用工具连续锤击压缩铆钉杆端,使铆钉充满钉孔并形成铆合头。在老师的指导下,完成两块薄板的铆接连接。

### 相关知识

目前,在很多零件连接中,铆接已被焊接替代,但因铆接具有操作简单、连接可靠、抗振和耐冲击等特点,所以在机器和工具制造等方面仍有较多地使用。

铆接按使用要求可分为固定铆接和活动铆接。

铆钉按材料不同可分为:钢质、铝质铆钉;按其形状不同分为:平头、半圆头、沉头、管状空心和皮带铆钉,如表11-1所示。

表11-1　铆钉的种类及应用

| 序号 | 名称 | 图　示 | 说　明 |
|---|---|---|---|
| 1 | 平头铆钉 | | 铆接方便,应用广泛,常用于一般无特殊要求的铆接中,如铁皮箱盒、防护罩壳及其他结合件中 |
| 2 | 半圆头铆钉 | | 应用广泛,如钢结构的屋架、桥梁和车辆、起重机等,常用这种铆钉 |

| 序号 | 名称 | 图 示 | 说 明 |
|------|------|-------|-------|
| 3 | 沉头铆钉 | 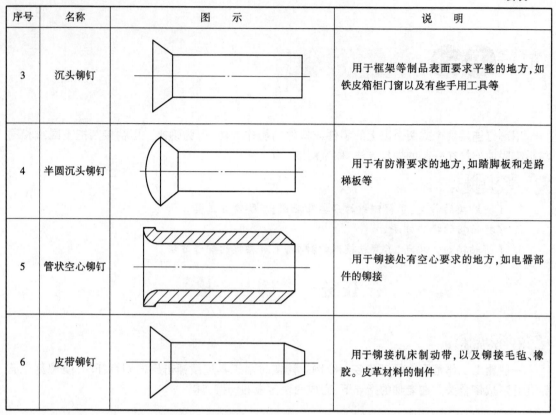 | 用于框架等制品表面要求平整的地方,如铁皮箱柜门窗以及有些手用工具等 |
| 4 | 半圆沉头铆钉 | | 用于有防滑要求的地方,如踏脚板和走路梯板等 |
| 5 | 管状空心铆钉 | | 用于铆接处有空心要求的地方,如电器部件的铆接 |
| 6 | 皮带铆钉 | | 用于铆接机床制动带,以及铆接毛毡、橡胶。皮革材料的制件 |

铆接工具及其作用,如表 11-2 所示。

表 11-2　铆接工具及其作用

| 序号 | 项目 | 图 示 | 作 用 |
|------|------|-------|-------|
| 1 | 手锤 | | 用来敲击 |
| 2 | 压紧冲头 | | 用于压紧铆接面 |
| 3 | 罩模 | | 用于铆接时镦出完整的铆合头 |

| 序号 | 项目 | 图　示 | 作　用 |
|---|---|---|---|
| 4 | 顶模 | 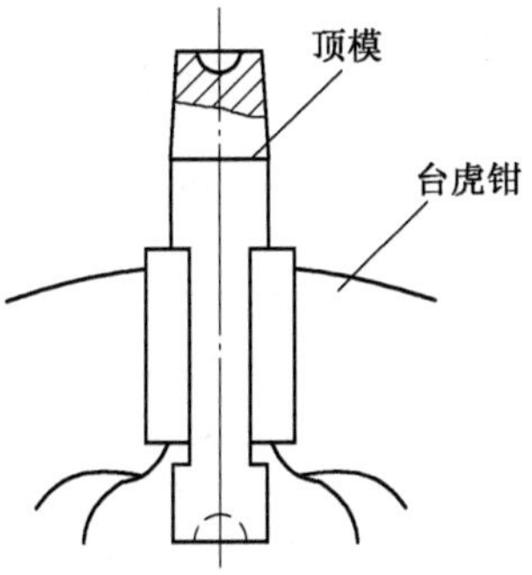 顶模<br>台虎钳 | 用于铆接时顶住铆钉原头,这样既有利于铆接,又不损伤铆钉原头 |

## 任务实施

两块薄板的铆接连接,具体铆接方法如表 11-3 所示。

### 表 11-3　铆 接 方 法

| 序号 | 项目 | 图　示 | 说　明 |
|---|---|---|---|
| 1 | 半圆头铆钉的铆接方法 | 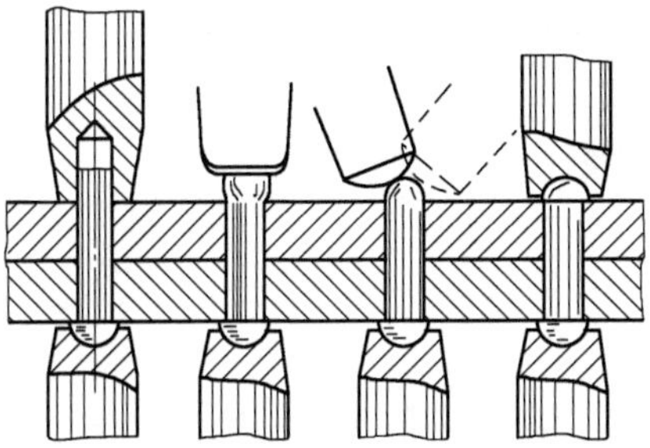 (a)　(b)　(c)　(d) | 把铆接件彼此贴合,按划线钻孔,倒角、去毛刺等,然后插入铆钉,把铆钉原头放在顶模上,用压紧冲头压紧板料(见图 a),再用锤子镦粗铆钉伸出部分(见图 b),并对四周锤打成形(见图 c),最后用罩模修整(见图 d),在活动铆接时,需要经常检查活动情况,如果发现太紧,可把铆钉原头垫在有孔的垫铁上,锤击铆合头,使铆接件达到活动要求 |
| 2 | 沉头铆钉的铆接方法 | 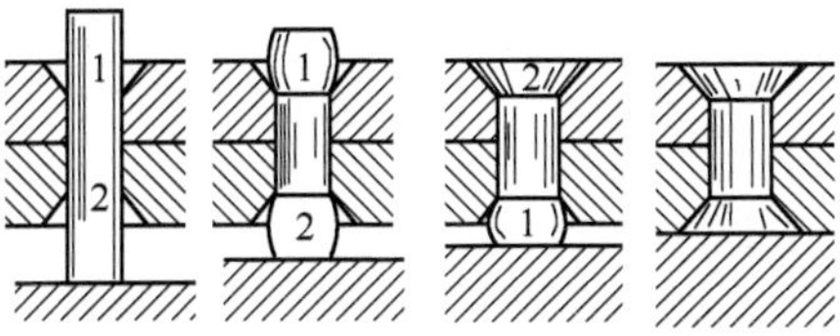 | 前几个步骤与半圆头铆钉的铆接相同,然后在正中镦粗面 1 和 2,先铆面 2,再铆面 1,最后修平高出的部分。如果用标准的沉头铆钉铆接,只需将伸长的铆合头经铆钉孔填满沉头孔后锉平即可 |

## 任务评价

操作完毕,按表 11-4 所示评分表进行评分。

表 11-4　铆接评分表

| 序号 | 考核内容 | 考核要求 | 配分 | 评分标准 | 检测结果 | 得分 |
|---|---|---|---|---|---|---|
| 1 | 实训态度 | (1)不迟到,不早退。<br>(2)实训态度应端正 | 10 | (1)迟到1次扣1分。<br>(2)旷课1次扣5分。<br>(3)实训态度不端正扣5分 | | |
| 2 | 安全文明生产 | (1)正确执行安全技术操作规程。<br>(2)工作场地应保持整洁。<br>(3)工件、工具摆放应保持整齐 | 6 | (1)造成重大事故,按0分处理。<br>(2)其余违规,每违反一项扣2分 | | |
| 3 | 设备、工具、量具的使用 | 各种设备、工具、量具的使用应符合有关规定 | 4 | (1)造成重大事故,按0分处理。<br>(2)其余违规,每违反一项扣1分 | | |
| 4 | 操作方法和步骤 | 操作方法和步骤必须符合要求 | 30 | 每违反一项扣1~5分 | | |
| 5 | 技术要求 | 符合要求 | 50 | 每违反一项扣10分 | | |
| 总计 | | | | | | |

# 任务二　粘　　接

## 任务描述

车床尾座底板由于长期在使用中来回拖动,磨损严重,使其尾座轴线低于主轴轴线,降低机床精度,现采用粘接技术对其进行修复。

## 相关知识

利用粘合剂把不用或相同的材料牢固地连接成一体的操作方法,称为粘接。

粘接的优、缺点,如表 11-5 所示。

表 11-5　粘接的优、缺点

| 粘接的优点 | 粘接的缺点 |
|---|---|
| 工艺简单、操作方便、连接可靠、变形小以及密封、绝缘、耐水、耐油等特点,它以快速、牢固、节能、经济等优点代替了部分传统的铆、焊及螺纹连接等工艺 | 不耐高温、粘接强度较低 |

粘接剂分为无机粘接剂和有机粘接剂两大类,如表 11-6 所示。

表 11-6　粘接剂的分类及优缺点

| 序号 | 项目 | | 优　点 | 缺　点 |
|---|---|---|---|---|
| 1 | 无机粘接剂 | | 操作方便、成本低 | 与有机粘接剂相比强度低、脆性大、适用范围小 |
| 2 | 有机粘接剂 | 环氧粘接剂 | 合力强、硬化收缩小、能耐化学药品、溶剂和油类的腐蚀、电绝缘性能好、使用方便、接触压力小、常温固化 | 脆性大、耐热性差 |
| | | 聚丙烯酸醋粘接剂 | 无溶剂、呈一定的透明状可室温固化 | 固化速度快,不宜大面积粘接 |

粘接工艺通常分为粘接结构准备、粘接面的处理(除锈、脱脂、清洗)、调胶、涂胶粘接、干燥几部分。

### 任务实施

车床尾座底板的粘接修复操作步骤如下：

(1)先将尾座已磨损的导轨面加工成较为粗糙的带小沟槽的表面,或者钻一些均匀的小盲孔。

(2)将准备粘接上去的塑料层压板的粘拉表面有意拉毛。

(3)调胶粘接如图 11-1 所示。

(4)待干燥后,再采用刮削层压板的方法致使导轨面恢复原有精度。

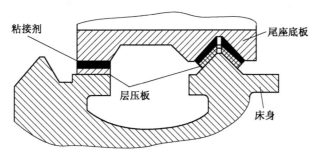

图 11-1　车床尾座底板的粘接

### 任务评价

操作完毕,按表 11-7 所示评分表进行评分。

表 11-7　粘接评分表

| 序号 | 考核内容 | 考核要求 | 配分 | 评分标准 | 检测结果 | 得分 |
|---|---|---|---|---|---|---|
| 1 | 实训态度 | (1)不迟到,不早退。(2)实训态度应端正 | 10 | (1)迟到 1 次扣 1 分。(2)旷课 1 次扣 5 分。(3)实训态度不端正扣 5 分 | | |

续表

| 序号 | 考核内容 | 考核要求 | 配分 | 评分标准 | 检测结果 | 得分 |
|---|---|---|---|---|---|---|
| 2 | 安全文明生产 | (1)正确执行安全技术操作规程。<br>(2)工作场地应保持整洁。<br>(3)工件、工具摆放应保持整齐 | 6 | (1)造成重大事故,按0分处理。<br>(2)其余违规,每违反一项扣2分 | | |
| 3 | 设备、工具、量具的使用 | 各种设备、工具、量具的使用应符合有关规定 | 4 | (1)造成重大事故,按0分处理。<br>(2)其余违规,每违反一项扣1分 | | |
| 4 | 操作方法和步骤 | 操作方法和步骤必须符合要求 | 30 | 每违反一项扣1~5分 | | |
| 5 | 技术要求 | 符合要求 | 50 | 每违反一项扣10分 | | |
| 总计 | | | | | | |

## 习 题

### 一、填空题

1. 用_____连接两个或两个以上的_____或_____的操作方法,称为铆接。

2. 用_____把不同或相同_____牢固地连接在一起的操作方法,称为粘接。

3. 铆接具有_____、_____、_____和耐冲击等特点。

4. 铆接按使用要求可分为_____铆接和_____铆接。

5. 粘接剂分为_____粘接剂和_____粘接剂两大类。

6. 铆钉制造材料不同分有_____铆钉、_____铆钉和_____铆钉等。

### 二、判断题

1. 无机粘接剂强度低、脆性大,只适应平面的对接和搭接,不能用于套接。 (    )

2. 铆接工艺在常用工具中应用广泛,如剪刀、钢丝钳、划规、卡钳等各部分的连接都属于固定铆接。 (    )

3. 罩模是对铆接头进行修整的专用工具。 (    )

4. 环氧粘接剂的缺点是固话速度快。 (    )

### 三、选择题

1. 环氧粘接剂属于_____粘接剂。

    A. 无机         B. 有机         C. 高分子

2. _____用于铆接时镦出完整的铆合头。

    A. 压紧冲头         B. 罩模         C. 顶模

### 四、问答题

1. 铆钉的种类有哪些? 应用特点是什么?

2. 试述无机粘接剂的优缺点。

3. 简述粘接工艺。

# 项目十二 装配工艺及装配尺寸链

按照一定的精度标准和技术要求,将若干个零件组成部件或将若干个零件、部件组合成机构或机器的工艺过程,称为装配。

在生产过程中,作为一名钳工应根据装配技术要求,编制中等复杂部件的装配工艺规程,了解装配尺寸链;确定常用的装配方法,装配工作的组成形式及装配单元的装配顺序;做好装配前的准备工作,通过修刮、选配、调整与检验,完成装配工艺过程,并达到装配技术要求。

## 学习目标

1. 了解装配规程;了解装配工作的组织形式。
2. 了解尺寸链与尺寸链简图。
3. 掌握装配(工艺)尺寸链的常用方法,了解四个组成环以内的装配(工艺)尺寸链。

# 任务一 装配工艺

## 任务描述

装配单元系统图能简明直观地反映出机器的装配顺序,从而确定常用的装配方法及装配工作的组织形式,完成装配工艺过程并达到装配技术要求。图12-1所示为某减速器低速轴组件的结构图,根据装配要求,以低速轴为基准零件,其余各零件按一定顺序装配,装配工作的过程用装配单元系统图来表示。

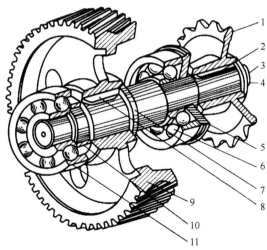

图 12-1 某减速器低速轴组件
1—链轮;2—平键;3—轴端挡圈;4—螺栓;5—可通盖组件;6—滚珠轴承;
7—低速轴组件;8—平键;9—齿轮;10—套筒;11—滚珠轴承

相关知识

装配工艺规程是指规定装配全部部件和整个产品的工艺过程以及所使用的设备和工具、量具、夹具等的技术文件。它规定部件及产品的装配顺序、装配方法、装配技术要求、检验方法及装配所需设备、工夹具及时间定额等,是提高产品质量和劳动生产率的必要措施,也是组织装配生产的重要依据。

装配工艺过程由四部分组成,如表 12-1 所示。

表 12-1　装配工艺过程

| 序号 | 项　　目 | 说　　明 |
|---|---|---|
| 1 | 装配前的准备工作 | (1)研究装配图及工艺文件、技术资料,了解产品结构,熟悉各零件、部件的作用,相互关系及连接方法。<br>(2)确定装配方法,准备所需要的工具。<br>(3)对装配的零件进行清洗,检查零件加工质量,对有特殊要求的应进行平衡或压力试验 |
| 2 | 装配工作 | 对比较复杂的产品,其装配工作分为部件装配和总装配。<br>(1)部件装配:凡将两个以上零件组合在一起或将零件与几个组件结合在一起,成为一个单元的装配工作,称为部件装配。<br>(2)总装配:将零件、部件结合成一台完整产品的装配工作,称为总装配 |
| 3 | 调整、检验、试车 | (1)调整:调节零件或机构的相互位置、配合间隙、结合面积紧等,使机构或机器工作协调。<br>(2)检验:检验机构或机器的几何精度和工作精度。<br>(3)试车:试验机构或机器运转的灵活性、振动情况、工作温度、噪声、转速、功率等性能参数是否达到要求 |
| 4 | 喷漆、涂油、装箱 | —— |

装配工作的组织形式随生产类型及产品复杂程度和技术要求不同而不同。机器制造中的生产类型及装配的组织形式如表 12-2 所示。

表 12-2　装配工作的组织形式

| 序号 | 项　　目 | 说　　明 |
|---|---|---|
| 1 | 单件生产时的装配组织形式 | 单位生产时,产品几乎不重复,装配工作常在固定地点由一个人或一组工人完成装配工作。这种装配组织形式对工人的技术要求较高,装配周期较长,生产效率较低 |
| 2 | 成批生产时的装配组织形式 | 成批生产时,装配工作通常分为部件装配和总装配。每个部件由一个工人或一组工人在固定地点完成,然后进行总装配 |
| 3 | 大量生产时的装配组织形式 | 大量生产时,把产品的装配过程划分为部件、组件装配,每一个工序只由一个人或一组人来完成,只有当所有工人都按顺序完成自己负责的工序后,才能装配出产品。装配过程是有顺序地由一个或一组工人转移给另一个(或一组)工人,这种转移可以是装配对象的移动,也可以是工人的移动,通常把这种装配的组织形式叫做流水装配法。流水装配法由于广泛采用互换性原则,使装配工作工序化,因此装配质量好,生产效率高,是一种先进的装配组织形式 |

**任务实施**

低速轴组件装配单元系统图具体实施步骤如下：

(1)先画一条竖线(或横线)。

(2)竖线上端画一个小长方格,代表基准零件。在长方格中注明装配单元名称、编号和数量。

(3)竖线的下端也画一个小长方格,代表装配的成品。

(4)竖线自上至下表示装配的顺序。直接进行装配的零件画在竖线右边,组件画在竖线左边。

由装配单元系统图可以清楚地看出成品的装配顺序以及装配所需零件的名称、编号和数量,如图 12-2 所示。因此装配单元系统图可起到指导和组织装配工艺的作用。

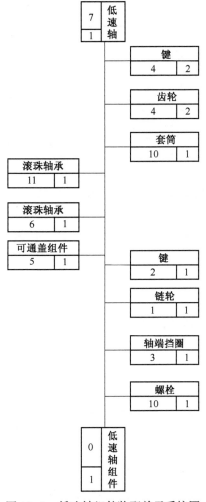

图 12-2　低速轴组件装配单元系统图

**任务评价**

操作完毕,按表 12-3 所示评分表进行评分。

表 12-3 装配工艺评分表

| 序号 | 考核内容 | 考核要求 | 配分 | 评分标准 | 检测结果 | 得分 |
|---|---|---|---|---|---|---|
| 1 | 实训态度 | (1)不迟到,不早退。<br>(2)实训态度应端正 | 10 | (1)迟到 1 次扣 1 分。<br>(2)旷课 1 次扣 5 分。<br>(3)实训态度不端正扣 5 分 | | |
| 2 | 安全文明生产 | (1)正确执行安全技术操作规程。<br>(2)工作场地应保持整洁。<br>(3)工件、工具摆放应保持整齐 | 6 | (1)造成重大事故,按 0 分处理。<br>(2)其余违规,每违反一项扣 2 分 | | |
| 3 | 设备、工具、量具的使用 | 各种设备、工具、量具的使用应符合有关规定 | 4 | (1)造成重大事故,按 0 分处理。<br>(2)其余违规,每违反一项扣 1 分 | | |
| 4 | 操作方法和步骤 | 操作方法和步骤必须符合要求 | 30 | 每违反一项扣 1~5 分 | | |
| 5 | 技术要求 | 符合要求 | 50 | 每违反一项扣 10 分 | | |
| 总计 | | | | | | |

# 任务二 装配尺寸链

## 任务描述

齿轮部件装配图如图 12-3 所示,已知各零件的尺寸:$A_1 = 30_{-0.13}^{0}$ mm,$A_2 = A_5 = 5_{-0.075}^{0}$ mm,$A_3 = 43_{+0.02}^{+0.18}$ mm,$A_4 = 3_{-0.04}^{0}$ mm,设计要求间隙 $A_0$ 为 0.1~0.45 mm,试做校核计算。

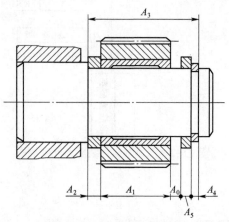

图 12-3 齿轮部件装配图

相关知识

在零件加工或机器装配过程中,由相互连接的尺寸所形成的封闭尺寸组,称为尺寸链。

全部组成尺寸为各零件设计尺寸所形成的尺寸链,称为装配尺寸链。

## 一、尺寸链与尺寸链简图

将尺寸链中各尺寸,彼此按顺序连接所构成的封闭图形称为尺寸链简图。如图 12-4(a)所示,中轴与孔的配合间隙、与孔径及轴颈有关,并可画成图 12-5(a)中的配合尺寸链简图。图 12-4(a)中齿轮端面和箱体内壁凸台端面配合间隙,与箱体内壁距离,齿轮宽度及垫圈厚度有关,也可画成图 12-5(b)中的尺寸链简图。

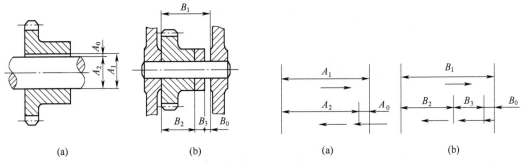

图 12-4　装配尺寸链的形成　　　　　图 12-5　尺寸链简图

绘尺寸链简图时,不必绘出装配部分的具体结构,也勿需要按严格的比例,而是由有装配技术要求有关的尺寸,排列成封闭的外形即可。

尺寸链的组成如表 12-4 所示。

表 12-4　尺寸链的组成

| 序号 | 项目 | 说　明 | 举　例 |
|---|---|---|---|
| 1 | 封闭环 | 在零件加工和机器装配中,最后形成(间接获得)的尺寸。是产品的最终装配精度要求 | 如图 12-5 中 $A_0$、$B_0$ |
| 2 | 组成环 | 尺寸链中除封闭环外的其余尺寸 | 如图 12-5 中 $A_1$、$A_2$,$B_1$、$B_2$、$B_3$ |
| 3 | 增环 | 在其他组成环不变的条件下,当某一组成环的尺寸增大时,封闭环也随之增大,则该组成环称为增环 | 如图 12-5 中的增环用符号 $\overrightarrow{A_1}$、$\overrightarrow{B_1}$ 表示 |
| 4 | 减环 | 在其他组成环不变的条件下,当某一组成环增大时,封闭环随之减小,则该组成环称为减环 | 如图 12-5 中的减环用符号 $\overleftarrow{A_2}$、$\overleftarrow{B_2}$ 和 $\overleftarrow{B_3}$ 表示 |

封闭环的极限尺寸及公差的计算如表 12-5 所示。

表 12-5　封闭环的极限尺寸及公差的计算

| 序号 | 项目 | 说明 | 图　示 | 举　例 |
|---|---|---|---|---|
| 1 | 封闭环的基本尺寸 $B_0$ | 由尺寸链简图可以看出,封闭环尺寸等于所有增环基本尺寸之和减去所有减环基本尺寸之和 | | $B_0 = B_1 - (B_2 + B_3)$ |

续表

| 序号 | 项目 | 说明 | 图　示 | 举　例 |
|---|---|---|---|---|
| 2 | 封闭环的最大极限尺寸 $B_{0max}$ | 当所有增环都为最大极限尺寸,所有减环都为最小极限尺寸时,封闭环为最大极限尺寸 | | $B_{0max} = B_{1max} - (B_{2min} + B_{3min})$ |
| 3 | 封闭环的最小极限尺寸 $B_{0min}$ | 当所有增环都为最小极限尺寸而所有减环都为最大极限尺寸时,则封闭环即为最小极限尺寸 | | $B_{0min} = B_{1min} - (B_{2max} + B_{3max})$ |
| 4 | 封闭环公差 $T_0$ | 封闭环公差等于封闭环最大极限尺寸与封闭环最小极限尺寸之差 | | $T_0 = B_{0max} - B_{0min}$ |

由各组成环公差求封闭环公差为正计算,其运算方法如上表。当已知封闭环公差求组成环公差时,称为反计算。反计算时应先按"等公差法"(即每个组成环分得的公差相等)求出各组成环应分得的平均公差值。其方法是用封闭环公差除以组成环的个数得到。在实际生产中,考虑到各组成环尺寸的大小和加工的难易程度各异,各组成环最后分得的公差并不是等量的平均差值,而是将各组成环的公差进行适当调整。把尺寸大,加工困难的组成环给以较大的公差;把尺寸小,加工容易的组成环给以较小的公差。但调整后的封闭环公差仍等于各组成环公差之和。

确定好各组成环公差之后,应按"入体原则"确定基本偏差。入体原则是:当组成环为包容面时,取下偏差为零;当组成环为被包容面时,取上偏差为零;若组成环为中心距,则偏差应对称分布。

## 二、装配尺寸链的解法

解装配尺寸链:根据装配精度(即封闭环公差)对装配尺寸链进行分析,并合理分配各组成环公差的过程,称为解尺寸链。

解装配尺寸链的方法和采用的装配方法有关,不同的装配方法有不同的解法。机器制造中,常用的装配方法有:完全互换装配法、分组选择装配法、修配法和调整法等,如表12-6所示。

### 表12-6　常用装配方法列表

| 序号 | 项目 | 说　明 | 特点及适用范围 |
|---|---|---|---|
| 1 | 完全互换装配法 | 在同一种零件中任取一个,不需修配即可装入部件中,并能达到装配技术要求 | (1)装配操作简便,对工人的技术要求不高。<br>(2)装配质量好,生产率高。<br>(3)装配时间容易确定,便于组织流水线装配。<br>(4)零件磨损后,更换方便。<br>(5)对零件精度要求高 |

| 序号 | 项目 | | 说　明 | 特点及适用范围 |
|---|---|---|---|---|
| 2 | 分组选择装配法 | 直接选配法 | 由工人直接从一批零件中选择"合适"的零件进行装配的方法 | (1)比较简单。<br>(2)装配质量是靠工人的感觉经验确定。<br>(3)装配效率低 |
| | | 分组选配法 | 将一批零件逐一测量后,按实际尺寸大小分成若干组,然后将尺寸大的包容件与尺寸大的被包容件配合;将尺寸小的包容件与尺寸小的被包容件配合 | (1)经分组选配后零件的配合精度高。<br>(2)因增大了零件的制造公差,所以使零件成本降低。<br>(3)增加了测量分组的工作量,当组成环数量较多时,这项工作将相当麻烦。因此分组选配法适用于大批量生产中装配精度要求很高、组成环数量又少的场合 |
| 3 | 修配装配法 | | 在装配时根据装配的实际需要,在某一零件上去除少量的预留修配量,以达到精度要求的装配方法 | (1)能够获得很高的装配精度。<br>(2)零件的制造精度可以降低。<br>(3)装配精度完全取决于工人的技术水平。<br>(4)生产效率低。<br>(5)增加了额外工作量 |
| 4 | 调整装配法 | | 在装配时,根据装配的实际需要,改变部件中可调整零件的相对位置或选用合适的调整件,以达到装配技术要求的装配方法 | (1)能够获得很高的装配精度。<br>(2)装配速度快。<br>(3)装配时的技术含量较低。<br>(4)零件可按经济精度要求加工。<br>(5)制造费用高 |

常用装配尺寸链解法如表 12-7 所示。

**表 12-7　完全互换装配法和分组选择装配法解尺寸链方法举例**

| 装配法<br>题解 | 完全互换装配法 | 分组选择装配法 |
|---|---|---|
| 例题 | 如图 a 所示的齿轮装配单元,为使齿轮能正常工作,要求装配后齿轮端面和箱体内壁凸台端面之间具有 0.10~0.30 mm 的轴向间隙。已知 $B_1 = 80$ mm, $B_2 = 60$ mm, $B_3 = 20$ mm,试用完全互换法解此尺寸链 | 如图所示,发动机活塞直径为 $\phi 28$ mm 与活塞销孔配合,要求销和孔的配合有 0.01~0.02 mm 的过盈量,试用分组装配法解尺寸链,并确定各组成环的偏差值。设孔、轴的经济公差为 0.02 mm |
| 图示 | 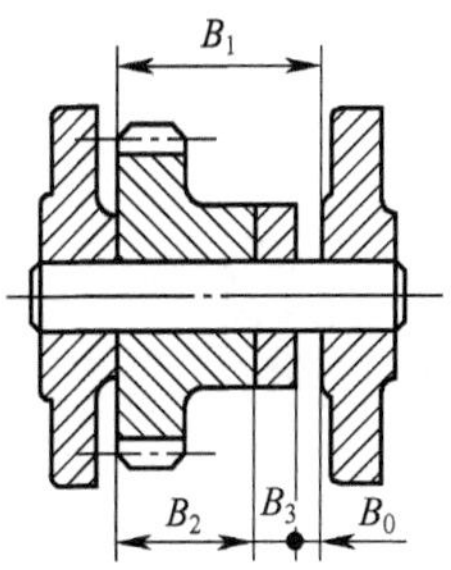 <br>(a) 齿轮与箱体的配合间隙 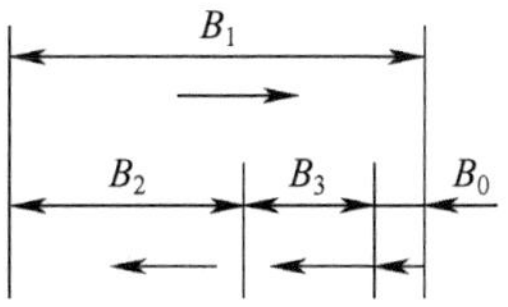　(b) 齿轮与箱体的配合尺寸链简图 | 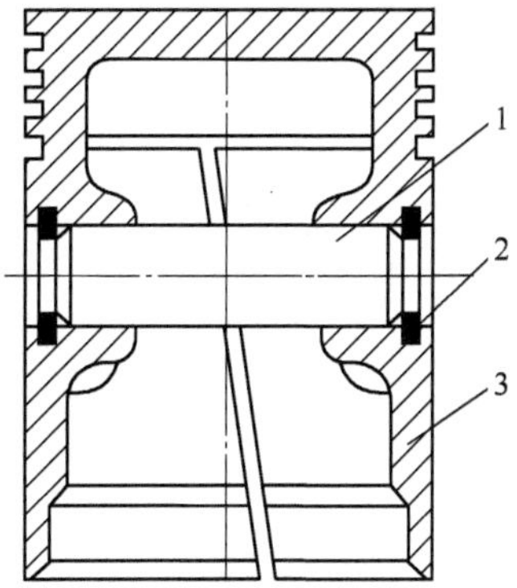 |

| 装配法<br>题解 | 完全互换装配法 | 分组选择装配法 |
|---|---|---|
| 解法 | 解:(1)根据装配图,绘出尺寸简图 b,其中 $B_1$ 为增环,$B_2$、$B_3$ 为减环,$B_0$ 为封闭环。<br><br>(2)列出尺寸链方程式求封闭环基本尺寸:<br>$B_0 = B_1 - (B_2 + B_3) = 80 - (60 + 20) = 0$ mm<br>说明各组成环基本尺寸正确。<br><br>(3)计算封闭环公差:$T_0 = 0.30 - 0.10 = 0.20$ mm<br>根据等差原则,公差为 0.20 mm 均分给增环和减环各 0.1 mm,考虑各组成环尺寸难易程度,比较合理地分配各组成环公差:<br>$T_1 = 0.10$ mm,$T_2 = 0.06$ mm,$T_3 = 0.03$ mm<br>再按入体原则分配偏差:$B_1 = 80^{+0.10}_{0}$ mm,$B_2 = 60^{0}_{-0.06}$ mm<br><br>(4)确定协调环,选便于制造及可用通用量具测量的尺寸 $B_3$,确定 $B_3$ 极限尺寸。<br>由 $B_{0min} = B_{1min} - (B_{2max} + B_{3max})$ 得:<br>$B_{3max} = B_{1min} - B_{2max} - B_{0min}$<br>$= 80 - 60 - 0.01$<br>$= 19.90$ mm<br>又由 $B_{0max} = B_{1max} - (B_{2min} + B_{3min})$ 得:<br>$B_{3min} = B_{1max} - B_{2min} - B_{0max}$<br>$= 80.1 - 59.94 - 0.30$<br>$= 19.86$ mm<br>所以:$B_3 = 20^{-0.10}_{-0.14}$ mm | (1)先按完全互换法求出各组成环的公差和极限偏差:<br>$T_0 = (-0.01) - (-0.02) = 0.01$ mm<br>根据等公差原则取 $T_1 = T_2 = \dfrac{0.01}{2} = 0.005$ mm<br>按基轴制原则,销子的尺寸为 $A_1 = 28^{0}_{-0.05}$ mm<br>根据配合要求可知孔尺寸为:$A_2 = 28^{-0.015}_{-0.020}$ mm<br>画出销子与销孔的尺寸公差带图。<br><br><br>(a)<br><br><br>(b)<br><br>(2)根据经济公差为 0.02,故可将组成环公差扩大 4 倍,即 0.005×4 = 0.02 mm<br>(3)按同方向扩大公差,得销子尺寸为:$\phi 28^{0}_{-0.02}$ mm,孔尺寸为其公差带。<br><br><br>(a)<br><br><br>(b)<br><br>(4)加工后,按实际尺寸分为四组,然后按组进行装配,见表 12-8 |

表 12-8 活塞销和活塞销孔的分组尺寸单位:mm

| 组别 | 活塞销直径 | 活塞销孔直径 | 配合情况 | |
|---|---|---|---|---|
| | | | 最小过盈 | 最大过盈 |
| 1 | $\phi 28_{-0.005}^{0}$ | $\phi 28_{-0.020}^{-0.015}$ | | |
| 2 | $\phi 28_{-0.010}^{-0.005}$ | $\phi 28_{-0.025}^{-0.020}$ | 0.01 | 0.02 |
| 3 | $\phi 28_{-0.015}^{-0.010}$ | $\phi 28_{-0.030}^{-0.025}$ | | |
| 4 | $\phi 28_{-0.020}^{-0.015}$ | $\phi 28_{-0.035}^{-0.030}$ | | |

## 任务实施

如图 12-6 所示为齿轮部件装配尺寸链,试分析此尺寸链是否合理。

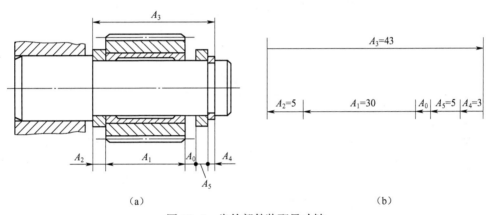

（a）　　　　　　　　　　　　　　　　　　　　（b）

图 12-6 齿轮部件装配尺寸链

（1）确定封闭环为要求的间隙 $A_0$。组成环并画尺寸链线图如图 12-6(b)所示。判断 $A_3$ 为增环, $A_1$、$A_2$、$A_4$ 和 $A_5$ 为减环。

（2）按公式计算封闭环的公称尺寸。

$$A_0 = A_3 - (A_1 + A_2 + A_4 + A_5) = (43-(30+5+3+5))\ \text{mm} = 0\ \text{mm}$$

即要求封闭环的尺寸为 0 mm。

（3）按公式计算封闭环的极限偏差。

$$\text{ES}_0 = \text{ES}_3 - (\text{EI}_1 + \text{EI}_2 + \text{EI}_4 + \text{EI}_5)$$
$$= +0.18\ \text{mm} - (-0.13 - 0.075 - 0.04 - 0.075)\ \text{mm} = +0.50\ \text{mm}$$
$$\text{EI}_0 = \text{EI}_3 - (\text{ES}_1 + \text{ES}_2 + \text{ES}_4 + \text{ES}_5) = +0.02\ \text{mm} - (0 + 0 + 0 + 0)\ \text{mm}$$
$$= +0.02\ \text{mm}$$

（4）按公式计算封闭环的公差。

$$T_0 = T_1 + T_2 + T_3 + T_4 + T_5 = (0.13+0.075+0.16+0.075+0.04)\ \text{mm} = 0.48\ \text{mm}$$

校核结果表明,封闭环的上、下极限偏差及公差均已超过规定范围,必须调整组成环的极限偏差。

## 任务评价

操作完毕,按照表12-9所示评分表进行评分。

**表12-9　齿轮部件装配校核计算实训记录与成绩评定**

| 项次 | 项目和技术要求 | 实训记录 | 配分 | 得分 |
|---|---|---|---|---|
| 1 | 确定封闭环准确 | | 10 | |
| 2 | 尺寸链简图绘制正确 | | 10 | |
| 3 | 正确按公式计算封闭环公称尺寸 | | 15 | |
| 4 | 正确按公式计算封闭环的极限偏差 | | 10 | |
| 5 | 正确按公式计算封闭环的公差 | | 15 | |
| 6 | 校核记过说明 | | 15 | |
| 7 | 字迹工整、绘图整洁、标准 | | 15 | |
| 8 | 实训现场复核安全文明生产要求 | | 10 | |
| 总计 | | | | |

# 习 题

## 一、填空题

1. 按精度标准和技术要求,将若干个工件组合成_____或将若干个工件、部件装成_____的工艺过程,称为装配。

2. 装配工艺过程包括_____、_____、_____和_____等工作。

3. 对于结构复杂的产品,其装配工作常分为_____和_____。

4. 装配工作的组成形式一般分为_____装配和_____装配和大批量生产时的装配。

5. 尺寸链的组成有_____、_____、_____、_____。

6. 根据_____对装配尺寸链进行分析,并合理分配各_____的过程,称为解尺寸链。

7. 由各组成环公差求,封闭环公差称为_____计算;而已知封闭环公差求组成环公差称为_____计算。

8. 机器制造中常用的装配方法有_____装配法、_____装配法、_____装配法和_____装配法。

## 二、判断题

1. 单位产品的装配,由于对工人的技术要求高,所以装配周期短,生产效率高。 （ ）

2. 绘制尺寸链简图时,不必绘出装配部分的具体结构,但必须严格按比例画出代表尺寸的线段长度。 （ ）

3. 在装配尺寸链中,封闭环即为装配的技术要求。 （ ）

4. 使用完全互换法可使得装配质量好、生产效率高,零件磨损后更换方便。 （ ）

5. 使用分组选配装配法,因为增大了零件的制造公差所以提高了零件的制造成本。 （ ）

6. 尺寸链中,封闭环的基本尺寸,是其他各组成环基本尺寸的代数和。 （ ）

**三、选择题**

1. 在尺寸链中,在其他尺寸确定之后新产生的一个尺寸就是_____。

　　A. 增环　　　　　B. 封闭环　　　　C. 减环

2. 封闭环的公差等于_____公差之和。

　　A. 各组成环　　　B. 各增环　　　　C. 各减环

3. 根据封闭环公差对装配尺寸链进行分析,并合理分配组成环公差的过程叫_____。

　　A. 调整法　　　　B. 装配法　　　　C. 解尺寸链

4. 分组选配法是将尺寸链中组成环的公差_____到经济精度的程度,然后分组装配。

　　A. 放大　　　　　B. 减小　　　　　C. 放大或减小

5. 主要依靠零件加工精度来保证装配精度的装配方法是_____。

　　A. 分组选配　　　B. 调整　　　　　C. 完全互换

**四、问答题**

1. 什么叫装配尺寸链? 什么叫解装配尺寸链?

2. 分组选配法的特点和适用范围有哪些?

**五、计算题**

如图 12-7 所示齿轮轴装配中,要求配合后齿轮端面和箱体凸台端面之间具有 0.2~0.5 mm 的轴向间隙。已知 $B_1 = 100^{+0.1}_{0}$ mm , $B_2 = 70^{0}_{-0.06}$ mm ,试问 $B_3$ 尺寸控制在什么范围内才能满足装配要求?

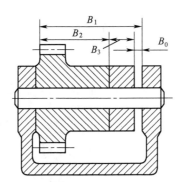

图 12-7　齿轮轴装配图

项目 **十三** 固定连接的装配

在生产过程中,根据产品结构的不同,装配方法及装配技术要求也不同。作为连接件和传动件,固定连接是装配中最基本的一种装配方法。常用的固定连接有螺纹连接、键连接、销连接、过盈连接和管道连接等。

学习目标

1. 了解常用固定连接的装配方式。
2. 掌握螺纹、键、销、过盈和管道连接的方法和装配中的注意事项。

# 任务一　螺纹连接及其装配

**任务描述**

按照图 13-1 所示完成滑动轴承双头螺柱的装拆。

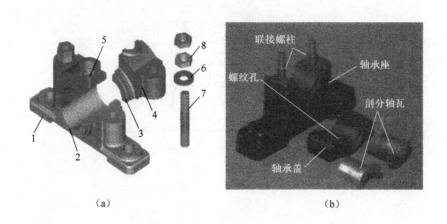

（a）　　　　　　　　　　　　（b）

图 13-1　滑动轴承双头螺柱装拆示意图
1—轴承座;2—下轴衬;3—上轴衬;4—轴承盖;5—销套;6—垫圈;7—螺柱;8—螺母

**相关知识**

螺纹连接是一种可拆卸的固定连接,它具有结构简单、连接可靠、装拆方便等优点,在固定连接中应用广泛。

## 1. 螺纹连接装配常用工具(见表13-1)

### 表13-1　螺纹连接装配的常用工具

| 序号 | 名称 | 图　　示 | 说　　明 |
|---|---|---|---|
| 1 | 一字槽螺钉旋具 | 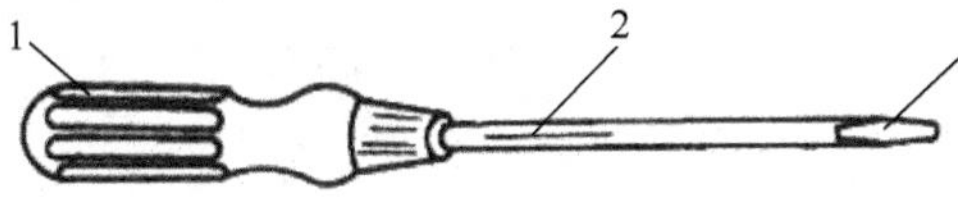 | 这种螺钉旋具由木柄1、刀体2和刀口3三部分组成。它的规格是以刀体部分的长度来表示。使用时,应根据螺钉沟槽的宽度来选用 |
| 2 | 弯头螺钉旋具 | 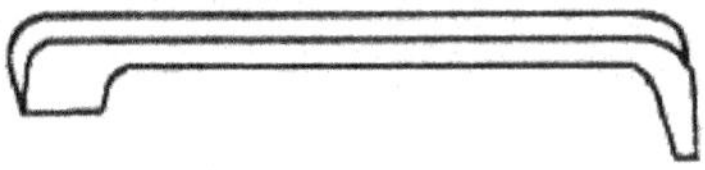 | 其两头各有一个刃口,互成垂直位置,用于螺钉头顶部空间受到限制的场合 |
| 3 | 十字槽螺钉旋具 | 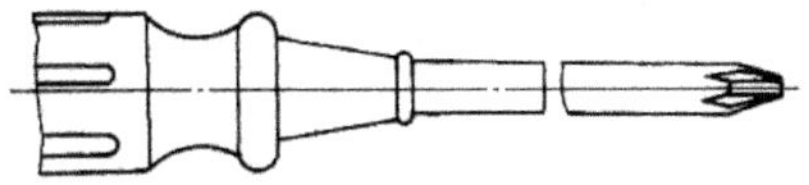 | 用于拧紧头部带十字槽的螺钉,即使旋具在较大的拧紧刀下,旋具也不易从槽中滑出 |
| 4 | 快速螺钉旋具 | 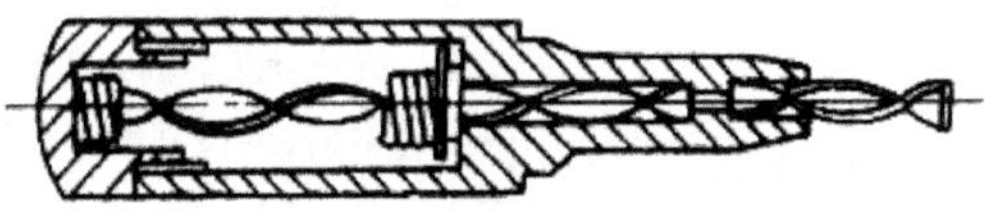 | 工作时推压手柄,使螺旋杆通过来复孔而转动,可以快速拧紧或松开小螺钉,从而加快装拆速度 |
| 5 | 普通扳手 | 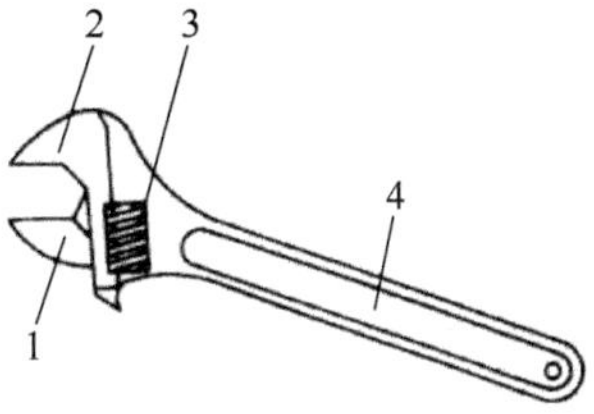 1—活动钳口;2—固定钳口;3—螺杆;4—扳手体<br>(a) 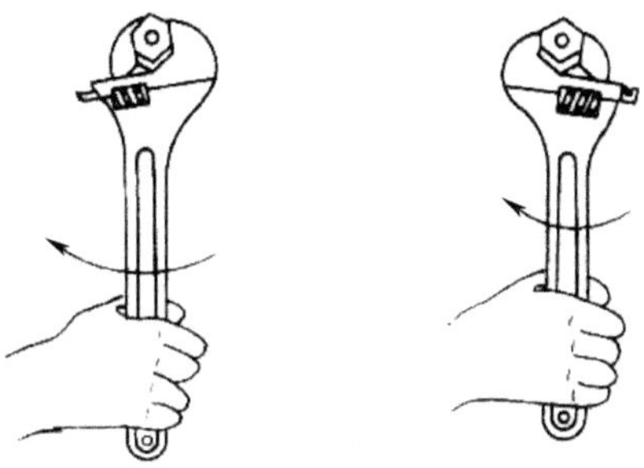<br>正确　　　　不正确<br>(b) | 也叫活动扳手,它是由扳手体、固定钳口、活动钳口和蜗杆组成。开口尺寸可在一定范围内调节。使用时应让其固定钳口承受主要作用力,否则容易损坏扳手。其规格用长度表示 |

| 序号 | 名称 | 图 示 | 说 明 |
|---|---|---|---|
| 6 | 呆扳手 | 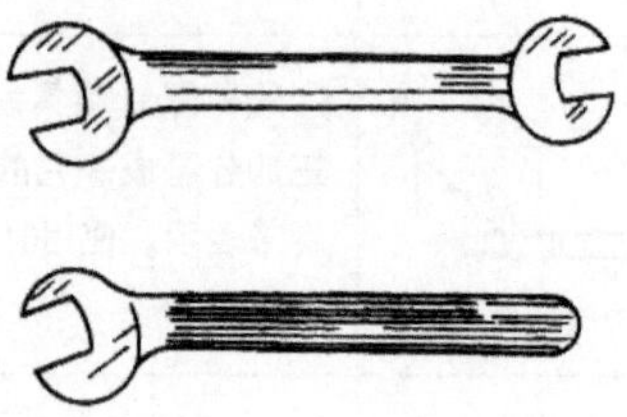 | 　　用于拆装六角形或方头形的螺母或螺钉,有单头和双头之分。其开口尺寸是与螺母或螺钉的对边间距的尺寸相适应的,并根据标准尺寸做成一套 |
| 7 | 整体扳手 | 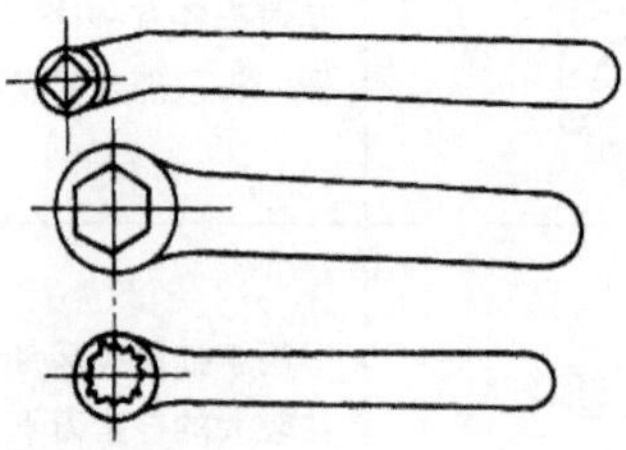 | 　　分为方正形、六角形、十二角形(梅花扳手)等。梅花扳手只要转过30°,就可改换方向再扳,适用于工作空间狭小,不能容纳普通扳手的场合 |
| 8 | 套筒扳手 | 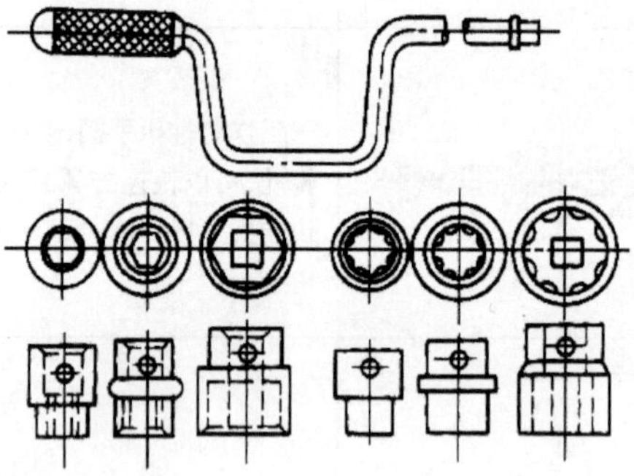 | 　　由一套尺寸不等的六方或梅花套筒组成,并配有手柄、连接杆等多种附件,特别适用于工作空间十分狭小或凹陷在深处的螺栓或螺母。使用方便,工作效率较高 |
| 9 | 钳形扳手 | 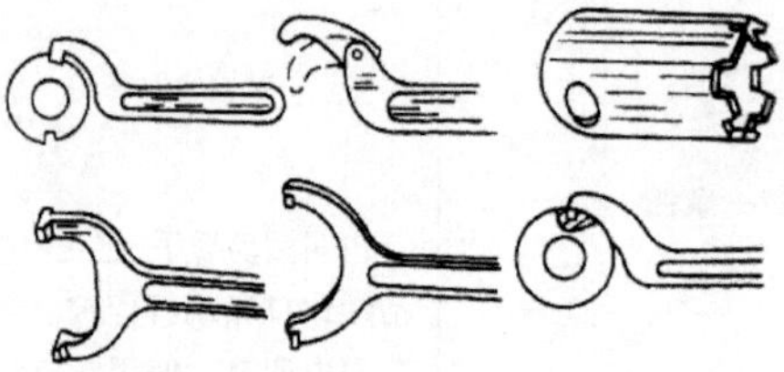 | 专门用来锁紧各种结构的圆螺母 |
| 10 | 内六角扳手 | 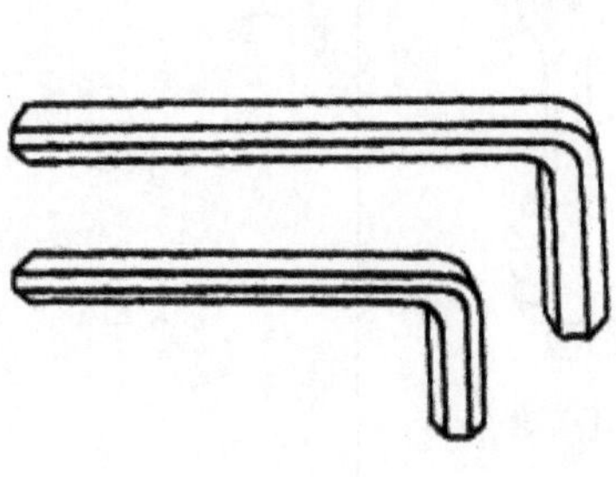 | 　　用于拆装内六角螺钉。成套的内六角扳手可供装拆 M4~M30 的内六角螺钉 |

| 序号 | 名称 | 图　示 | 说　明 |
|---|---|---|---|
| 11 | 棘轮扳手 | 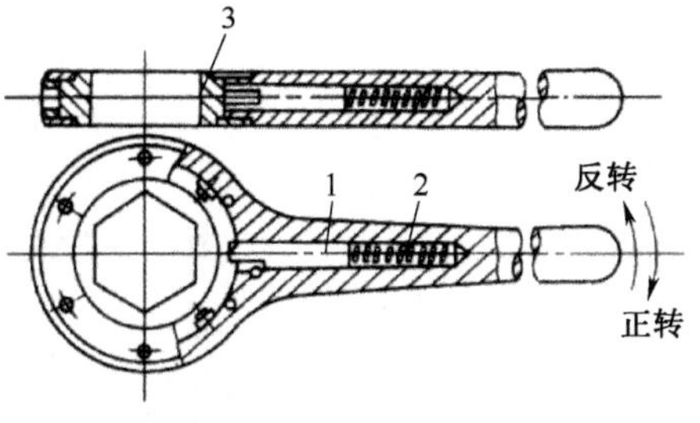 3<br>反转<br>正转<br>1—棘轮;2—弹簧;3—内六角套筒 | 使用方便,效率较高,反复摆动手柄即可逐渐拧紧螺母或螺钉 |

## 2. 螺纹连接的主要类型及应用(见表 13-2)

**表 13-2　螺纹连接的主要类型及应用**

| 类型 | 螺栓连接 | 双头螺柱连接 | 螺钉连接 | 紧定螺钉连接 |
|---|---|---|---|---|
| 结构示图 | 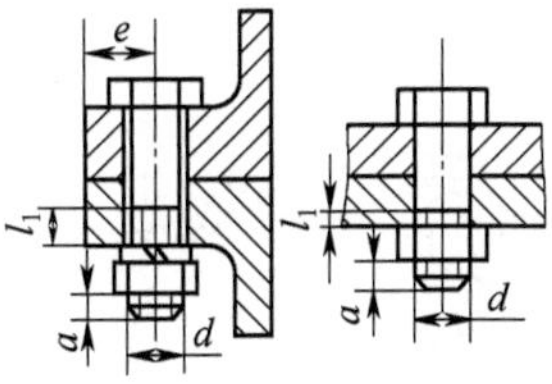 | 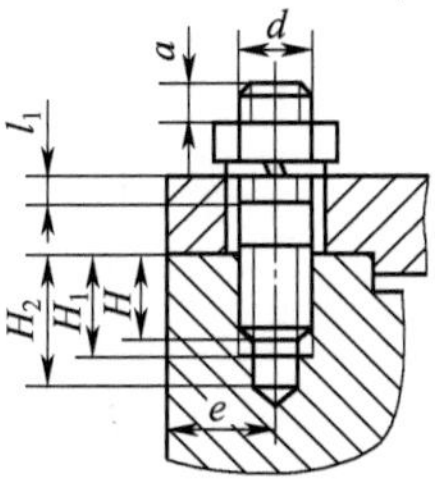 | 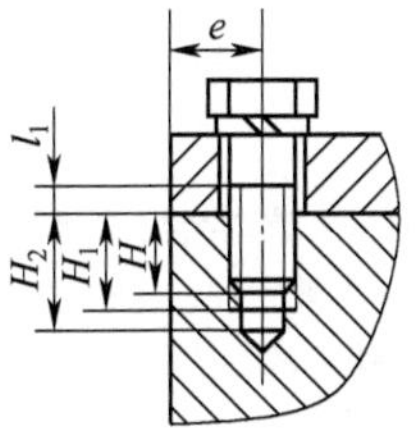 | 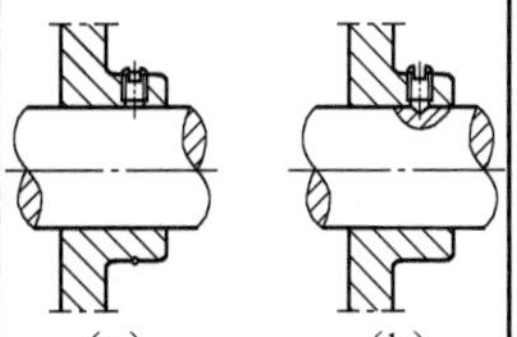 (a)　　　(b) |
| 特点及应用 | 无须在连接件上加工螺纹,连接件不受材料的限制。主要用于连接件较薄并能从两边进行装配的场合 | 拆卸时只需要旋下螺母,螺柱仍留在机体螺纹孔内,故螺纹孔不易损坏。主要用于连接件较厚而又需经常装拆的场合 | 主要用于连接件较厚或结构上受到限制,不能采用螺栓连接,且不需要经常装拆的场合 | 紧定螺钉的末端贴紧其中一连接件的表面或进入该零件上相应的凹坑中,以固定两零件的相对位置,多用于轴与轴上零件的连接,传递不大的力或扭矩 |

## 3. 螺纹连接的装配

常用螺纹连接的装配要点如表 13-3 所示。

**表 13-3　常用螺纹连接的装配要点**

| 序号 | 项目 | 装配要点 | 图　示 |
|---|---|---|---|
| 1 | 双头螺柱的装配要点 | (1)保证双头螺纹与机体螺纹的配合有足够的紧固性(见图 a);<br>(2)双头螺柱的轴心线必须与机体表面垂直(见图 b);<br>(3)装入双头螺柱时必须使用润滑剂;<br>(4)常用拧紧双头螺柱的方法有:用两个螺母拧紧见图 c,用长螺母拧紧见图 d 和用专用工具拧紧见图 e | 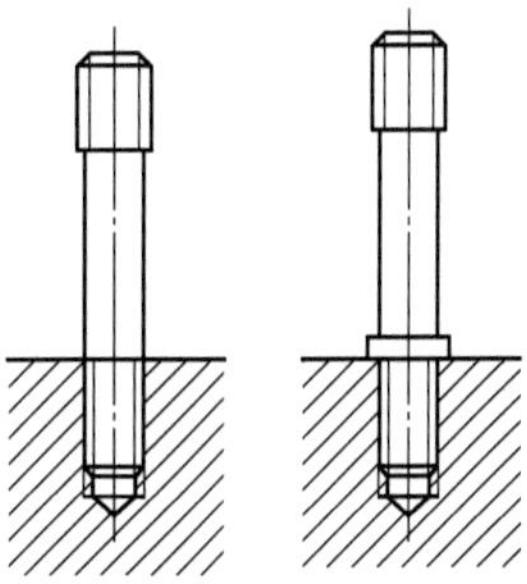 (a) |

| 序号 | 项目 | 装配要点 | 图　示 |
|------|------|----------|--------|
| 1 | 双头螺柱的装配要点 | (1)保证双头螺纹与机体螺纹的配合有足够的紧固性(见图 a); <br>(2)双头螺柱的轴心线必须与机体表面垂直(见图 b); <br>(3)装入双头螺柱时必须使用润滑剂; <br>(4)常用拧紧双头螺柱的方法有:用两个螺母拧紧见图 c,用长螺母拧紧见图 d 和用专用工具拧紧见图 e | 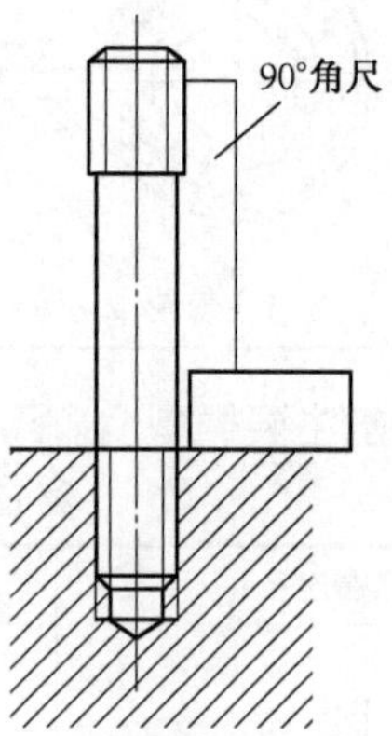 (b) 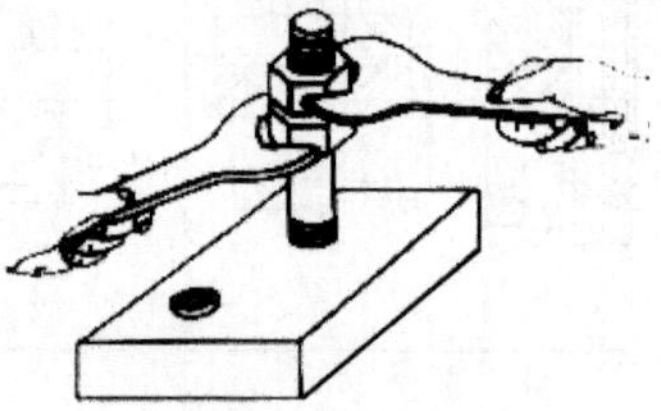<br>(c) 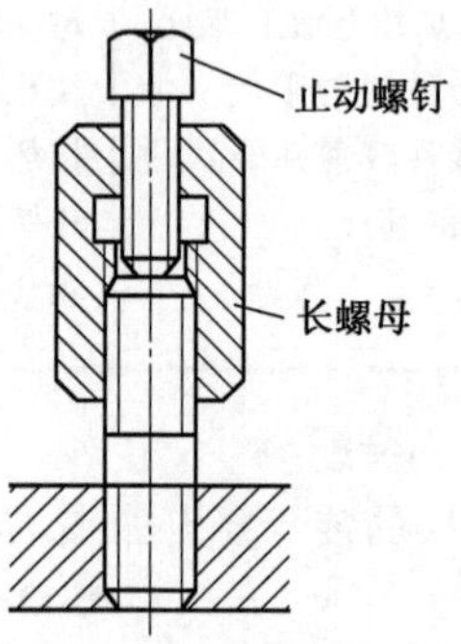<br>(d) 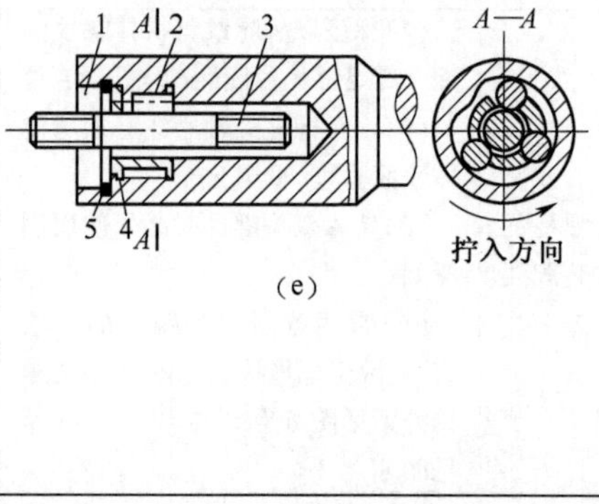<br>(e) |

| 序号 | 项目 | 装配要点 | 图　示 |
|---|---|---|---|
| 2 | 螺母与螺钉的装配要点 | （1）螺杆不产生弯曲变形，螺钉的头部、螺母底面应该与连接件接触良好。<br>（2）被连接件应受压均匀，互相紧密贴合，连接牢固。<br>（3）拧紧成组螺母或者螺钉时，要注意一定的拧紧顺序，原则如下：先中间、后两边，分层次，对称，逐步拧紧 | 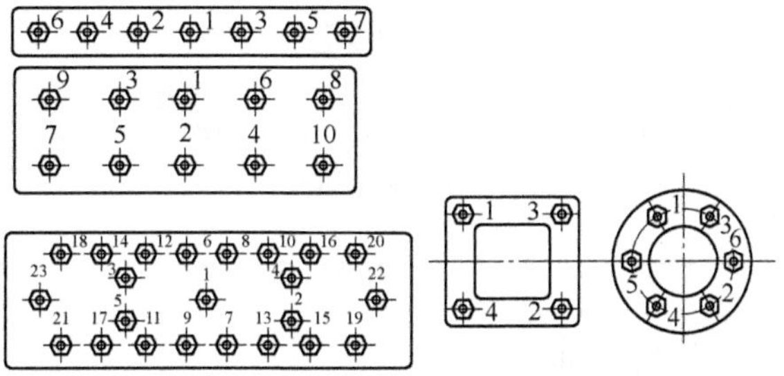 |

## 4. 螺纹连接的防松（见表13-4）

**表13-4　常用螺纹防松装置的类型及应用**

| 类型 | | 结构形式图示 | 特点及应用 |
|---|---|---|---|
| 附加摩擦力防松 | 双螺旋防松 | 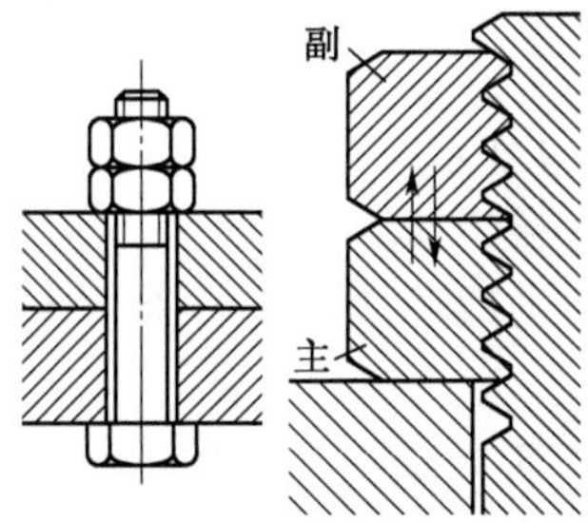 | 利用主、副两个螺母，先将主螺母拧紧至预定位置，然后再拧紧副螺母。这种防松装置由于要用两螺母，增加了结构尺寸和重量，一般用于低重载或较平稳的场合 |
| | 弹簧垫圈防松 | 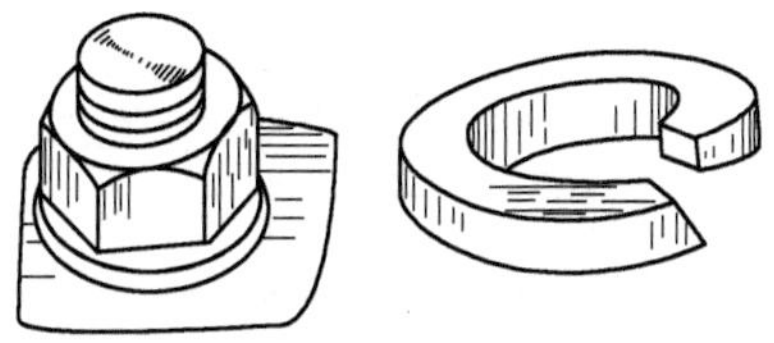 | 这种防松装置容易刮伤螺母和被连接件表面，同时，因弹力分布不均，螺母容易偏斜。其结构简单，一般用于工作较平稳，不经常装拆的场合 |
| 机械防松 | 开口销与带槽螺母 | 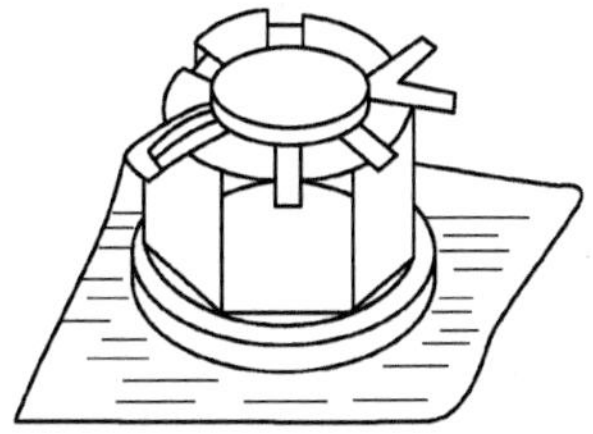 | 用开口销把螺母直接锁在螺栓上，它防松可靠，但螺杆上销孔位置不易与螺母最佳锁紧位置的槽口吻合。多用于变载和振动场合 |
| | 圆螺母与止动垫圈 | 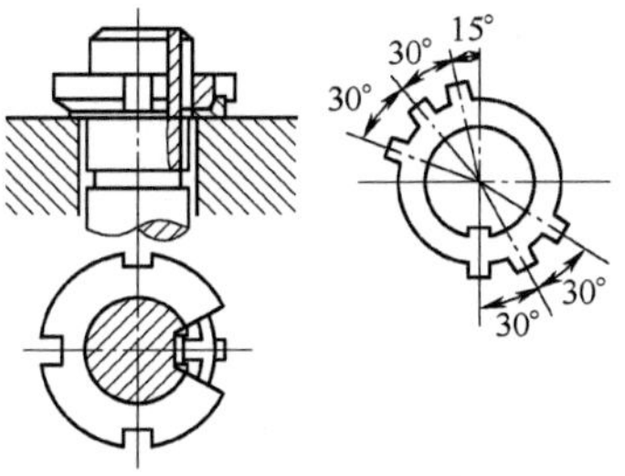 | 装配时，先把垫圈的内翅插入螺杆槽中，然后拧紧螺母，再把外翅变入螺母的外缺口内。用于受力不大的螺母防松 |

| 类型 | 结构形式图示 | 特点及应用 |
|---|---|---|
| 串联钢丝 | | 用钢丝穿过各螺钉或螺母头部的径向小孔,利用钢丝的牵制作用来防止回松。使用时应注意钢丝的牵绕方向。适用于布置较紧凑的成组螺纹连接 |

**任务实施**

用双螺母装拆双头螺柱,具体步骤如下:

(1)读懂装配图,了解滑动轴承的装配关系、技术要求和配合关系。

(2)按照图样要求,选用双头螺柱 2 个、六角螺母 4 个。

(3)选择活扳手和呆扳手各 1 把,直角尺 1 把,全损耗系统用油(N32)适量。

(4)在轴承座的螺孔内加注全损耗系统用油(N32)润滑,以防拧入时螺纹产生拉毛现象,及时起到防锈作用。

(5)将双手螺柱用手旋入机体螺孔内,如图 13-2 所示。

(6)用手将两个螺母旋在双头螺柱上,并相互稍微锁紧。

(7)用一个扳手卡住下螺母,用左手按逆时针方向旋转,用另一个扳手卡住上螺母,用右手按顺时针方向旋转;将处于双螺母锁紧状态。

(8)用扳手扳动上螺母,将双头螺柱锁紧在滑动轴承底座上,如图 13-3 所示。

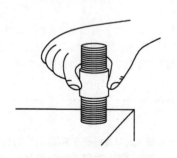

图 13-2 旋入机体螺孔内

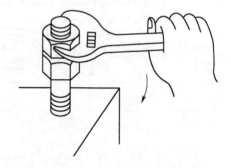

图 13-3 将双头螺柱锁紧在滑动轴承底座上

(9)用左手握住扳手,卡住下螺母不动,用右手握住另一个扳手,按逆时针方向扳动上螺母,使两个螺母松开,卸下两个螺母。

(10)用直角尺检测双头螺柱的轴线应与滑动轴承底座表面垂直,如图 13-4 所示。

(11)检查后,当偏差较小时,如对装配精度要求不高可用锤子锤击校正,如图 13-5 所示,或拆下双头螺柱用丝锥回攻校正螺孔;当对装配精度要求较高时则需更换双头螺柱。当偏差较大时,不能强行以锤击校正,否则会影响联接的可靠性。

(12)清洗干净轴承盖后,将其装入双头螺柱上,如图 13-6 所示。

(13)用手将螺母旋入螺柱上压住轴承盖。

(14)用扳手卡住螺母,按拧紧成组螺母时的顺序,压紧轴承盖,如图 13-7 所示。

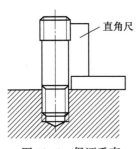

图 13-4　保证垂直

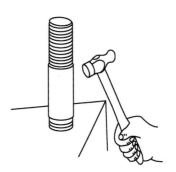

图 13-5　用锤子锤击校正

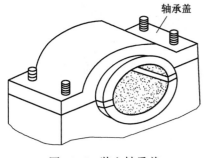

图 13-6　装上轴承盖

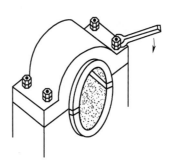

图 13-7　压紧轴承盖

(15)拆卸时,用扳手卡住下螺母,按逆时针方向旋转,将双头螺柱从机体中旋出。

## 任务评价

操作完毕,按照表 13-5 所示评分标准评分。

表 13-5　装拆双头螺柱连接实训记录与成绩评定

| 项次 | 项目和技术要求 | 实训记录 | 配分 | 得分 |
|---|---|---|---|---|
| 1 | 装配顺序正确 | | 10 | |
| 2 | 螺柱与轴承座配合紧固 | | 10 | |
| 3 | 螺柱轴线必须与轴承盖上表面垂直 | | 15 | |
| 4 | 装入双头螺柱时,必须用油润滑 | | 10 | |
| 5 | 双螺母联接应能起到防松目的 | | 15 | |
| 6 | 拆卸顺序正确 | | 15 | |
| 7 | 拆卸时无零件损坏 | | 15 | |
| 8 | 拆卸后的零件按顺序摆放,保管齐全 | | 10 | |
| 总计 | | | | |

# 任务二 键连接的装配

## 任务描述

按图 13-8 所示对机床动力输入轴进行平键安装作业。

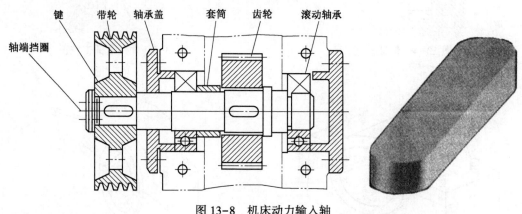

图 13-8 机床动力输入轴

## 相关知识

键连接是将轴和轴上零件通过键在圆周方向上固定,以传递转矩的一种装配方法。它具有结构简单,工作可靠和拆装方便等优点,因此在机械制造中被广泛应用。

键的主要类型有:平键、半圆键、楔键和切向键。

常见键连接的分类及特点如表 13-6 所示。

表 13-6 常见键连接的分类及特点

| 类型 | 松键连接 | 楔键连接 | 花键连接 |
|---|---|---|---|
| 特点 | 主要靠键的侧面来传递转矩的,对轴上零件作圆周方向固定,不能承受轴向力。松键连接采用的键有普通平键、导向键、半圆键和花键等 | 楔键的上、下表面为工作面,键的上表面和孔键槽底面各有 1:100 的斜度,键的侧面和键槽配合时有一定的间隙楔键连接还能轴向固定并传递单方向轴向力 | 有动连接和静连接两种方式。它具有承载能力高,传递转矩大,同轴度高和导向性好等优点,适应于大载荷和同轴度要求较高的传动机构中,但制造成本较高 |
| 结构图示 | | 普通楔键  钩头楔键  (a)  (a) | A—A放大 |

常见键连接装配的技术要求和装配要点如表 13-7 所示。

表 13-7　常见键连接装配的技术要求和装配要点

| 类型 | 松键连接的装配 | 楔键连接的装配 | 花键连接的装配 |
|---|---|---|---|
| 技术要求（标注方法） | （1）保证键与键槽的配合要符合工作要求。<br>（2）键与键槽都应有较小的表面粗糙度值。<br>（3）键装入轴的键槽时，一定要与槽底贴紧，长度方向上允许有 0.1 mm 的间隙，键的顶面应与轮毂键底部留有 0.3 ～ 0.5 mm 间隙 | （1）楔键的斜度一定要和配合的键槽的斜度一致。<br>（2）楔键与键槽的两侧面留有一定的间隙。<br>（3）钩头楔键不能使钩头紧贴套件的端面，否则不易拆装 | $6 \times 25 \dfrac{H7}{f7} \times 30 \dfrac{H10}{b11} \times 6 \dfrac{H11}{d10}$<br><br>键（槽）尺寸及配代号<br>大径尺寸及配合代号<br>小径尺寸及配合代号<br>键齿（槽）数 |
| 装配的要点 | （1）键和键槽不允许有毛刺，以放配合后有较大的过盈而影响配合的正确性。<br>（2）只能用键的头部和键槽配试，以防键在键槽内嵌而不易取出。<br>（3）锉配较长键时，允许键与键槽在长度方向上有 0.1 mm 的间隙。<br>（4）键连接装配时要加润滑油，装配后的套件在轴上不允许在圆周方向上的摆动。 | 装配楔键时一定要用涂色法检查键的接触情况，若接触不良，应对键槽进行修整，使其合格 | （1）静花键连接时套件应在花键轴上固定，当过盈量小时可用铜棒打入，若过盈量较大，可将套件（花键孔）加热到 80～120℃ 后再进行装配。<br>（2）动花键连接时应保证正确的配合间隙，使套件在花键轴上能自由滑动，用手感觉在圆周方向不应有间隙。<br>（3）对经过热处理后的花键孔，应用花键推刀修整后的花键孔，应用花键推刀修整后再进行装配。<br>（4）装配后的花键副，应检查花键轴与套件的同轴度和垂直度 |

## 任务实施

平键联接的拆装具体步骤如下：

（1）看懂装配图，了解装配关系、技术要求和配合性质。

（2）选择 300 mm 的锉刀、刮刀各一把，铜棒 1 根，锤子 1 把。

（3）选择游标卡尺、千分尺 1 把，内径百分表 1 块。

（4）用游标卡尺、内径百分表检查轴和配合件的配合尺寸。当配合尺寸不合格时，应经过磨、刮、铰削加工修复至合格，如图 13-9 所示。

（5）按照平键的尺寸，用锉刀修整轴槽和轮毂槽的尺寸。平键与轴槽的配合要求稍紧，键长方向上键与轴槽留有 0.1 mm 左右的间隙。平键与轮毂槽的配合，以用手稍用力能将平键推过去为宜，如图 13-10 所示。然后去除键槽上的锐边，以防装配时造成过大的过盈。

（6）装配时，先不装入平键，将轴与轴上配件试装，以检查轴和孔的配合状况，避免装配时轴与孔配合过紧。

（7）在平键和轴槽配合面上加注机械油（N32），将平键安装于轴的键槽中，用放有软钳口的台虎钳夹紧或用铜棒敲击，把平键压入轴槽内，并与槽底紧贴，如图 13-11 所示。测量平键装入的高度，测量孔与槽的上极限尺寸，装入平键后的高度尺寸应小于孔内键槽尺寸，公差允许在

0.3~0.5 mm 范围内,如图 13-12 所示。

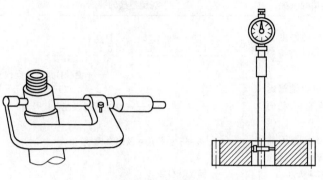

图 13-9 检查轴和配合件的配合尺寸

图 13-10 平键与轮毂槽的配合

图 13-11 将平键压入轴槽内

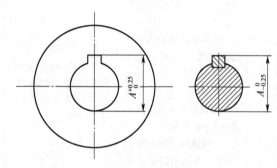

图 13-12 公差范围

(8)将装配完平键的轴,夹在钳口带有软钳口的台虎钳上,并在轴和孔表面加注润滑油,如图 13-13 所示。

(9)把齿轮上的键槽对准平键,目测齿轮端面与轴的轴线垂直后,用铜棒、锤子敲击齿轮,慢慢地将其装入到位(应在 A、B 两点外轮换敲击,如图 13-14 所示)。

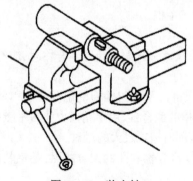

图 13-13 装夹轴

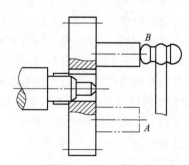

图 13-14 安装齿轮

(10)装上垫圈,旋上螺母。

(11)拆卸时,用扳手松开螺母,取下挡圈,将齿轮用拉卸工具拆下即可。

**任务评价**

操作完毕,按照表 13-8 所示评分标准评分。

表 13-8  装拆平键联接评分表

| 项次 | 项目和技术要求 | 实训记录 | 配分 | 得分 |
|---|---|---|---|---|
| 1 | 装配顺序正确 | | 10 | |
| 2 | 平键与轴槽和轮毂槽的配合性质符合要求 | | 15 | |
| 3 | 键长方向上键与轴槽有 0.1 mm 左右间隙 | | 10 | |
| 4 | 装入平键时,配合面上必须用油润滑 | | 10 | |
| 5 | 平键与槽底接触良好 | | 10 | |
| 6 | 平键与键槽的非配合面应留有间隙 | | 15 | |
| 7 | 装配后的齿轮在轴上不能左右摆动 | | 15 | |
| 8 | 拆卸方法、顺序正确,无零件损坏 | | 15 | |
| 总　　计 | | | | |

# 任务三　销连接的装配

**任务描述**

完成图 13-15 所示所有联接件的拆装。

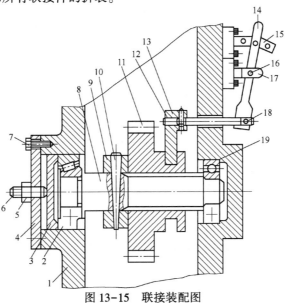

图 13-15　联接装配图

1—箱体;2—圆锥滚子轴承;3—止退盖;4—端盖;5—螺母;6—调整螺钉;7—六角螺钉;
8—花键轴;9—轴套;10—圆锥销;11—滑移齿轮;12—拉杆;13—拨叉;14—手柄;
15、17—支承座;16—圆柱销;18—滑块、滑块销;19—深沟球轴承

**相关知识**

销连接可起定位、连接和保险作用。销连接可靠,定位方便,拆装容易,再加上销子本身制造简便,故销连接应用广泛。

定位销:主要用于零件间位置定位,如图 13-16(a)所示,常用作组合加工和装配时的主要轴辅助零件。

连接销:主要用于零件间的连接或锁定,如图 13-16(b)所示,可传递不大的载荷。

安全销:主要用于安全保护装置中的过载剪断元件,如图 13-16(c)所示。

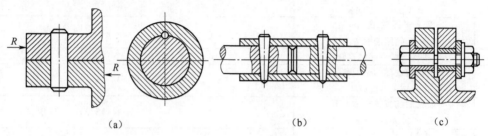

（a）　　　　　　　　　　　（b）　　　　　　　　　　　（c）

图 13-16　销连接

销连接的类型和装配方法如表 13-9 所示。

**表 13-9　销连接的类型及装配方法**

| 类型 | 圆柱销装配 | 圆锥销装配 |
| --- | --- | --- |
| 作用和特点 | 圆柱销有定位、连接和传递转矩的作用。圆柱销连接属过盈配合,不易多次装拆 | 圆锥销具有 1:50 的锥度,它定位准确,可多次拆装 |
| 装配孔加工方法 | 需要两孔(或多孔)同时钻、铰,并使孔的表面粗糙度值在 $Ra1.6\mu m$ 以下 | 被连接的两孔也应同时钻铰出来,孔径大小以销子自由插入孔中长度约 80% 左右为宜 |
| 装配方法 | 装配时应在销子上涂上机油,用铜棒将销子打入孔中 | 用锤子打入即可 |

**任务实施**

具体实施步骤如下:

(1)识读装配图,了解装配关系、技术要求和配合性质。

(2)选择锉刀、锤子各 1 把,圆锥铰刀 1 支,铜棒 1 根。

(3)根据圆锥孔的深度和圆锥销小端直径,来确定钻头直径。(如果圆锥孔较深,为减少铰削余量,可钻成阶梯形孔。注意首先选用小端直径的钻头,根据计算再选用其余钻头,如图 13-17所示)

(4)选择游标卡尺、千分尺各 1 把。

(5)用千分尺测量圆锥销小端直径,经测量合格后,用锉刀锉去圆锥销上的毛刺。

(6)把花键轴装夹在带有软钳口的台虎钳上。

（7）按图样上给定的定位尺寸,用铜棒和锤子以敲击的方法,将定位套装配到花键轴上,并达到指定的位置。

（8）在定位套上,用钢直尺和规划出圆锥销的位置并打样冲眼,如图 13-18 所示。

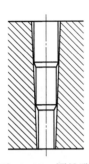

图 13-17　圆锥孔

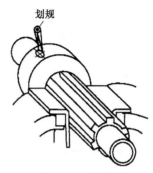

图 13-18　定位套

（9）把装配完定位套的花键轴搬到台式钻床上,夹持两个联接件叠合部位,并夹紧固定好。

（10）将选择好的钻头装夹在台式钻床的钻夹头中并拧紧。

（11）起动钻床,按定位套上已划的孔线,钻出圆锥销底孔。孔的轴线应垂直并通过轴的轴线。

（12）用锥度铰刀,铰出圆锥孔。铰孔时,应往孔内加注切削液,并且注意铰孔深度。图 13-19 所示为使用手用铰刀铰孔时,在铰刀上作出标记。

（13）清楚圆锥孔内的切屑和污物。

（14）用手将圆锥销推入圆锥孔中进行试装,检查圆锥孔深度,圆锥销插入圆锥孔内的深度占圆锥销长度的 80%~85% 即可,如图 13-20 所示。

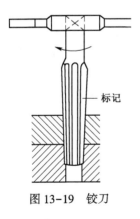

图 13-19　铰刀

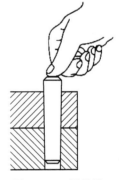

图 13-20　圆锥销

（15）把圆锥销取出来,擦净,在表面上加机械油（N32）。

（16）用手将圆锥销推入圆锥孔中,用铜棒敲击圆锥销端面,圆锥销的倒角部分应伸出在所联接的零件平面外。

 任务评价

操作完毕,按照表 13-10 所示评分表进行评分。

表 13-10　拆装圆锥销联接评分表

| 项次 | 项目和技术要求 | 实训记录 | 配分 | 得分 |
|---|---|---|---|---|
| 1 | 装配顺序正确 | | 10 | |
| 2 | 钻头选择正确 | | 10 | |
| 3 | 两联接件一起装夹 | | 15 | |
| 4 | 销孔的轴线应垂直于并通过轴的轴线 | | 15 | |
| 5 | 装入圆锥销时,必须用油润滑 | | 10 | |
| 6 | 圆锥销装配深度正确 | | 15 | |
| 7 | 拆卸圆锥销联接的顺序、方法正确 | | 15 | |
| 8 | 拆卸时无零件损坏 | | 10 | |
| 总计 | | | | |

# 任务四　过盈连接的装配

## 任务描述

过盈连接的装配在实际工作中应用最广的是轴与轴承的装配。在老师的指导下,完成深沟球轴承的装拆。

## 相关知识

过盈连接是以包容件(孔)和被包容件(轴)配合后的过盈来达到紧固连接的一种连接方法。这种连接结构简单,定心精度好,可承受转矩、轴向力或两者复合的载荷,且承载能力高,在冲击振动载荷下也能较可靠的工作;缺点是结合面加工精度要求较高,装配不便,虽然连接零件无键槽削弱,但配合面边缘处应力集中较大。过盈连接主要用在重型机械、起重机械、船舶、机车及通用机械,且多用中等和大尺寸。

过盈连接的类型、特点和应用如表 13-11 所示。

表 13-11　过盈连接的类型、特点和应用

| 类型 | 圆柱面过盈连接 | 圆锥面过盈连接 |
|---|---|---|
| 特点 | 圆柱面过盈配合连接的过盈量是由所选择的配合来确定。当过盈量及配合尺寸较小时,一般采用在常温下直接压入装配法;当过盈量及配合尺寸较大时,常采用温差法装配。圆柱面过盈配合连接结构简单,加工方便,但不宜多次装拆 | 圆锥面过盈连接是利用包容件与被包容件相对轴向位移压紧获得过盈配合。可利用螺纹连接件实现轴向相对位移和压紧;也可利用液压装入和拆下。圆锥面过盈连接时压合距离较短,装拆方便,装拆时结合面不易擦伤;但结合面加工不便 |
| 应用 | 应用广泛,用于轴毂连接,轮圈与轮芯滚动轴承与轴的连接,曲轴的连接 | 这种连接多用于承载较大且零件多次拆装的场合,尤其适用于大型零件,如轧钢机械、螺旋桨尾轴等 |

续表

| 类型 | 圆柱面过盈连接 | | 圆锥面过盈连接 |
|------|------|------|------|
| 结构图示 | 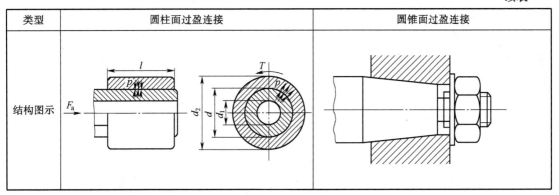 | | |

过盈连接的装配方法、特点和应用如表 13-12 所示。

**表 13-12　过盈连接的装配方法、特点和应用**

| 类型 | 压入法 | 温差法 | 液压法 |
|------|--------|--------|--------|
| 特点 | 工艺简单,但配合表面易擦伤,削弱了连接的紧固性 | 将包容件置于与电炉、煤气炉或热油中加热;或将被包容件用于冰、液态空气或置于低温箱中冷却;也可同时加热包容件和冷却被包容构件 | 将高压油压入表面,使包容件胀大被包容件缩小,同时施以不大的轴向力,两者相对移动到预定位置,然后排出高压即可得到过盈连接,对配合面的接触精度要求较高,需要高压液压泵等专用设备 |
| 应用 | 适用于过盈量或尺寸较小的场合 | 工艺较压入法复杂,配合表面不易擦伤,可适用于过盈量或尺寸较大的场合,尤其适用于经热处理或涂覆过的表面 | 主要用于圆锥面过盈连接 |

### 任务实施

深沟球轴承的装拆具体步骤如下:

(1)识读深沟球轴承装配图,了解装配关系和技术要求。

(2)根据图样要求,选择外径千分尺一把,内径百分表一套。

(3)选择半圆形油石一块,手锤一把,装满润滑油的油枪一把,专用套筒三个,润滑脂及煤油适量。

(4)检查所需要装配轴承的规格、牌号及精度等级的标志是否与图样要求相符。

(5)用半圆形油石将轴颈及轴承孔上的毛刺去掉并倒钝。

(6)用煤油清洗干净轴承和所要装配的轴颈、轴承孔。

(7)用煤油清洗干净轴承端盖上的密封件及接油槽。

(8)外径千分尺和内径百分表分别检查轴颈和轴承孔的配合尺寸是否符合装配技术要求。

(9)在配合表面用油枪注上洁净的润滑油。

(10)需要润滑脂润滑的轴承,则在轴承内涂上洁净的润滑脂。

(11)将轴承放置在轴颈上或轴承座孔内,注意不能歪斜。

(12)安装轴承内圈时,应采用专用套筒顶住内圈,以使手锤锤击力均匀作用在内圈上,如图 13-21(a)所示。

（13）安装轴承外圈时，应采用专用套筒顶住外圈，以使手锤锤击力均匀作用在外圈上，如图 13-21（b）所示。

（14）内、外圈同时装配时，应采用专用套筒顶住内、外圈，以使手锤锤击力同时作用在内、外圈上，如图 13-21（c）所示。

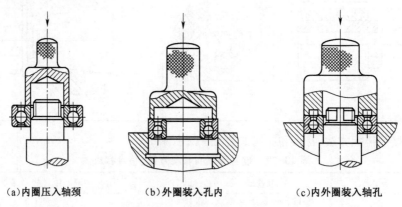

（a）内圈压入轴颈　　　（b）外圈装入孔内　　　（c）内外圈装入轴孔

图 13-21　专用套筒的使用

（15）用手锤敲击专用套筒，将轴承装配到位。

（16）装上轴承端盖，根据轴与轴承进行预紧，即给轴承的内圈或外圈施加一个轴向力，以消除轴向游隙，提高轴承刚度及旋转精度，如图 13-22 所示，拆卸轴承时应用专用工具，如图 13-23 所示。

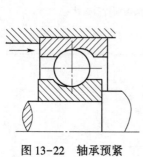

图 13-22　轴承预紧

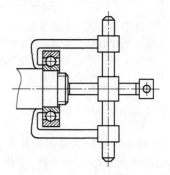

图 13-23　用螺旋拆卸器拆卸

**任务评价**

操作完毕，按照表 13-13 所示评分表进行评分。

表 13-13　评 分 标 准

| 序号 | 考核内容 | 考核要求 | 配分 | 评分标准 | 检测结果 | 得分 |
|---|---|---|---|---|---|---|
| 1 | 实训态度 | （1）不迟到，不早退。<br>（2）实训态度应端正 | 10 | （1）迟到 1 次扣 1 分。<br>（2）旷课 1 次扣 5 分。<br>（3）实训态度不端正扣 5 分 | | |

| 序号 | 考核内容 | 考核要求 | 配分 | 评分标准 | 检测结果 | 得分 |
|---|---|---|---|---|---|---|
| 2 | 安全文明生产 | (1)正确执行安全技术操作规程。<br>(2)工作场地应保持整洁。<br>(3)工件、工具摆放应保持整齐 | 6 | (1)造成重大事故，按0分处理。<br>(2)其余违规，每违反一项扣2分 | | |
| 3 | 设备、工具、量具的使用 | 各种设备、工具、量具的使用应符合有关规定 | 4 | (1)造成重大事故，按0分处理。<br>(2)其余违规，每违反一项扣1分 | | |
| 4 | 操作方法和步骤 | 操作方法和步骤必须符合要求 | 30 | 每违反一项扣1~5分 | | |
| 5 | 技术要求 | 符合要求 | 50 | 每违反一项扣10分 | | |
| 总计 | | | | | | |

# 任务五　管道连接的装配

## 任务描述

在老师的指导下，完成液压机管道的拆装。

## 相关知识

管道由管、管接头、法兰盘和衬垫等零件组成，并与流体通道相连，以保证水、气或其他流体的正常流动。

管按其材料不同可分为钢管、铜管、尼龙管和橡胶管等多种。管接头按其形状不同可分为螺纹管接头、法兰盘式管接头、卡套式管接头和球形管接头多种。

常用管道连接的介绍如表13-14所示。

表13-14　常用管道连接装配简介

| 类型 | 特征 | 安装辅料 | 应用范围 | 装配方法 |
|---|---|---|---|---|
| 螺纹管接头连接 | 连接管道的管螺纹有圆锥形管螺纹和圆柱形管螺纹两种，现场用绞板和套丝机加工的管螺纹都是圆锥形管螺纹某些管配件，如通牙的管接头和一般阀门的内螺纹，则是圆柱形管螺纹 | 厚白漆、厚白漆+麻丝、黄粉（一氧化铝）+甘油、黄粉（一氧化铝）+蒸馏水、聚四氟乙烯生料带 | 广泛应用于居民生活、工业等各种固定管道的连接 | (1)安装辅料应按螺纹旋转方向薄而均匀地缠绕在丝扣上。<br>(2)用黄粉、甘油调和物做辅料，操作时将黄粉、甘油拌成糊状，涂于管螺纹上后立即装上管件，并一次拧紧为止，不得松动倒退。<br>(3)拧紧管螺纹应选择合适的管子钳，不能再管子钳的手柄上加套管，增长手柄来拧紧管子 |

| 类型 | 特征 | 安装辅料 | 应用范围 | 装配方法 |
|---|---|---|---|---|
| 法兰盘式管接头连接 | 法兰连接是将垫片放入一对固定的两个管口上的法兰中间,用螺栓拉紧,使其紧密接合起来的一种可拆卸的接头连接方式 | 工业橡胶板垫片、橡胶石棉板垫片、金属石棉缠绕垫片、金属垫片 | 主要应用于管子与带法兰的配件(如阀门)或设备的连接,以及管子需经常拆卸的部件的连接 | (1)必须清除表面及密封面上的铁锈、油污等杂物,要将法兰面的密封线剔清楚。<br>(2)法兰连接时应保持平行,不得用强紧螺栓的方法消除歪斜。<br>(3)法兰连接应保持同轴并保证螺栓能自由穿入。<br>(4)法兰装配时,法兰面必须垂直于管中心。<br>(5)法兰垫片应符合标准,并安装在法兰中心位置。<br>(6)法兰连接应使用同一规格螺栓,安装方向一致。紧固螺栓应对称均匀,松紧适度,紧固后螺栓与螺母宜齐平 |
| 卡套式管接头连接 | 卡套式管接头由卡套、接头体、螺母组成,其卡套是一个前后端外侧带有锥面、前端内侧带有刃口的金属环;接头体相当于挤压模具,螺母的作用是推动卡套,导致卡套前端内侧刃口卡住,半切入管子形成密封,而卡套前后端外侧分别与接头体、螺母的内锥面形成锥面密封 | —— | 安装时不需要动火,操作简便,广泛应用于石油、化工、轻工、机械、国防、航空、医药等领域的自控装置管道中,以及各种工程机械、机床设备的液压传动管路 | (1)安装前应清洗卡套接头体和螺母,在螺纹表面涂上一层润滑油。<br>(2)按所需尺寸切割管子,管口应平齐、垂直于管中心,刮去管口内外的毛刺,管子表面不得有划伤,凹凸陷、裂缝、锈蚀等缺陷。<br>(3)在连接的管子上套进螺母和卡套,卡套的刃口朝前(管端)。<br>(4)连接接头体,用于拧紧螺母,然后用扳手将螺母缓慢拧紧3/4周,再拆下螺母,检查卡套在管子上的咬合情况。允许卡套在钢管上有转动,但不得上下,左右移动,卡套的刃口应切入管子表面。<br>(5)重新旋紧螺母,直至卡套的刃口完全切入管子管壁 |

续表

| 类型 | 特征 | 安装辅料 | 应用范围 | 装配方法 |
|---|---|---|---|---|
| 球形管接头连接 | 球形管接头安装在管道上后,球体可以以回转中心在8角范围内自由转动,来补偿管道因地基沉降、热胀冷缩引起的挠曲。具有补偿量大,占据空间小,流体阻力小,安装方便和综合成本低等优点 | —— | 适用于底面沉降大、震动大、地形复杂的管道连接 | 根据球形管接头的接口方式不同选择不同的装配方法 |
| 管道的热熔连接 | 热熔连接是一个物理过程:加热到一定时间后,将材料原来紧密排列的分子链融化,然后在稳定的压力作用下将两个部件连接并固定,在熔合区建立接缝压力。由于接缝压力的作用,熔化的分链材料冷却,温度下降并重新连接,使两个部件闭合成一个整体 | —— | 多用于室内生活给水,PP–R管 PB管的安装 | (1)热熔工具接通电源,达到工作温度指示灯亮后方可开始操作。<br>(2)切割管材,必须使端面垂直于管轴线。切割后管材断面应去除毛边和毛刺。<br>(3)管材与管件连接端面必须清洁、干燥、无油。<br>(4)无旋转地把管端导入热套内,插入到所标志的深度。<br>(5)达到加热时间后,立即把管材与管件从加热套与加热头同时取下,迅速无旋转的直线均匀插入到所标深度,使接头处形成均匀凸缘。<br>(6)刚熔接好的接头还可以校正,但严禁旋转 |

管道连接装配的技术要求:

(1)保证连接有足够的密封性。管在连接前应进行密封性试验,保证管子没有破损和泄漏现象。

(2)保证连接后压力损失最小。管道连接时,管道的通流截面积应足够大,长度可尽量减少,管道内壁的表面粗糙度值应尽可能地小一些。

(3)法兰盘连接时,两法兰盘端面必须与管子的轴心线垂直。

(4)球形管接头连接时,若流体压力较高,应将管接头的球面(或锥面)进行研磨。

任务实施

液压机管道的拆装具体实施步骤如下:

（1）按照有关技术资料做好各项准备工作。

（2）分解液压元件应在符合国家标准的净化室中进行，或在封闭的车间中进行。

（3）要熟知被拆元件的结构、作用和工作原理。

（4）拆卸前必须知道拆卸顺序和方法，不许乱拆乱卸，反对野蛮拆卸，严禁破坏性拆卸。

（5）允许用煤油、汽油以及和液压系统牌号相同的液压油清洗，但不得用和液压系统牌号不同的液压油清洗。

（6）清洗后的零件不准放在土地、水泥地、地板和钳工台上，也不宜直接放在装配台上，而应放入带盖子的容器中，并注入液压油。

（7）清洗后的零件不准用棉、麻、丝和化纤品擦拭，防止脱落的纤维污染系统，必要时允许用清洁干燥的压缩空气吹干零件。

（8）在拆洗过程中，要检查零件的锈蚀情况和密封件的老化程度，已经不符合技术要求的零件应更换。

（9）已清洗过但暂不装配的零件应放入防锈油中保存。

（10）装配时切勿把零件、密封件错装或漏装。

（11）油箱内部、油路板或集成块中的流道也要进行严格清洗。

## 任务评价

操作完毕，按照表 13-15 所示评分标准评分。

表 13-15　评 分 标 准

| 序号 | 考核内容 | 考核要求 | 配分 | 评分标准 | 检测结果 | 得分 |
|---|---|---|---|---|---|---|
| 1 | 实训态度 | (1)不迟到，不早退。<br>(2)实训态度应端正 | 10 | (1)迟到 1 次扣1分。<br>(2)旷课 1 次扣5分。<br>(3)实训态度不端正扣5分 | | |
| 2 | 安全文明生产 | (1)正确执行安全技术操作规程。<br>(2)工作场地应保持整洁。<br>(3)工件、工具摆放应保持整齐 | 6 | (1)造成重大事故，按 0 分处理。<br>(2)其余违规，每违反一项扣2分 | | |
| 3 | 设备、工具、量具的使用 | 各种设备、工具、量具的使用应符合有关规定 | 4 | (1)造成重大事故，按 0 分处理。<br>(2)其余违规，每违反一项扣1分 | | |
| 4 | 操作方法和步骤 | 操作方法和步骤必须符合要求 | 30 | 每违反一项扣 1～5分 | | |
| 5 | 技术要求 | 符合要求 | 50 | 每违反一项扣10分 | | |
| 总计 | | | | | | |

## 习　题

### 一、填空题

1. 常用的固定连接有 _____ 连接、_____ 连接、_____ 连接、_____ 连接和 _____ 连接等。

2. 螺纹连接是一种 _____ 的固定连接。

3. 拧紧双头螺栓常用的方法有：用 _____ 拧紧、用 _____ 拧紧和用专用工具拧紧等。

4. 松键连接是靠键的 _____ 传递扭矩的，用于对轴上零件作 _____ 方向固定，不能承受 _____ 向力。

5. 销连接具有 _____ 、_____ 和 _____ 作用。

6. 圆锥销的锥度为 _____ ，它定位 _____ ，可多次拆装。

7. 常用的过盈连接的装配方法有 _____ 法、_____ 法和 _____ 法等。

8. 管道由 _____ 、_____ 、_____ 和补垫等零件组成。

### 二、判断题

1. 专用扳手只能拆装一种规格的螺钉或螺母。　　　　　　　　　　　　　　（　　）

2. 拧紧成组螺母时，只要逐个拧紧即能满足使用。　　　　　　　　　　　　（　　）

3. 普通楔键连接，键的上、下面为工作面，键与键槽两侧面留有一定的间隙。（　　）

4. 键连接装配后，套件不允许在圆周方向上有摆动。　　　　　　　　　　　（　　）

5. 圆柱销一般依靠过盈固定在孔中，用以定位和连接。　　　　　　　　　　（　　）

6. 过盈连接对配合面的精度要求高，加工、装拆都比较方便。　　　　　　　（　　）

7. 圆柱销连接属过盈配合，多次拆装也不会影响定位精度和连接的紧固程度。（　　）

### 三、选择题

1. 用活动扳手紧固螺钉或螺母时，应让 _____ 承受主要的作用力。

A. 活动钳口　　　　　　B. 固定钳口　　　　　　C. 螺杆

2. 拧紧双头螺柱时，必须保证螺柱的中心线与机体表面 _____ 。

A. 垂直　　　　　　　　B. 平行　　　　　　　　C. 倾斜

3. 拧紧矩形布置的成组螺钉或螺母的顺序是 _____ 扩展。

A. 从左向右　　　　　　B. 从右向左　　　　　　C. 从中间向两边对称

4. 松键装入键槽后，键的顶面与配合的轮毂键槽底部应有一定的 _____ 。

A. 过盈　　　　　　　　B. 间隙　　　　　　　　C. 间隙或过盈

5. 用锤子加垫块采用敲击的手段完成装配工作的方法称为 _____ 装配法。

A. 热胀　　　　　　　　B. 压入　　　　　　　　C. 冷缩

6. 用法兰盘连接管道时，两法兰盘端面必须与管子的轴线 _____ 。

A. 垂直　　　　　　　　B. 平行　　　　　　　　C. 倾斜

### 四、问答题

1. 螺纹连接中常用的防松方法有哪几种？

2. 过盈连接的装配方法有几种？分别是怎样进行的？

3. 简述管道连接装配的技术要求。

项目  传动机构的装配

机械传动机构,可以将动力所提供的运动的方式、方向或速度加以改变,被人们有目的地加以利用,应用很广。传动机构的类型较多,常见的有带传动、链传动、齿轮传动、螺旋传动和蜗杆传动等。

**学习目标**

1. 了解常见传动机构的结构特点。
2. 掌握常见传动机构的装调方法。
3. 熟知常见传动机构装配的技术要求。
4. 了解常见传动机构装调的调整与检验。

# 任务一　带传动机构的装配

**任务描述**

带传动属于摩擦传动,图 14-1 所示为 Z516 型钻床的带传动机构。安装和调试该带传动机构正确与否是影响钻床工作平稳性、噪声、有效传递动力的关键。本任务要求完成带传动机构的安装和调试。

图 14-1　Z516 型钻床的带传动机构

**相关知识**

**一、带传动基本知识**

带传动是常用的一种机械传动,它依靠挠性的带(或称传动带)与带轮间的摩擦力来传递运动和动力。带传动具有结构简单、传动平稳、能缓冲吸振、可以在大的轴间距和多轴间传递动力,

且其造价低廉、不需润滑、维护容易等特点,在近代机械传动中应用十分广泛。

带传动分为 V 带传动、平带传动和同步带传动等,如图 14-2 所示。

带轮的基本要求:带轮要求重量轻且分布均匀。当 $v>5$ m/s 时,要进行静平衡试验;当 $v>25$ m/s 时,还需要进行平衡试验。轮槽工作面表面粗糙度值在 Ra1.6 μm 左右,过高不经济、易打滑,过低则会加速带的磨损。

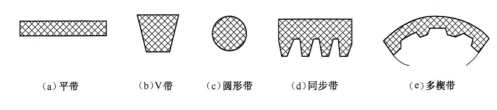

(a)平带　　(b)V带　　(c)圆形带　　(d)同步带　　(e)多楔带

图 14-2　带传动

## 二、带轮与轴的固定形式

带轮孔与轴为过渡配合,有少量过盈,同轴度较高,并且用坚固件作周向和轴向固定。带轮在轴上的固定形式如图 14-3 所示。

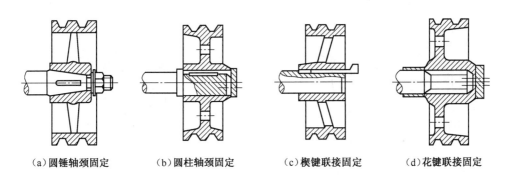

(a)圆锥轴颈固定　　(b)圆柱轴颈固定　　(c)楔键联接固定　　(d)花键联接固定

图 14-3　带轮与轴的固定形式

## 三、带传动机构装配技术要求

带传动机构装配技术要求如下:

(1)严格控制带轮的径向圆跳动和轴向窜动量。

(2)两带轮的端面一定要在同一平面内。

(3)带轮工作表面的表面粗糙度值要大小适当,过大,会使传动带磨损较快,过小,易使传动带打滑,一般 Ra1.6 μm 左右比较合适。

(4)带的张紧力要适当,且调整方便。

## 四、带传动张紧力的检查与调整

### 1. 带传动张紧力的检查

(1)在带与带轮的两个切点 A 点与 B 点的中间,用弹簧垂直于带加一个载荷 G。

(2)通过测量带产生的挠度 $y=1.6l/100$ 为适当,$l$ 为两点切间的距离,如图 14-4 所示。

(3)可根据经验判断张紧力是否合适。用大拇指按在 V 带两切点间的中点处,能将 V 带按下 15 mm 左右即可,如图 14-5 所示。

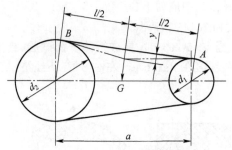

图 14-4　通过测量挠度检查张紧力

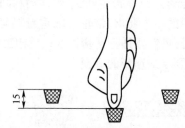

图 14-5　按下 V 带根据移动距离检查张紧力

### 2. 张紧力的调整

（1）通过改变中心距调整张紧力

当带处于竖直位置时，通过旋转装置中的调整螺杆，使电动机连同带轮一起绕摆动轴转动，改变带轮之间的垂直方向中心距，使张紧力增大或减少，如图 14-6 所示。

当处于水平位置时，通过旋转调整螺钉，使电动机连同带轮一起做水平方向移动，从而改变两带轮之间的水平方向中心距，使张紧力增大或减少，如图 14-7 所示。

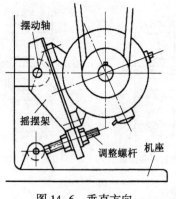

图 14-6　垂直方向

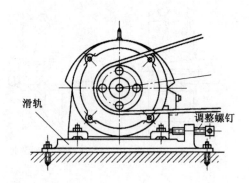

图 14-7　水平方向

（2）利用张紧轮来调整张紧力，如图 14-8 所示，通过改变重锤 $G$ 到转轴 $O_1$ 的距离来调整张紧力的大小，远离 $O_1$ 时张紧力大，靠近 $O_1$ 时张紧力小。

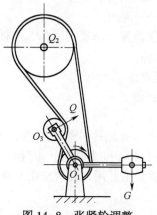

图 14-8　张紧轮调整

任务实施

对带传动机构的安装和调试步骤如表14-1所示。

**表14-1 带传动机构的安装和调试步骤**

| 序号 | 项目 | | 图 示 | 操作说明 |
|---|---|---|---|---|
| 1 | 带轮的安装 | 带轮径向和轴向圆跳动误差的检验 | 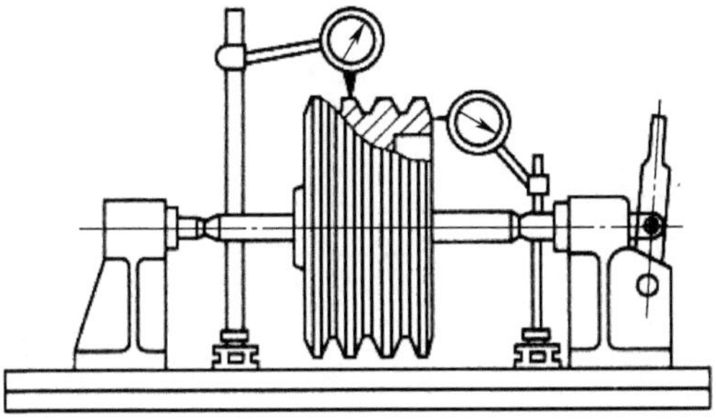 | (1)清理带轮孔、轮槽、轮缘表面上的毛刺和污物。<br>(2)检验带轮孔径的径向圆跳动和轴向圆跳动误差。首先将检验棒插入带轮孔中,并用两顶尖支顶检验棒;其次将百分表测头分别置于带轮圆柱面和带轮端面靠近轮缘处;最后旋转带轮一周,百分表在圆柱面上的最大读数差即为带轮的径向圆跳动误差,百分表在端面上的最大读数差为带轮的轴向圆跳动误差。<br>(3)锉配平键,保证键联接的各项技术要求。<br>(4)把带轮孔、轴颈清洗干净,涂上润滑油 |
| 2 | | 螺旋压入工具压入带轮 | 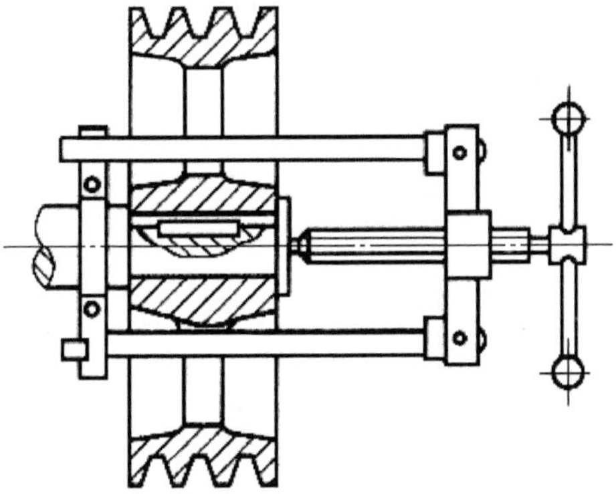 | 装配带轮时,使带轮键槽与轴颈上的键对准,当孔与轴的轴线同轴后,用铜棒敲击带轮靠近孔端面处,将带轮装配到轴颈上。也可用螺旋压入工具将带轮压到轴上 |

| 序号 | 项目 | 图　示 | 操作说明 |
|---|---|---|---|
| 3 | 检验带轮位置精度 | 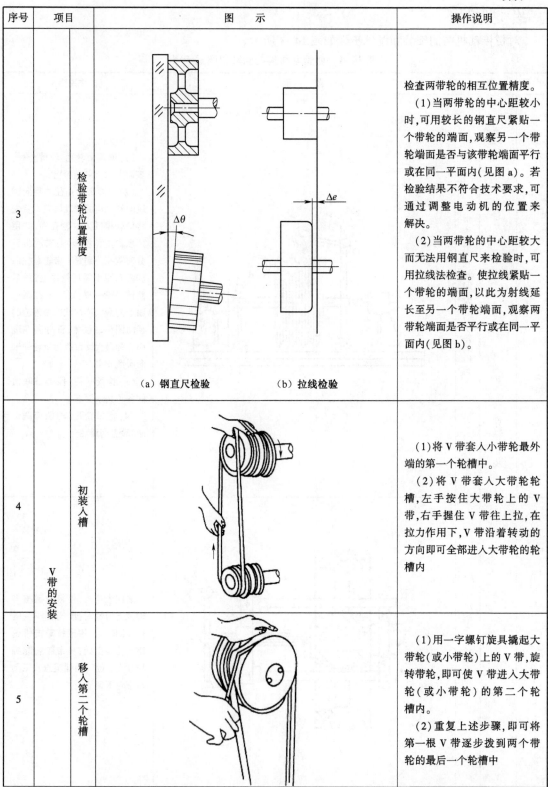<br>（a）钢直尺检验　　　　（b）拉线检验 | 检查两带轮的相互位置精度。<br>（1）当两带轮的中心距较小时，可用较长的钢直尺紧贴一个带轮的端面，观察另一个带轮端面是否与该带轮端面平行或在同一平面内（见图a）。若检验结果不符合技术要求，可通过调整电动机的位置来解决。<br>（2）当两带轮的中心距较大而无法用钢直尺来检验时，可用拉线法检查。使拉线紧贴一个带轮的端面，以此为射线延长至另一个带轮端面，观察两带轮端面是否平行或在同一平面内（见图b）。 |
| 4 | V带的安装 初装入槽 | | （1）将V带套入小带轮最外端的第一个轮槽中。<br>（2）将V带套入大带轮轮槽，左手按住大带轮上的V带，右手握住V带往上拉，在拉力作用下，V带沿着转动的方向即可全部进入大带轮的轮槽内 |
| 5 | 移入第二个轮槽 | | （1）用一字螺钉旋具撬起大带轮（或小带轮）上的V带，旋转带轮，即可使V带进入大带轮（或小带轮）的第二个轮槽内。<br>（2）重复上述步骤，即可将第一根V带逐步拨到两个带轮的最后一个轮槽中 |

| 序号 | 项目 | 图　　示 | 操作说明 |
|---|---|---|---|
| 6 | V带的安装 | V带在轮槽中的位置 <br> （a）正确　　　　（b）不正确 | 检查V带装入轮槽中的位置是否正确 |

任务评价

操作完成,按表14-2所示评价表进行评分。

**表14-2　带传动装配考核评价表总得分**

| 序号 | 项目与技术要求 | 配分 | 检测标准 | 实测记录 | 得分 |
|---|---|---|---|---|---|
| 1 | 清理带轮上的污物和毛刺 | 5 | (1)不清除扣5分。<br>(2)清除不彻底扣2~3分 | | |
| 2 | 准备工具齐全 | 5 | 准备不齐全扣5分 | | |
| 3 | 百分表的安装与使用 | 10 | (1)安装方法不正确扣4分。<br>(2)使用方法不正确扣4分 | | |
| 4 | 带轮轴向圆跳动误差的检测 | 10 | (1)检测部位不正确扣5分。<br>(2)读数不正确扣5分 | | |
| 5 | 带轮径向圆跳动误差的检测 | 10 | (1)检测部位不正确扣5分。<br>(2)读数不正确扣5分 | | |
| 6 | 带轮和轴安装部位全损耗系统用油滑润到位 | 10 | 不涂油每处扣5分 | | |
| 7 | 两轮相互位置的检查 | 10 | (1)方法不正确扣5分。<br>(2)读数不正确扣5分 | | |
| 8 | V安装正确 | 15 | (1)带装入顺序不正确扣5分。<br>(2)方法不正确扣5分 | | |
| 9 | 张紧力的检查 | 15 | (1)检查方法不正确扣5分。<br>(2)处理方法不正确扣5分 | | |
| 10 | 安全文明操作 | 10 | 酌情扣分 | | |
| 总计 | | | | | |

# 任务二　链传动机构的装配

## 任务描述

链传动属于啮合传动,套筒滚子链结构如图 14-9 所示,本任务需完成套筒滚子链的装调工作。

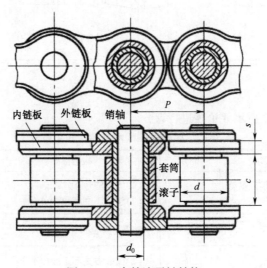

图 14-9　套筒滚子链结构

## 相关知识

### 一、链传动的类型、结构及特点

链传动是通过链条将具有特殊齿形的主动链轮的运动和动力传递到具有特殊齿形的从动链轮的一种传动方式。链传动有许多优点,与带传动相比,无弹性滑动和打滑现象,平均传动比准确,工作可靠,效率高;传递功率大,过载能力强,相同工况下的传动尺寸小;所需张紧力小,作用于轴上的压力小;能在高温、潮湿、多尘、有污染等恶劣环境中工作。链传动的缺点主要有:仅能用于两平行轴间的传动;成本高,易磨损,易伸长,传动平稳性差,运转时会产生附加动载荷、振动、冲击和噪声,不宜用在急速反向的传动中。

套筒滚子链的结构,如图 14-9 所示。从结构上分析:套筒滚子链由销轴、套筒、滚子、内链板和外链板组成。装配时,先把链条套到链轮上,再用拉紧工具拉紧链条接头部分,按圆柱销组件、挡板、弹簧卡片的顺序进行装配。

按照铰链的结构和铰链与链轮齿廓接触部位的不同,传动链可分为套筒滚子链和齿形链等,如图 14-10、图 14-11 所示。

### 二、链传动机构的拆卸与修理

#### 1. 链传动机构的拆卸

套筒滚子链的接头方式有弹簧卡片式、开口销式和销轴铆合式等多种,如图 14-12 所示,不同的连接方式应采用不同的拆卸方法。

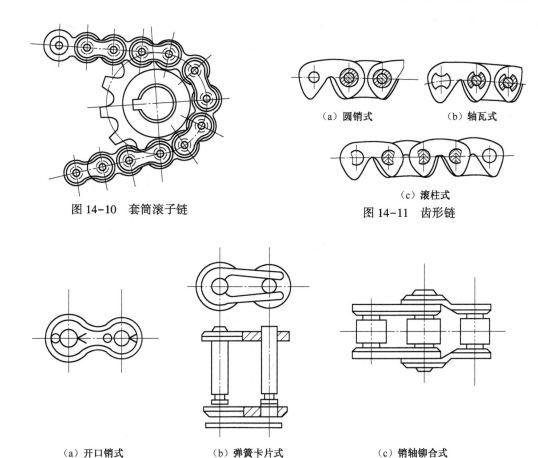

图 14-10　套筒滚子链

（a）圆销式　　　　（b）轴瓦式

（c）滚柱式

图 14-11　齿形链

（a）开口销式　　　　　（b）弹簧卡片式　　　　　（c）销轴铆合式

图 14-12　套筒滚子链的接头方式

（1）开口销式。先拆下弹簧卡片,再取下外连接片和两销轴即可。

（2）弹簧卡片式。先取下开口销,再取出外连接片和销轴后,即可将链条拆开。

（3）销轴铆合式。用小于销轴的冲头,将铆合的销轴冲出即可。

**2. 链轮的拆卸**

拆卸链轮时,只要将链轮的紧定件(如紧固螺钉、圆锥销等)取出,即可将链轮拆下来。

**3. 链传动机构的修理**

链传动机构常见的损坏现象有:链条被拉长、链及链轮磨损和链条断裂。

（1）链条被拉长。链条经过一段时间的使用后,最常见的现象就是因链条被拉长而出现下垂。链条拉长后在运动过程中容易发生抖动甚至造成掉链。所采用的修理方法应根据链传动的具体结构而定。当链轮的中心距可调节时,可通过加大中心距的方法使链条得以拉紧;当链轮的中心距无法调整时,可以通过卸掉一节或几节链的方法来达到拉紧的目的。

（2）链和链轮磨损。链传动中,由于链轮的牙齿磨损后,节距增大,将使链条磨损加快,当磨损严重时,必须更换新的链轮和链条。

（3）链轮个别齿折断。链轮个别齿折断时可采用对断齿进行堆焊后,再修整成符合要求的齿形的方法修理,如图 14-13 所示,也可采用更换新链轮的方法修整。

（4）链条折断。当链条折断时,可将断裂的链节放在带孔的铁砧上,用冲头将链节销轴冲出,如图 14-14 所示。换接新链节,在销轴两端铆合或用弹簧片卡住。

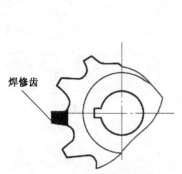

图 14-13　链轮断齿的修理

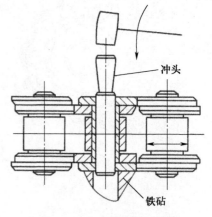

图 14-14　链条折断的修理

### 三、链传动机构装配技术要求

(1)两链轮的轴线必须平行。否则会加剧链轮及链条的磨损,使噪声增大和平稳性降低。

(2)两链条之间的轴向偏移量不能太大。当两轮中心距小于 500 mm,时,轴向偏移量不超过 1 mm,两轮中心距大于 500 mm 时,其轴向偏移量不超过 2 mm。

(3)链轮的径向圆跳动和端面圆跳动应符合要求。其跳动量可用划针盘或百分表找。

(4)链条的松紧应适当。

**任务实施**

对套筒滚子链的安装和调试步骤如表 14-3 所示。

表 14-3　套筒滚子链的安装和调试步骤

| 序号 | 项目 | 图　　示 | 操作说明 |
|---|---|---|---|
| 1 | 链条的拉紧 |  | 用煤油将链条和接头零件清洗干净,并用纱布擦拭干净 |

| 序号 | 项目 | 图　示 | 操作说明 |
|---|---|---|---|
| 2 | 接头的组装 | 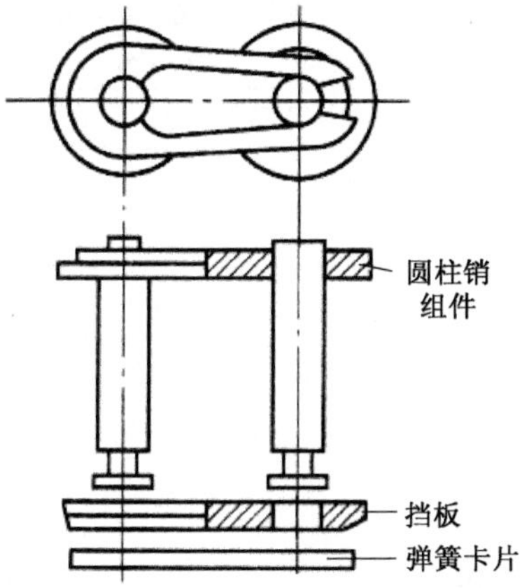 圆柱销组件<br>挡板<br>弹簧卡片 | 用尖嘴钳夹持,将接头零件圆柱销组件、挡板装上 |
| 3 | 弹簧卡片的安装 | 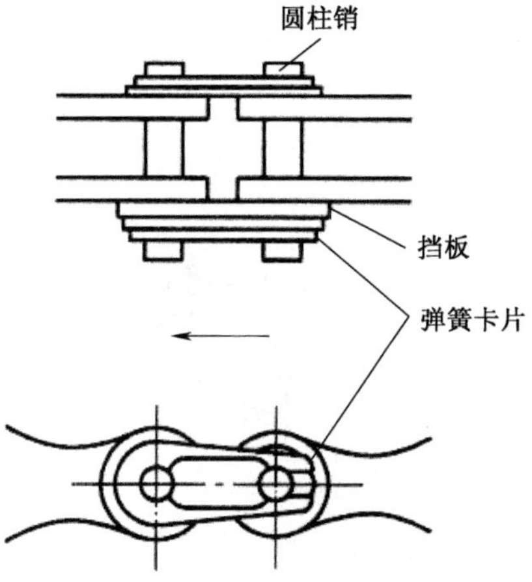 圆柱销<br>挡板<br>弹簧卡片 | 按正确的方向装上弹簧卡片。一定要注意,弹簧卡片的开口方向和链条的运动方向相反 |

### 任务评价

操作完成,按表 14-4 所示评价表进行评分。

**表 14-4　套筒滚子链装配考核评价表总得分**

| 序号 | 项目与技术要求 | 配分 | 检测标准 | 实测记录 | 得分 |
|---|---|---|---|---|---|
| 1 | 清理链条上的污物和毛刺 | 5 | (1)不清除扣 5 分。<br>(2)清除不彻底扣 2~3 分 | | |
| 2 | 准备工具齐全 | 5 | 准备不齐全扣 5 分 | | |
| 3 | 拆装、测量工具的使用 | 15 | (1)使用方法不正确扣 4 分。<br>(2)拆装方法不正确扣 4 分 | | |
| 4 | 两链轮的轴线平行 | 15 | (1)检测部位不正确扣 5 分。<br>(2)读数不正确扣 5 分 | | |
| 5 | 会查阅关于链传动的相关资料 | 10 | 查阅不正确扣 10 分 | | |

| 序号 | 项目与技术要求 | 配分 | 检测标准 | 实测记录 | 得分 |
|---|---|---|---|---|---|
| 6 | 链条的张紧适度,运转灵活 | 20 | (1)链条张紧不适度扣4分。<br>(2)运转不灵活扣4分 | | |
| 7 | 弹簧卡片安装正确 | 20 | 方法不正确扣5分 | | |
| 8 | 安全文明操作 | 10 | 酌情扣分 | | |
| 总计 | | | | | |

# 任务三　齿轮传动机构的装配

## 任务描述

齿轮传动是各种机械传动中最常用的传动方式之一,齿轮减速器中各轴的运动就是通过齿轮传动实现的。图 14-15 所示为齿轮减速器实物图。从图中可以看出,各轴上齿轮的装配质量直接影响齿轮减速器的传动精度、噪声和振动。本任务是完成三根轴上圆柱齿轮的安装与调试。

输入轴

中间轴

输出轴

图 14-15　齿轮减速器

## 相关知识

齿轮传动是依靠齿轮间的啮合来传递运动及转矩的。其特点是能保证准确的传动比,传递功率和速度范围大,传动效率高,使用寿命长,结构紧凑,体积小等,因此在机械业中得到广泛应用。

### 1. 齿轮传动的几种类型(见图 14-16)

(1)两轴线互相平行的圆柱齿轮传动

①直齿轮传动。包括外啮合齿轮传动和内啮合齿轮传动。

②斜齿圆柱齿轮传动。轮齿方向与轴线倾斜一定角度,其特点是传动平稳(一齿未脱离而另一齿已接触,啮合线逐渐变长,然后再逐渐变短),载荷分布均匀,但传动时有单向轴向力。

③人字齿轮传动。人字齿轮相当于两个轮齿方向相反的斜齿轮,该齿轮传递功率大,可以使斜齿轮的单向轴向力自身抵消。

（a）直齿轮传动

（b）斜齿轮圆柱齿轮传动

（c）齿轮齿条传动

（d）锥齿轮传动

（e）蜗杆传动

（f）曲线齿锥齿轮传动

图 14-16　齿轮传动的几种类型

（2）两轴线相交及两轴线交叉的齿轮传动。此类齿轮传动包括锥齿轮传动、螺旋齿轮传动及齿轮齿条传动等。

**2. 齿轮传动的装配技术要求**

（1）齿轮孔与轴的配合要适当，能满足使用要求。滑移齿轮不应有咬死或阻滞现象；空套齿轮在轴上不得有晃动现象；固定齿轮不得有偏心或歪斜现象。

（2）保证齿轮有适当的侧隙和准确的安装中心距。侧隙是指齿轮非工作表面法线方向距离。侧隙过大，易产生冲击、振动；侧隙过小，齿轮传动不灵活，受热膨胀时会卡齿，加剧磨损。

（3）保证齿面有正确的接触位置和一定的接触面积。

（4）变速机构中应保证齿轮的定位准确，其错位量不允许超过规定值。

（5）对于转速较高的大齿轮，一般应在装配到轴上后作动平衡检查，以免产生振动现象。

**任务实施**

对圆柱齿轮的安装与调试步骤如表 14-5 所示。

表 14-5　圆柱齿轮的安装与调试步骤

| 序号 | 项目 | 图　示 | 操作说明 |
|---|---|---|---|
| 1 | 齿轮与轴的装配 | 过盈量不大或过渡配合齿轮装配　压入工具　轴颈　（a）锤击法　（b）专用工具压入法 | （1）清除齿轮与轴配合面上的毛刺和污物。<br>（2）对于采用键联接的应根据键槽实际尺寸，锉配键，使之达到配合要求。<br>（3）清洗并擦干净配合面，涂润滑油后将齿轮装配到轴上。<br>①对过盈量不大或过渡配合的齿轮与轴的装配，采用捶击法或专用工具压入法，将齿轮装配到轴上。<br>②对过盈量较大的齿轮固定连接的装配，采用温差法，即通过加热齿轮(或冷却轴颈)的方法 |

| 序号 | 项目 | 图 示 | 操作说明 |
|------|------|-------|----------|
| 2 | 滑移齿轮装配 | 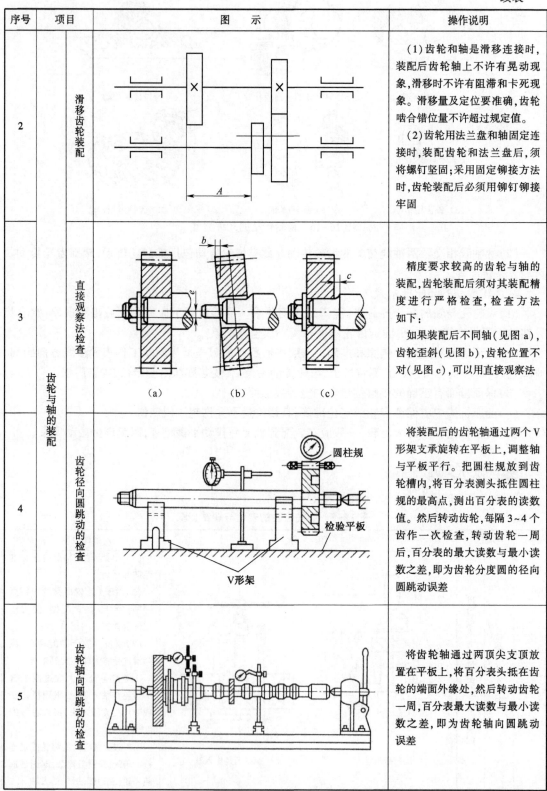 | (1)齿轮和轴是滑移连接时,装配后齿轮轴上不许有晃动现象,滑移时不许有阻滞和卡死现象。滑移量及定位要准确,齿轮啮合错位量不许超过规定值。<br>(2)齿轮用法兰盘和轴固定连接时,装配齿轮和法兰盘后,须将螺钉坚固;采用固定铆接方法时,齿轮装配后必须用铆钉铆接牢固 |
| 3 | 齿轮与轴的装配 / 直接观察法检查 | (a)　(b)　(c) | 精度要求较高的齿轮与轴的装配,齿轮装配后须对其装配精度进行严格检查,检查方法如下:<br>如果装配后不同轴(见图a),齿轮歪斜(见图b),齿轮位置不对(见图c),可以用直接观察法 |
| 4 | 齿轮径向圆跳动的检查 | 圆柱规　检验平板　V形架 | 将装配后的齿轮轴通过两个V形架支承旋转在平板上,调整轴与平板平行。把圆柱规放到齿轮槽内,将百分表测头抵住圆柱规的最高点,测出百分表的读数值。然后转动齿轮,每隔3~4个齿作一次检查,转动齿轮一周后,百分表的最大读数与最小读数之差,即为齿轮分度圆的径向圆跳动误差 |
| 5 | 齿轮轴向圆跳动的检查 | | 将齿轮轴通过两顶尖支顶放置在平板上,将百分表头抵在齿轮的端面外缘处,然后转动齿轮一周,百分表最大读数与最小读数之差,即为齿轮轴向圆跳动误差 |

**任务评价**

操作完成,按表14-6所示评价表进行评分。

**表14-6　齿轮传动装配考核评价表总得分**

| 序号 | 项目与技术要求 | 配分 | 检测标准 | 实测记录 | 得分 |
|---|---|---|---|---|---|
| 1 | 清除带轮的污物和毛刺 | 5 | (1)不清除扣5分。<br>(2)清除不彻底扣2~3分 | | |
| 2 | 准备工具 | 5 | 准备不齐全扣5分 | | |
| 3 | 齿轮与轴的安装方法 | 20 | 安装方法不正确扣15分 | | |
| 4 | 齿轮径向圆跳动的检查 | 15 | (1)检查方法不正确扣5分。<br>(2)不检查扣10分 | | |
| 5 | 齿轮轴向圆跳动的检查 | 15 | (1)检查方法不正确扣5分。<br>(2)不检查扣10分 | | |
| 6 | 保证齿轮的适当侧隙 | 20 | 侧隙不适当扣10分 | | |
| 7 | 查阅关于齿轮传动的相关资料 | 10 | 查阅不正确扣10分 | | |
| 8 | 安全文明操作 | 10 | 酌情扣分 | | |
| 总计 | | | | | |

# 任务四　螺旋传动机构的装配

**任务描述**

螺旋传动属于机械传动,图14-17所示为CA6140型车床螺旋传动机构,该机构对保证车床工作精度具有重要作用。本任务是要求装配丝杠和开合螺母后符合技术要求。

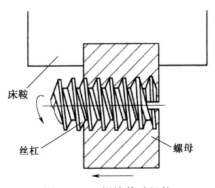

图14-17　螺旋传动机构

**相关知识**

## 一、螺旋传动的类型和特点

螺旋传动是利用螺杆和螺母组成的螺旋副来实现传动要求的。它主要用于将回转运动变为直线运动或将直线运动变为回转运动,同时传递运动或动力。

螺旋传动按其用途和受力情况不同,可分为以下三种类型:

(1)传力螺旋,如重器、千斤顶、加压螺旋等。

①用途:传递动力,以小转矩产生大轴向力,要求自锁。

②特点:低速、间歇工作,传递轴向力大、自锁。

(2)传导螺旋,如机床进给丝杠。

①用途:传递运动,要求有较高精度。

②特点:速度高、连续工作、精度高。

(3)调整螺旋,如机床、仪器及测试装置中的徽调螺旋。

①用途:调整和固定零件间的相互位置。

②特点:受力较小且不经常转动。

螺旋传动的特点如下:

(1)优点:构造简单、传动比大,工作连续,传动平稳、加工方便、工作可靠、承载能力高、易于自锁。

(2)缺点:磨损快、寿命短,摩擦损耗大,传动效率低(30%~40%),传动精度低。

为了保证丝杠的传动精度和定位精度,螺旋机构装配后应满足以下要求:

(1)丝杠与螺母组成的螺旋副应具有较高的配合精度和准确的配合间隙。

(2)丝杠与螺母轴线的同轴度及丝杠轴线与基面的平行度应符合规定的技术要求。

(3)丝杠与螺母相互转动应灵活,丝杠的回转精度应在规定的范围内。

(4)装配后丝杠的径向圆跳动和轴向窜动量应符合规定的技术要求。

## 二、螺旋传动机构的装配技术要求

螺旋传动机构的装配技术要求如下:

(1)丝杠螺母副应有较高的配合精度和准确的配合间隙。

(2)丝杠与螺母轴线的同轴度及丝杠轴线与基准面的平行度应符合要求。

(3)装配后丝杠的径向圆跳动和轴向窜动应符合要求。

(4)丝杠与螺母相对转动应灵活。

### 任务实施

对螺旋传动机构的装配步骤,如表 14-7 所示。

表 14-7　螺旋传动机构的装配步骤

| 序号 | 项目 | | 图　示 | 操作说明 |
|---|---|---|---|---|
| 1 | 螺旋传动机构的装配 | 丝杠螺母径向间隙的测量 | <br>1—螺母;2—丝杠 | (1)螺旋副配合间隙的测量和调整,丝杠与螺母的配合间隙包括径向间隙和轴向间隙。<br>(2)丝杠螺母径向间隙的测量。径向间隙直接反映丝杠螺母的配合精度,其测量方法是使百分表触头抵在螺母1上,用稍大于螺母重量的力 $Q$ 压下或抬起螺母,百分表指针的摆量即为径向间隙值 |

| 序号 | 项目 | 图　　示 | 操作说明 |
|---|---|---|---|
| 2 | 轴向间隙的消除和调整 | 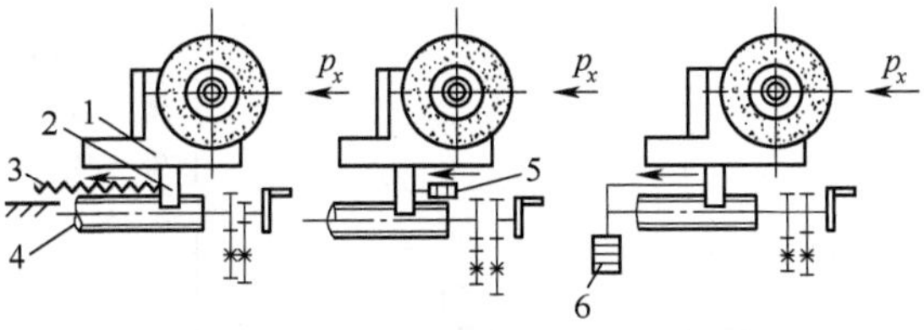 <br>(a)弹簧拉力消隙 (b)油缸压力消隙 (c)重锤消隙<br>1—砂轮架;2—螺母;3—弹簧;4—丝杠;5—油缸;6—重锤 | 单螺母消隙机构如图所示。螺旋副传动机构只有一个螺母时,常采用图示的消隙机构,使螺旋副始终保持单向接触。注意消隙机构的消隙方向应和切削力 $P_x$ 方向一致,以防止进给时产生爬行,影响进给精度 |
| 3 | 螺旋传动机构的装配 | 楔块消隙机构 | 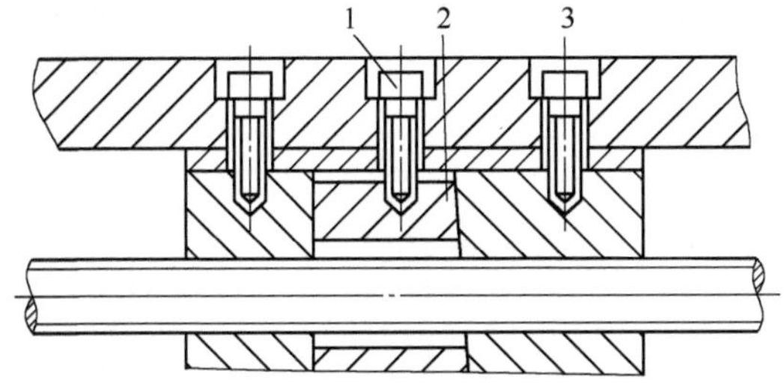 <br>1、3—螺钉;2—楔块 | 图示是楔块消隙机构。如果要消除右侧轴向间隙,须先松开螺钉3,再拧动螺钉1使楔块2向上提升,以推动带斜面的螺母右移,调好后将螺钉3进行锁紧。反之,消除左侧轴向间隙时,则松开左侧螺钉,并通过楔块使螺母向左移动 |
| 4 | | 弹簧消隙机构 | 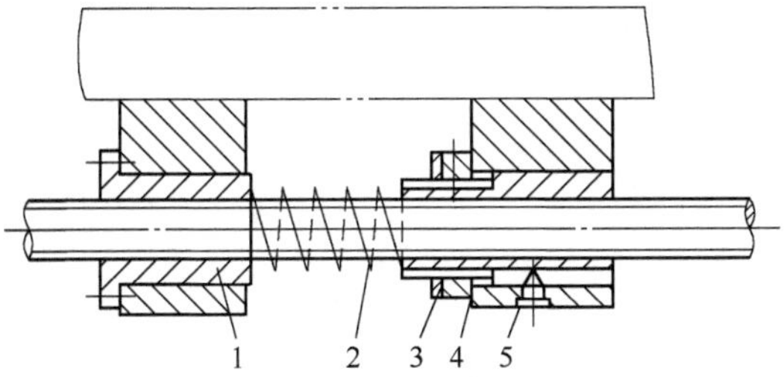 <br>1、5—螺母;2—弹簧;3—垫圈;4—调整螺母 | 图示是弹簧消隙机构。消除轴向间隙时先旋转调整螺母4,通过垫圈3及压缩弹簧2,使螺母5轴向移动 |
| 5 | | 垫片消隙机构 | 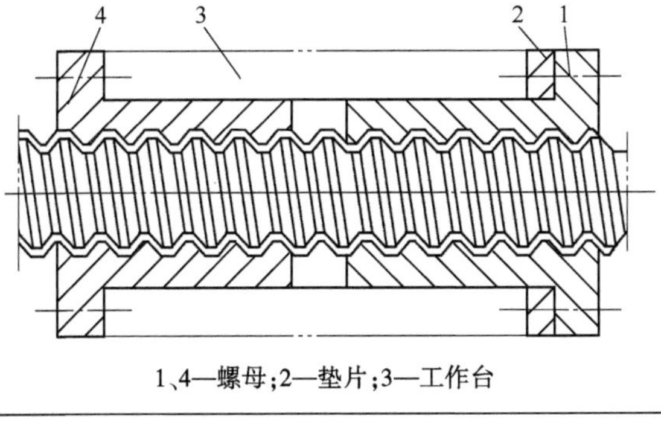 <br>1、4—螺母;2—垫片;3—工作台 | 图示是垫片消隙机构。丝杠螺母长期使用后会产生磨损,可采取修磨垫片2来消除轴向间隙 |

| 序号 | 项目 | 图 示 | 操作说明 |
|---|---|---|---|
| 6 | 轴承支座安装 | 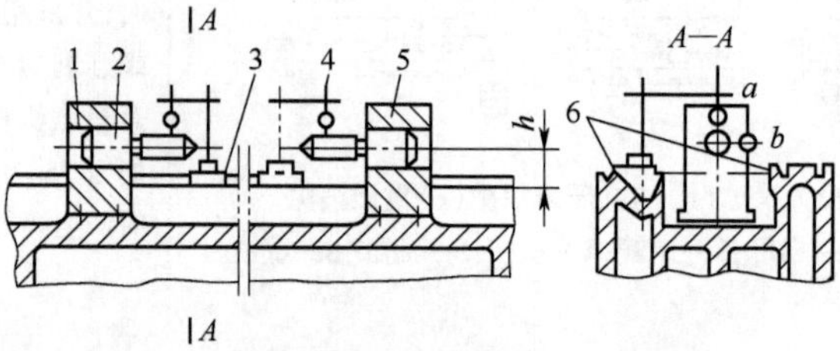 <br>1、5—前后轴承座;2—检验心棒;3—磁力表座滑板;<br>4—百分表;6—螺母移动基准导轨 | 　　找正丝杠与螺母轴线的同轴度及丝杠轴线与基准面的平行度,安装丝杠螺母时应按以下步骤进行:<br>　　先安装丝杠两轴承支座,采用专用检验心棒和百分表进行找正,使两轴承孔轴线处于同一直线上,且与基准导轨平行。校正时根据误差情况来修刮轴承座结合面,并调整前、后轴承的水平位置,使其达到安装要求。心轴上素线 $a$ 找正垂直平面,侧素线 $b$ 找正水平平面 |
| 7 | 螺旋传动机构的装配　　螺母丝杠安装 | 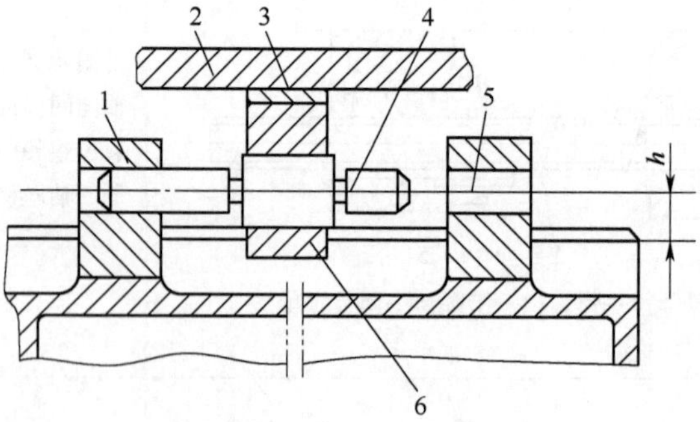 <br>1、5—前后轴承座;2—工作台;3—垫片;<br>4—检验棒;6—螺母座 | 　　(1)再以平行于基准导轨面的丝杠两轴承孔的中心连线作为基准,来找正螺母与丝杠轴承孔的同轴度,如图所示。校正时将检验棒 4 装在螺母座 6 的孔中,移动工作台 2,如检验棒 4 能顺利放入前、后轴承座孔中,即为符合要求;否则,应按照 h 尺寸修磨垫片 3 的厚度。<br>　　(2)丝杠螺母机构转动灵活性的调整,装配前,应清除丝杠、螺母各连接面、配合面上的毛刺和污物,对丝杠、螺母要认真清洗,涂润滑油后再装配。装配时应缓慢转动丝杠(或螺母),以防咬死。丝杠在螺母内的转动应松紧一致,不应出现过紧或阻滞现象。<br>　　(3)调整丝杠的回转精度,丝杠的径向圆跳动和轴向圆跳动的大小称为丝杠的回转精度。装配时,通过正确安装丝杠两端的轴承支座来保证 |

**任务评价**

操作完成,按表14-8所示评价表进行评分。

表14-8　螺旋传动装配考核评价表

| 序号 | 项目与技术要求 | 配分 | 检测标准 | 实测记录 | 得分 |
|---|---|---|---|---|---|
| 1 | 工具、刀具及设备 | 10 | 使用不正确酌情扣分 | | |
| 2 | 零部件清洗 | 10 | 根据不清洁程度扣分 | | |
| 3 | 装配零件的补充加工 | 10 | 不按技术要求装配不得分 | | |
| 4 | 丝杠、螺母的装配 | 15 | 不按技术要求装配不得分 | | |
| 5 | 装配顺序 | 10 | 装顺序错误不得分 | | |
| 6 | 各零件的装配位置及方向 | 10 | 不符合要求不得分 | | |
| 7 | 调整工作 | 15 | 不按技术要求装配、调整不得分 | | |
| 8 | 部件空运转 | 10 | 运转不灵活、振动不得分 | | |
| 9 | 安全文明生产 | 10 | 违者不得分 | | |
| 总计 | | | | | |

# 任务五　蜗杆传动机构的装配

**任务描述**

蜗杆传动属于单级传动机构,如图14-18所示。本任务是完成蜗杆传动机构的装配工作。

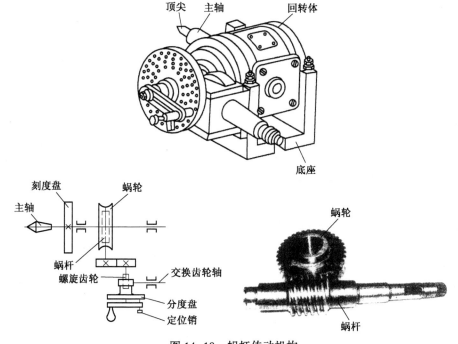

图14-18　蜗杆传动机构

 相关知识

### 一、蜗杆传动概念及特点

蜗杆传动机构是用来传递两相互垂直轴之间的运动。传动特点为:降速比大,结构紧凑,有自锁作用,运动平稳,噪声小,但其传动效率低,工作时发热量大,必须有良好的润滑,且使用抗胶合能力强的贵重金属材料,故适用于减速、起重等不连续工作的机构中。

螺杆传动机构的装配。将蜗轮装到轴上,再把蜗轮轴装入箱体后装入蜗杆。若蜗轮不是整体时,应先将蜗轮齿圈压入轮毂上,然后用螺钉固定。装配后的蜗杆传动机构还要检查其转动的灵活性,在保证啮合质量的条件下转动灵活,则装配质量合格。

### 二、蜗杆传动机构的装配技术要求

蜗杆传动机构的装配技术要求如下:

(1)保证蜗杆轴线与蜗轮轴线垂直。

(2)蜗杆轴线应在蜗轮轮齿的对称中心平面内。

(3)蜗杆、蜗轮间的中心距一定要准确。

(4)有合理的齿侧间隙。

(5)保证传动的接触精度。

 任务实施

对蜗杆传动机构的装配步骤如表 14-9 所示。

表 14-9　蜗杆传动机构的装配步骤

| 序号 | 项目 | | 图　　示 | 操作说明 |
|---|---|---|---|---|
| 1 | 螺杆传动机构的装配 | 箱体孔中心距的检验 | 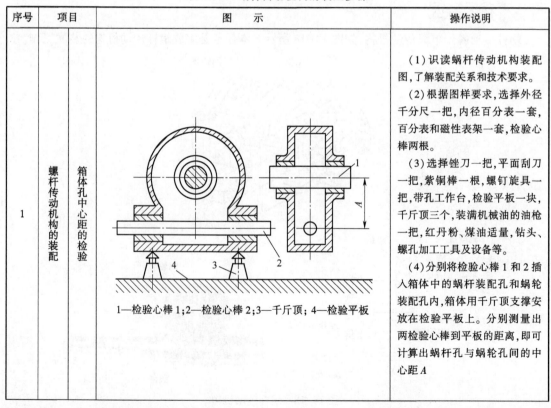<br>1—检验心棒1;2—检验心棒2;3—千斤顶;4—检验平板 | (1)识读蜗杆传动机构装配图,了解装配关系和技术要求。<br>(2)根据图样要求,选择外径千分尺一把,内径百分表一套,百分表和磁性表架一套,检验心棒两根。<br>(3)选择锉刀一把,平面刮刀一把,紫铜棒一根,螺钉旋具一把,带孔工作台,检验平板一块,千斤顶三个,装满机械油的油枪一把,红丹粉、煤油适量,钻头、螺孔加工工具及设备等。<br>(4)分别将检验心棒1和2插入箱体中的蜗杆装配孔和蜗轮装配孔内,箱体用千斤顶支撑安放在检验平板上。分别测量出两检验心棒到平板的距离,即可计算出蜗杆孔与蜗轮孔间的中心距 $A$ |

| 序号 | 项目 | 图　示 | 操作说明 |
|---|---|---|---|
| 2 | 箱体孔轴线垂直度误差的测量 | 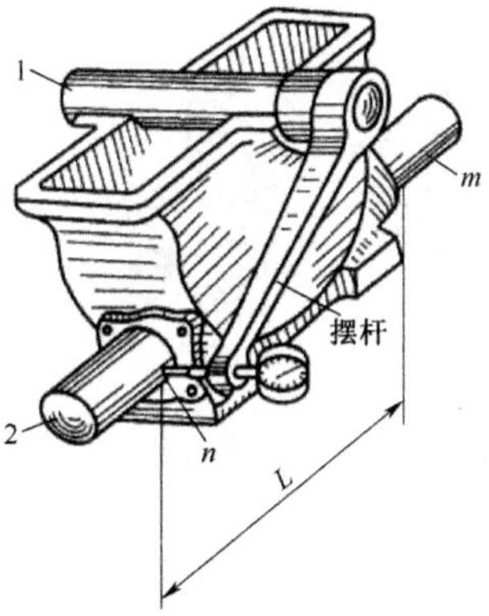 　1—检验心棒1；2—检验心棒2 | 箱体孔内插入检验心棒1和2，保证检验心棒1无轴向移动，在检验心棒1的一端安装摆杆以便于固定百分表，转动检验心棒1，在检验心棒2的 $m$、$n$ 两点处百分表的读数差，即箱体孔两轴线在长度 $L$ 内的垂直度误差 |
| 3 | 螺杆传动机构的装配 | 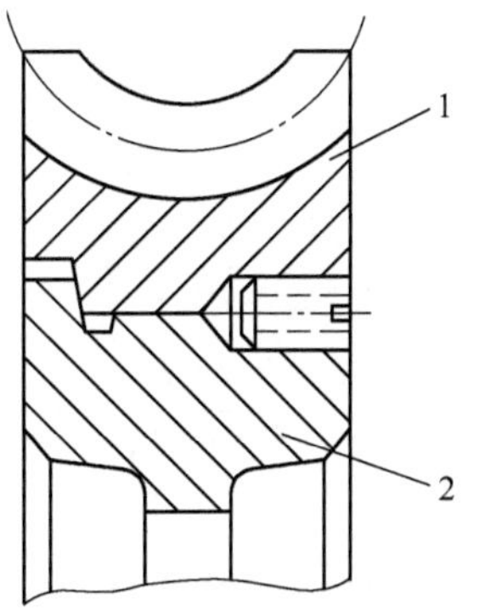 　1—齿圈；2—轮毂 | （1）用细齿锉刀和平面刮刀清理各零件毛刺、箱体砂砬等，用煤油清洗蜗杆、蜗轮及其他零件。<br>（2）用外径千分尺和内径百分表测量各配合尺寸是否符合装配要求。<br>（3）按照蜗轮轴上的键槽尺寸配锉平键，加注机械油后装配在轴上键槽内，将蜗轮的齿圈1压装在轮毂2上，配钻紧定螺钉底孔，并攻螺纹，用螺钉旋具装配紧定螺钉 |
| 4 | 蜗杆蜗轮啮合时侧隙的测量 | 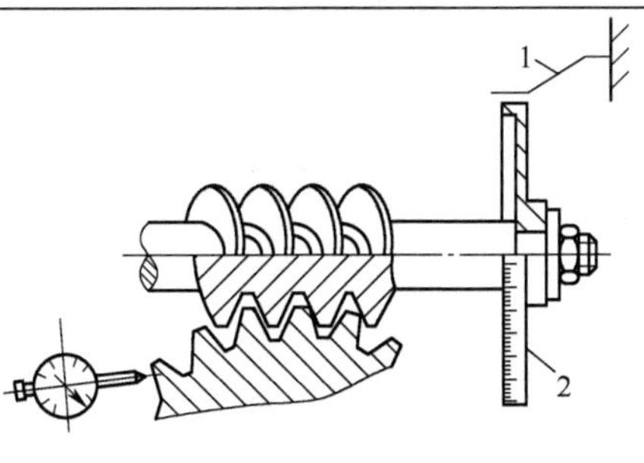 　（a）直接测量 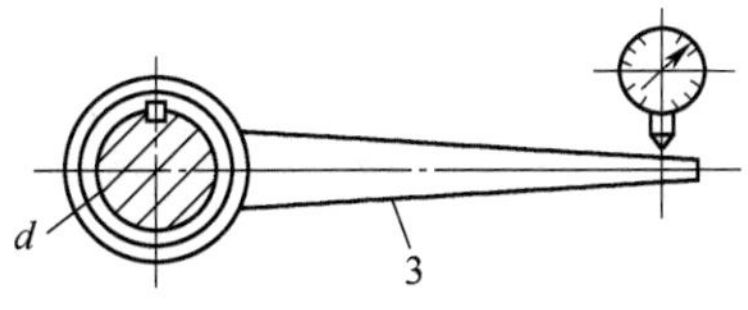<br>　（b）用测量杆测量　1—指针；2—刻度盘；3—测量杆 | （1）将蜗轮放在带孔的工作台上，轴上用油枪注上机械油，用紫铜棒装入蜗轮内达到装配要求。<br>（2）装配后的蜗轮轴组件用油枪注上机械油装入箱体，按照装配图的位置，将轴的一头插入箱体孔内，再装入另一头。<br>（3）装配轴承及端盖，用内六角扳手拧紧螺钉。<br>（4）将蜗杆从箱体孔内插入，并将蜗杆两端的滚动轴承装上。<br>（5）对蜗杆蜗轮啮合时的侧隙一般用百分表或专用工具进行测量，方法直接测量法和用测量杆测量法。若蜗杆传动机构精度不高，也可用手转动蜗杆，根据空程量来判定侧隙的大小 |

续表

| 序号 | 项目 | 图　　　示 | 操作说明 |
|---|---|---|---|
| 5 | 螺杆传动机构的装配 / 用涂色法检查接触精度 | （a）正确　　（b）蜗轮偏右　　（c）蜗轮偏左 | 蜗杆传动机构的接触精度可用涂色法进行检查。先将红丹粉涂在蜗杆的螺旋面上，转动蜗杆，可在蜗轮齿面上留下3种不同位置的接触斑点。在对称中心平面内，对于蜗轮轴线偏位于蜗杆轴线，可采用改变蜗轮两端面的垫片厚度，来调整蜗轮的轴向位置 |

## 任务评价

操作完成，按表14-10所示评价表进行评分。

表14-10　蜗杆传动考核评价表

| 序号 | 项目与技术要求 | 配分 | 检测标准 | 实测记录 | 得分 |
|---|---|---|---|---|---|
| 1 | 清除污物和毛刺 | 10 | 不清除扣5分 | | |
| 2 | 准备工具、量具 | 10 | 不合理齐全扣5分 | | |
| 3 | 箱体孔中心距 | 10 | 不正确扣10分 | | |
| 4 | 箱体孔轴线垂直度 | 15 | (1)检查方法不正确扣5分。(2)不检查扣10分 | | |
| 5 | 蜗轮转动灵活性 | 10 | 不灵活、卡住全扣 | | |
| 6 | 接触位置 | 10 | 不正确全扣 | | |
| 7 | 装配、检验方法正确 | 15 | 不正确扣10分 | | |
| 8 | 齿侧间隙 | 10 | 不达要求全扣 | | |
| 9 | 安全文明操作 | 10 | (1)安装后不清理场所扣2分。(2)违反管理规定扣8分 | | |
| 总计 | | | | | |

## 习　题

### 一、填空题

1. 带传动属于_____传动，它是利用_____与_____之间的摩擦力来传递扭矩的。

2. 常用的链条有_____链和_____链两种。

3. 齿轮固定在轴上后，应对齿轮的_____跳动和_____跳动进行检查。

4. 标准圆锥齿轮正确啮合时，应该是两齿轮的_____相切，_____重合。

5. 螺旋传动机构的作用是把_____运动变为_____运动。

6. 螺旋传动机构的特点是传动_____、传动精度_____、传递扭矩_____，无噪声和易于自锁等。

7. 蜗杆传动机构是用来传递_____的两轴之间的运动。

二、判断题

1. 齿侧间隙是指齿轮副非工作表面法线方向距离。　　　　　　　　（　　）

2. 带传动张紧力不足时,带会在带轮上打滑,造成带的急剧磨损。　（　　）

3. 套筒滚子链与齿形链相比,具有噪声小、运动平衡等特点。　　　（　　）

4. 链传动中,两链轮的轴线必须平行,两链轮的轴向偏移量不能太大。（　　）

5. 使用压力法装配齿轮时,应避免齿轮歪斜和端面未贴紧轴肩等安装误差。（　　）

6. 在丝杠的传动中,若丝杠的径向圆跳动超差,应采取矫直丝杠的方法解决。（　　）

7. 蜗杆传动的缺点是传动效率低,工作时发热量大,故需要有良好的润滑条件。（　　）

三、选择题

1. 带传动中,要求两带轮端面应_____。

A. 互相平行　　　　　B. 互相垂直　　　　　C. 在一个平面内

2. 链传动中,当两链轮中心距小 500 mm 时,两链轮的轴向偏移量不大于_____mm。

A. 5　　　　　　　　B. 3　　　　　　　　C. 1

3. 圆柱齿轮传动中,影响齿侧间隙的主要因素是_____。

A. 孔的同轴度　　　　B. 孔的平行度　　　　C. 孔的中心距

4. 保证丝杠螺母副传动精度的主要因素是_____。

A. 配合过盈　　　　　B. 螺纹精度　　　　　C. 配合间隙

5. 丝杠的回转精度指的是丝杠的_____。

A. 径向圆跳动　　　　B. 轴向窜动　　　　　C. 径向圆跳动和轴向窜动

6. 链传动中,当两链轮中心距大于 500 mm 时,两链轮的轴向偏移量不大于_____mm。

A. 5　　　　　　　　B. 3　　　　　　　　C. 1

四、问答题

1. 带传动机构装配技术要求?

2. 链传动机构装配技术要求?

3. 齿轮传动机构的装配技术要求?

4. 螺旋传动机构的装配技术要求?

5. 蜗杆传动机构的装配技术要求?

# 项目 十五  轴承和轴组

轴承是当代机械设备中一种重要零部件。它是支撑轴或轴上旋转件的部件。轴承的种类很多,按轴承工作的摩擦性质分为滑动轴承和滚动轴承;按受载荷的方向分为深沟球轴承(承受径向力)、推力轴承(承受轴向力)和角接触球轴承(承受径向力和轴向力)等。

### 学习目标

1. 了解滑动轴承、滚动轴承的特点。
2. 掌握滚动轴承的装配技术要求。
3. 了解轴组的结构及装配技术要求。
4. 能够熟练进行滚动轴承的装配、修理及预紧。
5. 能够熟练进行主轴轴组的装调。

## 任务  轴承与轴组的装配

### 任务描述

本任务是进行图 15-1 所示 C630 型车床主轴轴组的安装作业。

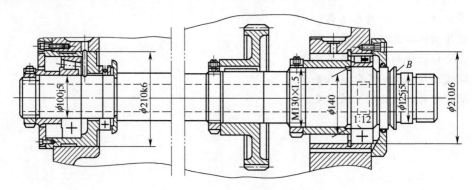

图 15-1  C630 型车床主轴轴组

### 相关知识

#### 一、滑动轴承

滑动轴承具有工作平衡,无噪声,并能承受较大的冲击负荷等特点,所以多用于精密、高速及重载的转动场合。

滑动轴承按其润滑和摩擦状况不同,可分为液体润滑滑动轴承和半液体润滑滑动轴承(又称半干摩擦滑动轴承)。液体润滑滑动轴承分动压滑动轴承和静压滑动轴承。随着科技的发展,目前已经制成有动压滑动轴承,不仅具有静压滑动轴承的优点,而且调整方便。

## 二、滚动轴承

滚动轴承由内圈、外圈滚动体及保持架组成(见图15-2)。内圈与轴颈采用基孔制配合,外圈与轴承座孔采用基轴制配合。

滚动轴承具有摩擦力小、轴向尺寸小、旋转精度高、润滑维修方便等优点,但是承受冲击能力较差、径向尺寸较大、对安装的要求较高。

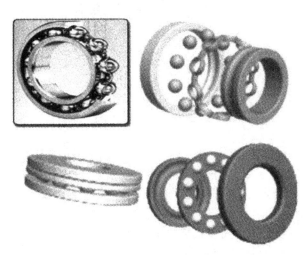

图15-2　滚动轴承结构

### 1. 滚动轴承装配技术要求

(1)装配前清洗轴承和清除其配合表面的毛刺、锈蚀等缺陷。

(2)为了更换时查对方便,装配时将标记代号的端面装在(外侧)可见方向。

(3)轴承安装时须紧贴在轴肩或孔肩上,不许产生间隙或歪斜现象。

(4)同轴的两个轴承中,须有一个轴承在轴受热膨胀时留有轴向移动的余地。

(5)装配轴承时,作用力应均匀地作用在待配合的轴承环上,不许通过滚动体承受压力。

(6)装配后的轴承应运转灵活、噪声小、温升不得超出规定值。

### 2. 滚动轴承的游隙

滚动轴承的游隙是指将轴承的一个套圈固定,另一个套圈沿径向或轴向的最大活动量,分为径向游隙和轴向游隙两种。

滚动轴承的游隙不能太大,也不能太小。游隙太大,造成瞬间承受载荷的滚动体的数量减少,使单个滚动体的载荷增大,降低轴承的寿命和旋转精度,引起振动和噪声。游隙过小,轴承局部发热,硬度降低,磨损加速,轴承的使用寿命减少。因此轴承在装配时都要严格控制和调整游隙。常用的方法是使轴承的内、外圈作适当的轴向相对位移来保证游隙。

(1)调整垫片法。如图15-3所示,通过调整轴承盖与壳体端面间的垫片厚度 $\delta$ 来调整轴承的轴向隙。

(2)螺钉调整法。如图15-4所示,先松开锁紧螺母2,再调整螺钉3,待游隙调整好后再拧紧锁紧螺母2。

(3)滚动轴承预紧。滚动轴承预紧的原理如图15-5所示。预紧就是轴承在装配时,给轴承的内圈或外圈施加一个轴向力,来消除轴承游隙,并使滚动体与内、外圈之间接触处产生初变形。

预紧可以提高轴承在工作状态下的刚度和旋转精度。预紧方法有：

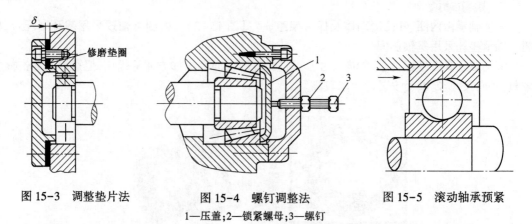

图 15-3　调整垫片法　　　　图 15-4　螺钉调整法　　　　图 15-5　滚动轴承预紧
1—压盖；2—锁紧螺母；3—螺钉

　　①成对使用角接触球轴承的预紧（见图 15-6）。背靠背式（外圈宽边相对）安装如图 15-6(a)所示，面对面（外圈窄边相对）安装如图 15-6 (b)所示，同向排列式（外圈宽窄相对）安装如图 15-6(c)所示。若按图示方向施加预紧力，通过在成对轴承安装之间配置厚度不同的轴承内、外圈间隔套使轴承紧靠在一起，从而达到预紧的目的。

　　②单个角接触球轴承的预紧。可调式圆柱压缩弹簧预紧装置如图 15-7(a)所示，轴承内圈固定不动，通过调整螺母改变圆柱弹簧的轴向弹力大小来达到轴承预紧。固定圆形片式弹簧预紧装置如图 15-7(b)所示，轴承内圈固定不动，通过在轴承外圈的右端面安装圆形弹簧片对轴承进行预紧。

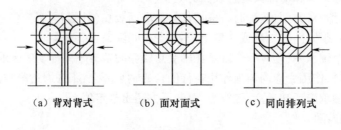

（a）背对背式　　　　（b）面对面式　　　　（c）同向排列式

图 15-6　预紧方法

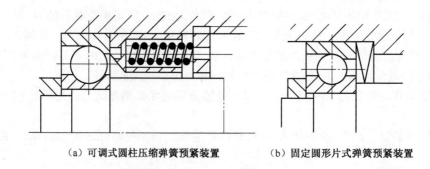

（a）可调式圆柱压缩弹簧预紧装置　　　　（b）固定圆形片式弹簧预紧装置

图 15-7　单个角接触球轴承的预紧

③内圈为圆锥孔轴承的预紧。如图 15-8 所示，通过锁紧螺母 1 使锥形孔内圈往轴颈大端移动，从而内圈直径增大形成预负荷来实现预紧。

### 三、轴组的装配

#### 1. 滚动轴承的固定方式

（1）两端单向固定方式。在轴两端的支承点，采用轴承盖单向固定，分别限制两个方向的轴向移动。为了避免轴受热伸长而使轴承卡住，在右端轴承外圈与端盖间要留有 0.5~1 mm 的间隙，以便游动（见图 15-9）。

（2）一端双向固定方式。将右端轴承双向轴向固定，左端轴承可随轴作轴向游动。采用这种固定方式工作时不会发生轴向窜动现象，当受热时又能自由地向另一端伸长，轴不会出现卡死现象（见图 15-10）。

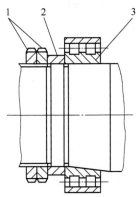

图 15-8　内圈为圆锥孔轴承的预紧
1—锁紧螺母；2—隔套；3—轴承内圈

（3）如图 15-11 所示，若游动端用内、外圈可分的圆柱滚子轴承，此时，轴承内、外圈均需采取双向轴向固定。当轴受热伸长时，轴随着内圈相对外圈游动。

（4）如图 15-12 所示，如游动端采用内、外圈不可分离型深沟球轴承或调心球轴承，此时，只需要轴承内圈双向固定，外圈可在轴承座孔内游动，轴承外圈与座孔之间采取间隙配合。

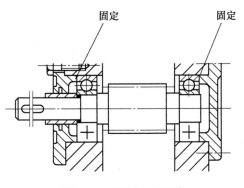

图 15-9　两端单向固定

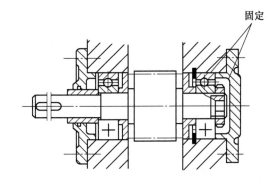

图 15-10　一端双向固定

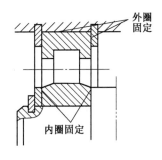

图 15-11　用圆柱滚子轴承

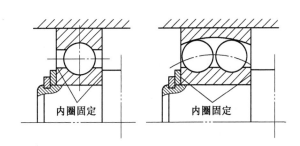

图 15-12　用深沟球轴承和调心球轴承

### 2. 滚动轴承的定向装配

对精度要求较高的主轴部件,为了提高主轴的回转精度,轴承内圈与主轴装配及轴承外圈与箱体孔装配时,常采用定向装配的方法。定向装配就是人为地控制各装配件径向圆跳动的方向,合理组合,采用误差相互抵消来提高装配精度的一种方法。装配前需要主轴轴端锥孔中心线偏差及轴承的内、外圈径向圆跳动进行测量,确定误差方向并做好标记。

(1)装配件误差的检测方法

①轴承外圈径向圆跳动检测。如图 15-13 所示,测量时,转动外圈并沿百分表方向压迫外圈,百分表的最大读数值则为外圈最大径向圆跳动量。

②轴承内圈径向圆跳动检测。如图 15-14 所示,测量时外圈固定不动,内圈端面上施以均匀的测量负荷 $F$,$F$ 的数值大小根据轴承类型及直径变化而变化,然后使内圈旋转一周以上,即可测出轴承内圈内孔表面的径向圆跳动量及其方向。

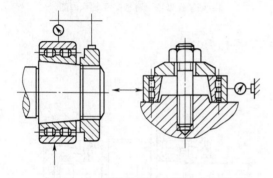 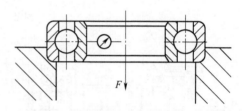

图 15-13 轴承外圈径向圆跳动检测    图 15-14 轴承内圈径向圆跳动检测

③主轴锥孔中心线的检测。如图 15-15 所示,测量时将主轴轴颈放置在 V 形架上,在主轴锥孔中放入测量用心轴,转动主轴一周以上,即可测得锥孔中心线的偏差数值及方向。

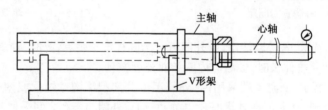

图 15-15 主轴锥孔中心线检测

(2)滚动轴承定向装配要点

①机床主轴前轴承的精度比后轴承的精度高一级。

②前、后两个轴承内圈径向圆跳动量最大的方向放置于同一轴向截面内,并且位于旋转中心线的同一侧。

③前后两端轴承内圈径向圆跳动量最大的方向与主轴锥孔中心线的偏差方向相反。

 任务实施

### 一、C630 型车床主轴轴组安装

对 C630 型车床主轴轴组安装步骤如表 15-1 所示。

表 15-1　C630 型车床主轴轴组安装步骤

| 项目 | 图　示 | 操作说明 |
|---|---|---|
| C630 型车床主轴轴组的装配 | 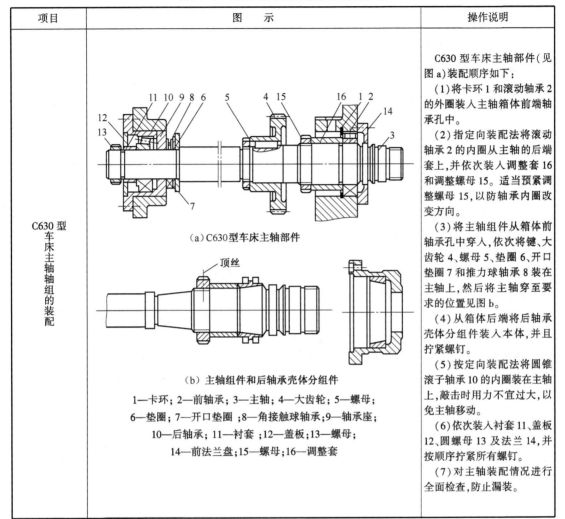 （a）C630 型车床主轴部件 <br> （b）主轴组件和后轴承壳体分组件 <br>1—卡环；2—前轴承；3—主轴；4—大齿轮；5—螺母；<br>6—垫圈；7—开口垫圈；8—角接触球轴承；9—轴承座；<br>10—后轴承；11—衬套；12—盖板；13—螺母；<br>14—前法兰盘；15—螺母；16—调整套 | C630 型车床主轴部件（见图 a）装配顺序如下：<br>（1）将卡环 1 和滚动轴承 2 的外圈装入主轴箱体前端轴承孔中。<br>（2）指定向装配法将滚动轴承 2 的内圈从主轴的后端套上，并依次装入调整套 16 和调整螺母 15。适当预紧调整螺母 15，以防轴承内圈改变方向。<br>（3）将主轴组件从箱体前轴承孔中穿入，依次将键、大齿轮 4、螺母 5、垫圈 6、开口垫圈 7 和推力球轴承 8 装在主轴上，然后将主轴穿至要求的位置见图 b。<br>（4）从箱体后端将后轴承壳体分组件装入本体，并且拧紧螺钉。<br>（5）按定向装配法将圆锥滚子轴承 10 的内圈装在主轴上，敲击时用力不宜过大，以免主轴移动。<br>（6）依次装入衬套 11、盖板 12、圆螺母 13 及法兰 14，并按顺序拧紧所有螺钉。<br>（7）对主轴装配情况进行全面检查，防止漏装。 |

## 二、主轴轴组的精度检验

### 1. 主轴径向圆跳动的检验

如图 15-16(a) 所示。在莫氏锥孔中紧密地放入一根锥柄检验棒，将百分表固定在车床上，使百分表测头触在检验棒表面上，旋转主轴，分别在靠近主轴端部的 $a$、$b$ 点检测，两点距离约为 300 mm。$a$、$b$ 点的误差要分别进行计算，主轴转一转，百分表读数的最大差值即是主轴的径向圆跳动误差。为避免检验棒锥柄配合不良造成的影响，可以拔出检验棒，相对主轴旋转 90°，重新放入主轴锥孔内，依次重复检验多次，多次测量结果的平均值即为主轴的径向圆跳动误差。主轴径向圆跳动量也可按图 15-16(b) 所示方法进行检测，直接测量主轴定位轴颈。主轴旋转一周，百分表的最大读数差值即为径向圆跳动误差。

### 2. 主轴轴向圆跳动（轴向窜动）的检验

如图 15-17 所示，在主轴锥孔中紧密地放入一根锥柄短检验棒，中心孔中装入钢球（可用黄油粘上），百分表固定在床身上，使百分表测头触在钢球上。旋转主轴检查，百分表读数的最大差值，即是轴向窜动误差值。

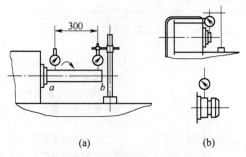

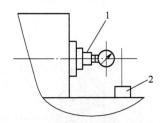

图 15-16　径向圆跳动的检验　　　　图 15-17　主轴轴向圆跳动的检验

1—锥柄短检验棒；2—磁力表架

### 三、主轴轴组的调整

主轴部件的调整分预装调整和试运行调整两步进行。

**1. 主轴部件预装调整**

主轴轴承的调整顺序，一般应先调整固定支承，然后再调整游动支承。对 C630 型车床而言，应先调整后轴承，再调整前轴承。

（1）后轴承的调整。先将调整螺母 15（如表 15-1 所示）松开，旋转圆螺母 13，逐渐收紧圆锥子轴承和推力球轴承。使百分表触在主轴前端面，用适当的力，前后推动主轴，以保证轴向间隙在 0.01 mm 之内。同时用手转动大齿轮 4，若感觉不太灵活，有可能是圆锥滚子轴承内、外圈没有装正，采用铜棒在主轴前面后敲击，直到用手感觉主轴旋转灵活为止，最后将圆螺母 13 进行锁紧。

（2）前轴承的调整。拧紧调整螺母 15，通过调整套 16，使轴承内圈做轴向移动，迫使内圆胀大。将百分表测头触在主轴前端轴颈处（如图 15-18 所示），撬动杠杆使主轴承受适当的径向压力，保证轴承径向间隙在 0.005 mm 之内，且用手转动大齿轮，应感觉灵活自如，最后将调整螺母 15 进行锁紧。

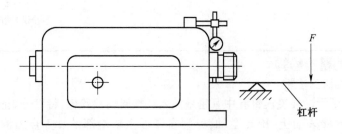

图 15-18　前轴承调整

（3）装配轴承内圈时，应先对内锥面与主轴锥面的接触面积进行检查，一般应大于 50%。如果接触不良，收紧轴承时，轴承内滚道会发生变形，破坏轴承精度，减少轴承使用寿命。

**2. 主轴的试运行调整**

主轴的实际理想工作间隙，是机床温升稳定后所调整的间隙。调整方法如下：

按照要求在主轴箱内加入润滑油，用划针或记号笔在螺母边缘和主轴上作出标记，记住原始位置。适当拧松圆螺母 13 和调整螺母 15，用铜棒在主轴前后端适当振击，使轴承回松，保持间隙在 0～0.02 mm 之间。主轴从低速到高速空转时间不超过 2 h，在最高速的运转时间不少于 30 min，一般油温不超过 60 ℃。停机后对圆螺母 13 和调整螺母 15 进行锁紧。

## 任务评价

操作完成,按表 15-2 所示评价表进行评分。

表 15-2　C630 型车床主轴轴组装配考核评价表

| 序号 | 项目与技术要求 | 配分 | 检测标准 | 实测记录 | 得分 |
|---|---|---|---|---|---|
| 1 | 安装前各零件不清除带轮的污物和毛刺 | 5 | (1)不清除扣 5 分。<br>(2)清除不彻底扣 2~3 分 | | |
| 2 | 准备工具齐全 | 5 | 准备不齐全扣 5 分 | | |
| 3 | 主轴部件安装 | 20 | 安装顺序一次不正确扣 3 分 | | |
| 4 | 主轴径向圆跳动 | 10 | (1)不检查扣 10 分。<br>(2)检查方法不正确扣 5 分 | | |
| 5 | 主轴轴向圆跳动 | 10 | (1)不检查扣 10 分。<br>(2)检查方法不正确扣 5 分 | | |
| 6 | 主轴后轴承调整 | 10 | (1)不调整扣 10 分。<br>(2)调整方法不正确扣 5 分 | | |
| 7 | 前轴后轴承调整 | 10 | (1)不调整扣 10 分。<br>(2)调整方法不正确扣 5 分 | | |
| 8 | 主轴试运行与调整 | 20 | (1)安装后不试运行扣 10 分。<br>(2)试运行后不调整扣 10 分 | | |
| 9 | 安全文明操作 | 10 | 酌情扣分 | | |
| 总计 | | | | | |

## 习　题

### 一、填空题

1. 轴承是用来支撑_____或轴上_____的部件。

2. 按润滑和摩擦状况不同,滑动轴承可分为_____滑动轴承和_____滑动轴承。

3. 滚动轴承的装配方法应视轴承_____和_____来选择。

4. 轴承固定的方式有两种,一种是_____固定法,另一种是_____固定法。

5. C630 型车床主轴前、后轴承调整的顺序是先调整_____轴承,再调整_____轴承。

### 二、判断题

1. 滑动轴承工作平稳、无噪声,但不能承受较大的冲击力。　　　　　　　　　(　　　)

2. 推力球轴承的紧环必须与旋转件端面紧靠。　　　　　　　　　　　　　　(　　　)

3. 滚动轴承的游隙太小会使摩擦力增大,热量增加,磨损加快。　　　　　　　(　　　)

### 三、选择题

1. 适应精密、高速的滑动轴承是_____的滑动轴承。

A. 液体润滑　　　　　　B. 半液体润滑　　　　　　C. 剖分式

2. 尺寸和过盈量较大的整体式滑动轴承,装入机体或轴承座孔时,应采用_____法。

A. 锤子敲击　　　　　　B. 压力机压入　　　　　　C. 热装

3. 当滚动轴承的内圈与轴颈过盈量较大时,最好采用_____法装配。

A. 压入　　　　　　　　B. 敲入　　　　　　　　　C. 热装

### 四、问答题

1. 滚动轴承的游隙大小,对轴承的寿命和精度有哪些影响?

2. 试述滑动轴承的特点及适用场合?

3. 简述轴组的装配方式?

# 项目十六 综合练习

操作技能的培养是中、高等职业教育、教学中最重要的环节。

实训教学的过程实际上也是培养学生学习兴趣的过程。开展直观有趣的实训教学,能引导学生融入其中,必然会提高学生的学习兴趣,增强学生学习专业理论知识的信心,自觉克服理论学习上的困难,理论联系实践,理论指导实践,实践提升理论。更扎实地掌握专业理论知识,为以后工作奠定基础。

操作技能训练是培养和提高学生运用知识分析、解决问题以及实际动手能力,操作能力。

本章节是在完成前面已学知识与技能后进行的专项技能训练,完成学习目标。进行典型工件的训练,主要解决学生综合知识与技能的灵活运用,为准备参加职业资格等级证书的鉴定做好思想上和行动上的准备,同时通过综合练习,熟悉技能考试的要求和环节,熟练和提高其加工工艺与方法。

## 学习目标

1. 巩固提高钳工的基本操作技能,掌握零件的主要加工方法和工艺过程。
2. 能根据图纸要求,使用常用工具和量具加工零件,并保证图纸技术要求。
3. 运用所学知识,独立完成零件加工。
4. 通过实训,培养学生的安全文明生产意识和良好职业素养。

## 综合练习一　凹凸体盲配

### 一、图形及技术要求
根据图 16-1 所示图样锉配凹凸体,要求达到锉配精度,并能转位互换配合。

### 二、操作步骤
任务实施过程如表 16-1 所示。

### 三、评分标准
实训效果考核如表 16-2 所示。

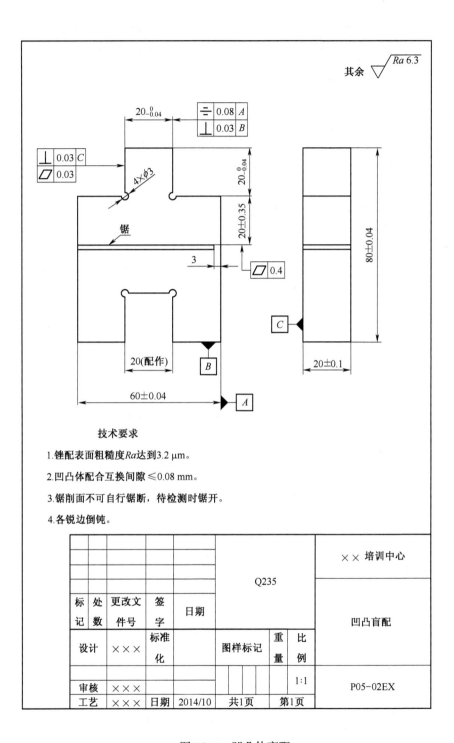

其余 $\sqrt{Ra\,6.3}$

$20_{-0.04}^{0}$

$20_{-0.04}^{0}$

$20\pm0.35$

$4\times\phi3$

锯

3

$\boxed{\diagup\ 0.4}$

20(配作)

$60\pm0.04$

$80\pm0.04$

$20\pm0.1$

技术要求

1. 锉配表面粗糙度 $Ra$ 达到 3.2 μm。

2. 凹凸体配合互换间隙 ≤0.08 mm。

3. 锯削面不可自行锯断，待检测时锯开。

4. 各锐边倒钝。

| | | | | | Q235 | | | ×× 培训中心 |
|---|---|---|---|---|---|---|---|---|
| 标记 | 处数 | 更改文件号 | 签字 | 日期 | | | | 凹凸盲配 |
| 设计 | ××× | 标准化 | | 图样标记 | | 重量 | 比例 | |
| 审核 | ××× | | | | | | 1∶1 | P05-02EX |
| 工艺 | ××× | 日期 | 2014/10 | 共1页 | | 第1页 | | |

图 16-1　凹凸体盲配

表 16-1　任务实施过程

| 实施步骤 | 图示 | 说　　明 |
|---|---|---|
| 1 | — | 检查毛坯尺寸,去除毛刺 |
| 2 | 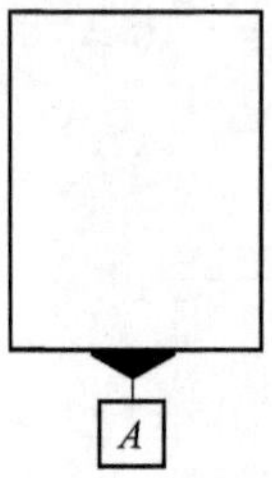 | 加工外形面 $A$ 面,达到($-0.03$,$\square 0.03$,侧$\perp 0.03$,$\sqrt{Ra3.2}$)要求 |
| 3 | 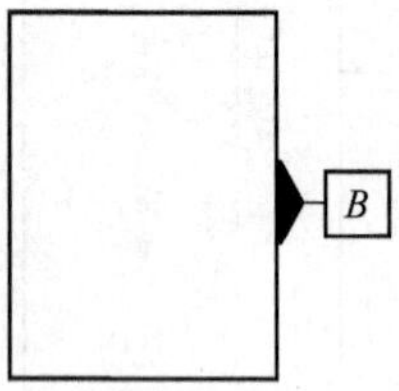 | 加工外形面 $B$ 面,使 $B \perp A$,达到($-0.03$,$\square 0.03$,侧$\perp 0.03$,$\sqrt{Ra3.2}$)要求 |
| 4 | 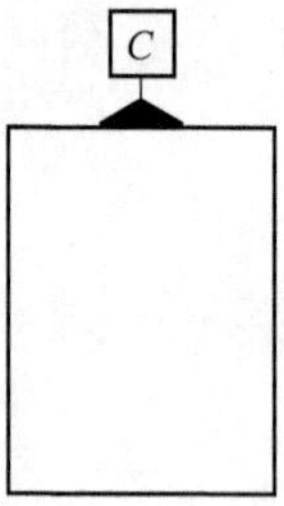 | 以 $A$ 面为基准,用高度尺划出 80 mm 高度 $C$ 面线,加工外形面 $C$ 面 |
| 5 | 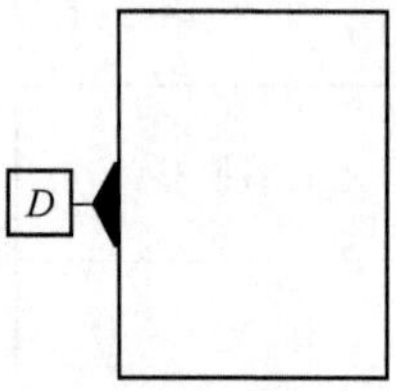 | 以 $B$ 面为基准,用高度尺划出 60 mm 高度 $D$ 面线,加工外形面 $D$ 面,使 $D$ 面 $/\!/ B$ 面,$D$ 面 $\perp A$ 面 $/\!/ C$ 面,保证尺寸($60 \pm 0.04$)mm,达到($-0.03$,$\square 0.03$,侧$\perp 0.03$,$\sqrt{Ra3.2}$)要求 |
| 6 | 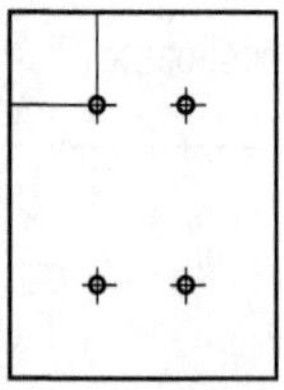 | 按图样划出凹凸体加工线,并钻四个 $\phi 3$ mm 的工艺孔 |

| 实施步骤 | 图示 | 说　明 |
|---|---|---|
| 7 | 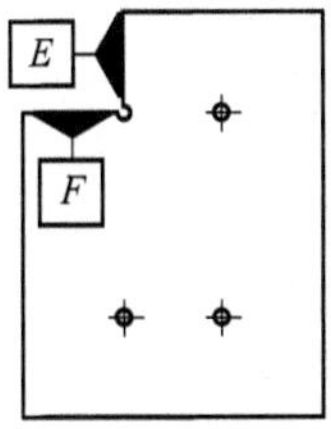 | 按所划加工线锯去一角,保证$(40\pm0.02)$mm,$60_{+0.04}^{+0.08}$mm。$E$ 面 $\perp$ $F$ 面,并保证垂直度和平行度,达到$(-0.03,\square0.03,$侧$\perp0.03,\sqrt{Ra3.2})$要求 |
| 8 | 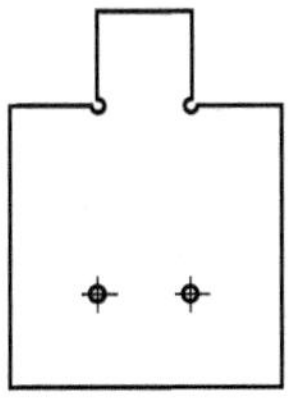 | 按所划加工线锯去另一垂直角,控制凸台尺寸 $20_{-0.04}^{0}$,并保证垂直度和平行度,达到$(-0.03,\square0.03,$侧$\perp0.03,\sqrt{Ra3.2})$要求 |
| 9 | 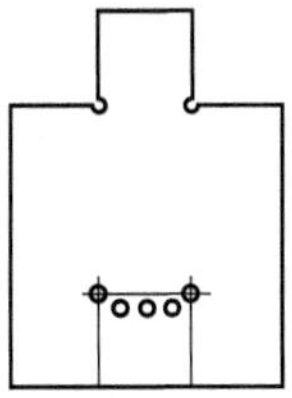 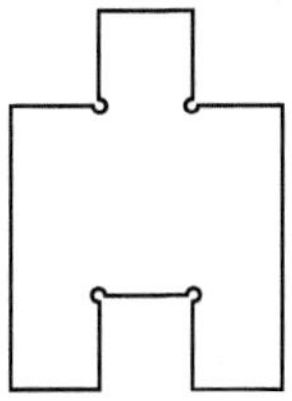 | (1)按所划加工线用钻头钻出排孔,并锯除凹形面的多余部分。<br>(2)用锉刀分别锉削凹形面顶端面和两侧垂直面,保证平行度和垂直度。此处加工应按已加工凸台尺寸配作,达到$(-0.03,\square0.03,$侧$\perp0.03,\sqrt{Ra3.2})$要求 |
| 10 | 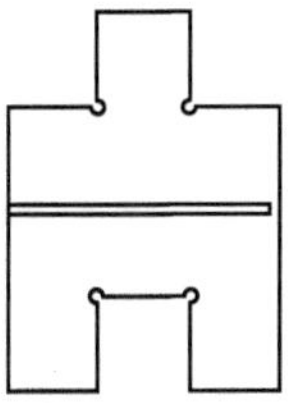 | 锯削,锯削时要求保证尺寸$(20\pm0.35)$mm,锯削面的平面度要求为 0.4 mm,留 3 mm 不锯断。最后锐角倒钝 |

**表 16-2　实训效果考核表**

| 项次 | 项目与技术要求 | 配分 | 得分 | 备　注 |
|---|---|---|---|---|
| 1 | $20_{-0.04}^{0}$ mm（2处） | 4×2 | | |
| 2 | 平面度 0.03 mm（10处） | 2×10 | | |
| 3 | 垂直度 0.03 mm（8处） | 1.5×8 | | |
| 4 | 对称度 0.08 mm（2处） | 4×2 | | |
| 5 | （60±0.04）mm | 4 | | |
| 6 | （80±0.04）mm | 4 | | |
| 7 | （20±0.35）mm | 4 | | |
| 8 | 平面度 0.04 mm | 6 | | |
| 9 | 配合间隙 0.06 mm | 10 | | |
| 10 | 表面粗糙度 $Ra$3.2 mm（10处） | 1.5×10 | | |
| 11 | 安全文明生产 | 9 | | |

# 综合练习二　凹凸体角度样板锉配

## 一、图形及技术要求

根据图 16-2 所示图样,完成凹凸体角度样板锉配,要求达到锉配精度。

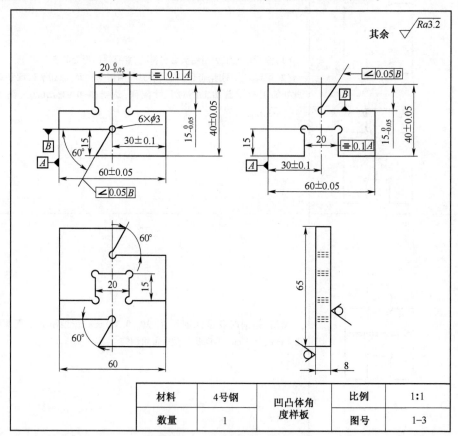

图 16-2　凹凸体角度样板锉配

## 二、操作步骤

（1）按图样划件 1 和件 2 的外形加工线，锉削达到尺寸 40±0.05 、60±0.05 和垂直度要求。

（2）划件 1 和件 2 加工线，并钻 3×φ3 工艺孔。

（3）加工件 1 凸部，其加工方法同凸凹体锉配一样。

（4）加工件 2 凹部，其加工方法同凸凹体锉配一样。然后加工 60°角，锯除余料，锉削尺寸通过间接控制 25 mm 的工艺尺寸来达到要求。最后加工斜边，用 60°角样板或量角器检验 60°角，并用圆柱测量棒间接测量以达到 30°±2′的尺寸要求。

测量尺寸 M 与样板尺寸 B 及圆柱测量棒直径 d 之间的关系如下：

$$M = B + \frac{1}{2}\cot\frac{\alpha}{2} + \frac{d}{2}$$

式中：M ——间接工艺控制尺寸；

　　　B ——图样技术要求尺寸；

　　　d ——圆柱测量棒直径，mm。

　　　α ——斜面的角度值。

（5）再加工件 1 的 60°角，方法同件 2，并比照件 2 锉配，达到角度配合间隙不大于 0.1 mm，同时用圆柱测量棒间接测量，达到（30±0.01）mm 的尺寸要求。

（6）全部锐边倒角，检查精度。

## 三、注意事项

（1）因采用间接测量来达到尺寸要求，故必须进行正确换算和测量，才能得到所要求的精度。

（2）在整个加工过程中，加工面都比较狭窄，但一定要锉平和保证与大平面的垂直，才能达到配合精度。

（3）凸形面加工，为了保证对称度精度，只能先去掉一端角料，待加工至规定要求后才能去掉另一端角料。同样只许在凸形面加工结束后才能去掉 60°角余料，完成角度锉加工，以便于加工时，测量控制。

（4）在锉配凹形面时，必须先锉一凹形侧面，根据 60 mm 处的实际尺寸，通过控制 21 mm 的尺寸误差值（本处为 1/2×60 mm 的实际尺寸减凸形面 1/2×18 mm 的实际尺寸加工 1/2 间隙值），来达到配合后的对称度要求。

（5）凹凸件锉配时，应按已加工好的凸形面先锉配凹形两侧面。在锉配时一般不再加工凸形面，否则会使其失去精度而无基准，使锉配难以进行。

## 四、评价标准

实训效果考核表如表 16-3 所示。

**表 16-3　实训效果考核表**

| 项次 | 项目与技术要求 | 实测记录 | | | | 单项配分 | 得分 |
|---|---|---|---|---|---|---|---|
| 1 | 尺寸要求（40±0.05）mm（2 处） | | | | | 3 分 | |
| 2 | 尺寸要求（60±0.05）mm（2 处） | | | | | 3 分 | |
| 3 | 尺寸要求 15 mm（2 处） | | | | | 4 分 | |
| 4 | 尺寸要求 20 mm | | | | | 3 分 | |
| 5 | 尺寸要求（30±0.1）mm（2 处） | | | | | 3 分 | |
| 6 | 凹凸配合间隙<0.1 mm（5 面） | | | | | 5 分 | |

续表

| 项次 | 项目与技术要求 | 实测记录 | | 单项配分 | 得分 |
|---|---|---|---|---|---|
| 7 | 60°配合间隙<0.1 mm(2组) | | | 5分 | |
| 8 | 60°角倾斜度 0.05 mm(2组) | | | 3分 | |
| 9 | 凹凸配合后对称度 0.1 mm | | | 10分 | |
| 10 | 表面粗糙度 Ra3.2 μm(20 mm 面) | | | 0.5分 | |
| 11 | 3 mm 工艺孔位置正确 | | | 1分 | |
| 12 | 文明生产与安全生产 | | | 违规每次扣6分 | |
| 13 | 时间定额 12 h | 开始时间 | | | |
| | | 结束时间 | | | |
| | | 实际工时 | | | |

# 综合练习三　直角圆弧对配

## 一、图形及技术要求

根据图 16-3 所示图样,完成直角圆弧对配加工,达到锉配精度。

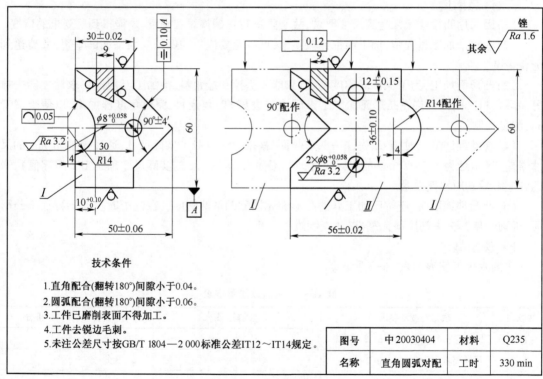

**技术条件**

1.直角配合(翻转180°)间隙小于0.04。

2.圆弧配合(翻转180°)间隙小于0.06。

3.工件已磨削表面不得加工。

4.工件去锐边毛刺。

5.未注公差尺寸按GB/T 1804—2 000标准公差IT12~IT14规定。

| 图号 | 中 20030404 | 材料 | Q235 |
|---|---|---|---|
| 名称 | 直角圆弧对配 | 工时 | 330 min |

图 16-3　直角圆弧对配

## 二、操作步骤

### 1. 加工 I 件部分

(1)粗、精锉削基准面 A,达到精度要求。

（2）粗、精锉削基准面 A 的对面。用高度游标划线尺划出 60 mm 尺寸线，先粗锉，留 0.15 mm 左右的精锉余量，再精锉达到图样要求。

（3）粗、精锉削基准面 A 的任一邻面。用 90°角尺和划针划出加工线条，然后锉削达到图样有关要求。

（4）粗、精锉削基准面 A 的另一邻面。先以相距对面 50 mm 尺寸划出加工线，然后粗锉，留 0.15 mm 左右的精锉余量，再精锉达到图样要求。

（5）加工直角，锯割、粗、精锉，达到图样要求。

（6）加工圆弧，粗、精锉，达到图样要求。

### 2. 加工 Ⅱ 件部分

（1）加工一基准面，再加工基准一侧尺寸面，达到图样精度要求。

（2）精锉基准另一侧尺寸面，达到图样精度要求。

（3）精锉该基准面对边，同样达到图样精度要求。

（4）加工圆弧面，达到精度要求。

（5）加工直角面，达到精度要求。

### 3. 配合加工

（1）检查配合情况进行修整，达到尺寸精度要求。

（2）以件一为基准，件二与件一配作修整，并达到配合精度要求。

（3）全部精度复查、修整，最后均匀倒角 C0.5。

## 三、评价标准

实际效果考核表如表 16-4 所示。

表 16-4　实训效果考核表

| 项次 | 项目与技术要求 | 实测记录 | 单项配分 | 得分 |
|---|---|---|---|---|
| 1 | 尺寸要求（60±0.06）mm（2 处） | | 3 | |
| 2 | 尺寸要求（50±0.06）mm | | 3 | |
| 3 | 尺寸要求（66±0.02）mm | | 3 | |
| 4 | 尺寸要求（56±0.02）mm（2 处） | | 3 | |
| 5 | 尺寸要求（30±0.02）mm（2 处） | | 3 | |
| 6 | 90°±4′角（2 组） | | 6 | |
| 7 | 90°角配合间隙<0.1 mm | | 8 | |
| 8 | $R14$ 圆弧（2 处） | | 3 | |
| 9 | $R14$ 配合间隙<0.1 mm | | 4 | |
| 10 | 平面配合间隙<0.1 mm（4 处） | | 4 | |
| 11 | $\phi 8^{+0.058}_{0}$（3 处） | | 2 | |
| 12 | 凹凸配合后对称度 0.1 mm | | 10 | |
| 13 | 表面粗糙度 $Ra3.2$ μm（18 处） | | 0.5 | |
| 14 | 文明生产与安全生产 | | 5 | |

# 综合练习四　模板镶配件加工

## 一、图形及技术要求

本练习突出角度、燕尾的加工和检测方法的应用,根据图 16-4 所示的图样,完成模板镶配件加工,达到锉配精度。

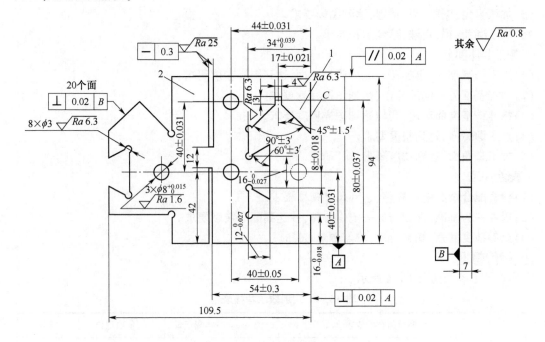

图 16-4　模板

技术要求:

1. 按图示尺寸加工好,经检验后,由检验员在锯槽处锯开成 1、2 两件。
2. 件 1 与件 2 为间隙配合,全部配合面单边间隙不得大于 0.05 mm。
3. 各锉削面锐角倒圆 R0.3 mm。

## 二、操作步骤

(1)检查。按图纸要求检查毛坯料。

(2)选择基准,锉削 A 面,使其平面度和直线、侧垂度符合要求。从 A 面为基准,加工 C 面,并将 C 面对 A 面的垂直度误差控制在 0.01 mm 内。

(3)加工与 A 面和 C 面相对的两平面,两平面的尺寸误差,平面度、平行度、垂直度误差均达到图纸要求。

(4)划线。按图纸划线,最好能在两面划线,以便于加工时作检查。

(5)直接钻出 $\phi 3$ 的沉割工艺孔。加工 $\phi 8$ 孔要保证孔的尺寸精度,位置精度和表面粗糙度。

(6)加工工件 1。加工顺序依次为:尺寸 $16_{-0.018}^{0}$ mm、$34_{0}^{+0.039}$ mm,角度 $45° \pm 1.5'$、$90° \pm 3'$ 及尺寸($80 \pm 0.037$)mm、($17 \pm 0.021$)mm、$12_{-0.027}^{0}$ mm、$16_{-0.027}^{0}$ mm、角度 $60° \pm 3'$,保证尺寸($40 \pm 0.031$)mm。在加工过程中,可用万能角尺、角度样板、测量棒或正弦规等方法保证角度误差及尺寸误差。

（7）加工工件 2。加工顺序为：先加工左下方矩形处两面，后加工燕尾形面，再加工 90°右侧，最后加工 90°左侧面。保证各形面对平面的垂直度误差、尺寸误差、位置精度误差符合图纸要求。

（8）锐角倒圆。各加工面锐角倒圆 R0.3 mm。

（9）锯削加工。锯削距 C 面（54±0.3）mm，锯缝深 42，其中间留 12 mm，符合要求。

### 三、评价标准

实训效果考核表如表 16-5 所示。

**表 16-5　实训效果考核表**

| 序号 | 考核项目 | 配分 | 备注 | 序号 | 考核项目 | 配分 | 备注 |
|---|---|---|---|---|---|---|---|
| 1 | （44±0.031）mm | 2 | | 15 | 60°±3′ | 4 | |
| 2 | $34^{+0.039}_{0}$ mm | 3 | | 16 | 109.5 mm、94 mm、3 mm、4 mm、8×$\phi$3 mm、R0.3 mm、42 mm、12 mm | 4 | |
| 3 | （17±0.021）mm | 2 | | | | | |
| 4 | （80±0.037）mm | 3 | | 17 | 配合间隙（10 处） | 24 | |
| 5 | （40±0.031）mm　（2 处） | 4 | | 18 | ⊥ 0.02 A | 2 | |
| 6 | $16^{0}_{-0.027}$ mm | 3 | | 19 | ⊥ 0.02 B（20 处） | 4 | |
| 7 | （8±0.018）mm | 2 | | 20 | // 0.02 A | 2 | |
| 8 | $16^{0}_{-0.018}$ mm | 3 | | 21 | ― 0.3 | 2 | |
| 9 | $12^{0}_{-0.027}$ mm | 3 | | 22 | $R_a$0.8 μm（20 处） | 8 | |
| 10 | （40±0.05）mm | 2 | | 23 | $R_a$1.6 μm（3 处） | 3 | |
| 11 | （54±0.3）mm | 2 | | 24 | $R_a$6.3 μm（10 处） | 2 | |
| 12 | 3×$\phi$$8^{+0.015}_{0}$ mm | 6 | | 25 | $R_a$25 μm（2 处） | 2 | |
| 13 | 45°±1.5′ | 2 | | 26 | 安全文明生产 | 3 | |
| 14 | 90°±3′ | 3 | | | | | |

# 综合练习五　V 三角组合件加工

### 一、图形及技术要求

本练习是典型综合件加工，常被作为竞赛和技能鉴定的题目，如图 16-5、图 16-6、图 16-7、图 16-8 和图 16-9 所示。

### 1. V 三角组合件装配图样（见图 16-5）

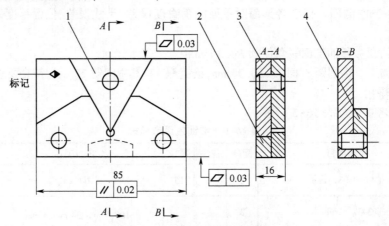

图 16-5　V 三角组件装配图

1—三角体；2—圆弧镶块；3—底板；4—V 形板

技术要求

1. 用自备心轴装配。四件能同时装配，按评分标准配分，否则不能得装配分。

2. 装配时，件 3 标记如图示位置为准，其余 3 件可做翻转，件 1 还能做 120° 旋转，均能符合装配的各项要求。

3. 装配后，件 1 与件 4、件 2 与件 3 配合间隙及换向配合间隙均不大于 0.03 mm。

4. 倒角 C0.3。

### 2. 三角体（见图 16-6）

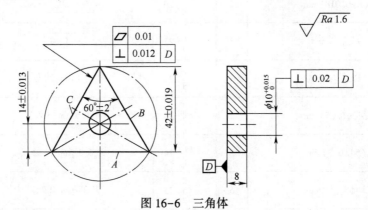

图 16-6　三角体

### 3. 圆弧镶块（见图 16-7）

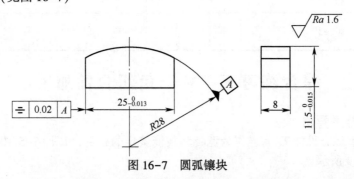

图 16-7　圆弧镶块

### 4. 底板（见图 16-8）

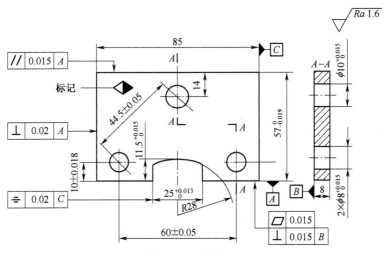

图 16-8　底板

### 5.V 形板（见图 16-9）

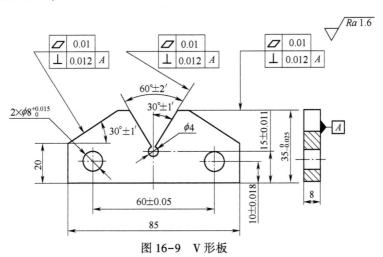

图 16-9　V 形板

## 二、操作步骤

### 1. 检查

按图纸要求检查毛坯料。

### 2. 加工件 1

划线加工 $\phi10_{0}^{+0.015}$ 孔。以 $\phi10_{0}^{+0.015}$ 孔为基准加工基准面 $A$ 面,保证尺寸精度要求。再以 $A$ 面为基准面,分别加工 $B$、$C$ 两个面,保证角度、尺寸、垂直度符合图纸要求。

### 3. 加工件 2

加工其中一长边为基准,加工出 25 mm×11.5 mm×8 mm 的长方体,保证各边与基准的垂尺度和尺寸精度。再用 $R$ 规或 $R$ 样板加工 $R$28,保证圆弧得对称度符合要求。

### 4. 加工件 3

加工 $A$ 面为基准面,以 $A$ 面为基准,加工其余 3 面,保证尺寸误差、平行度误差、垂直度误差符合要求。再画线加工出 3 孔,保证各孔尺寸、位置精度。最后加工凹形面,保证凹形面尺寸、对称度符合要求。

### 5. 加工件 4

加工一长边为基准,加工出 85 mm×35 mm×8 mm 长方体,划线加工 2 孔,保证各孔尺寸、位置精度。最后加工各角度面,用万能角尺、角度样板、测量棒或正弦规等方法控制角度误差及尺寸误差。

### 6. 自检

全面自检各件的尺寸和形状位置精度,并检查各方向装配后是否合格。最后各边倒角 C0.3。

### 7. 装配

将各件按装配图组装。

## 三、评价标准

实训效果考核表如表 16-6 所示。

表 16-6　实训效果考核表

| 序号 | 考核项目 | 配分 | 备注 | 序号 | 考核项目 | 配分 | 备注 |
|---|---|---|---|---|---|---|---|
| 1 | $(42\pm0.019)$ mm(3 处) | 9 | | 19 | $(10\pm0.018)$ mm(2 处) | 2 | |
| 2 | $60°\pm2'$（3 处） | 6 | | 20 | $\phi8_{-0.015}^{0}$ mm （2 处） | 1 | |
| 3 | $\phi10_{0}^{+0.015}$ mm | 1 | | 21 | $\phi10_{0}^{+0.015}$ mm | 0.5 | |
| 4 | ⟋ 0.01 （3 处） | 3 | | 22 | ∥ 0.015 A | 1 | |
| 5 | ⊥ 0.012 D （3 处） | 3 | | 23 | ⟋ 0.015 | 1 | |
| 6 | ⊥ 0.02 D | 2 | | 24 | ⊥ 0.02 A | 1 | |
| 7 | $R_a1.6$ μm 面 （3 处） | 1.5 | | 25 | ⊥ 0.015 B | 1 | |
| 8 | $R_a1.6$ μm 孔 | 0.5 | | 26 | ⊜ 0.02 C | 1 | |
| 9 | $25_{-0.013}^{0}$ mm | 2 | | 27 | $R_a1.6$ μm 面 （4 处） | 4 | |
| 10 | $11.5_{-0.015}^{0}$ mm | 1.5 | | 28 | $R_a1.6$ μm 孔 （3 处） | 2 | 序号 13～28 为件 3,共 26 分 |
| 11 | ⊜ 0.02 A | 2 | | | | | |
| 12 | $R_a1.6$ μm （3 处） | 1.5 | 序号 9～12 为件 2,共 7 分 | 29 | $(15\pm0.011)$ mm | 2 | |
| | | | | 30 | $35_{-0.025}^{0}$ mm | 0.5 | |
| 13 | $57_{-0.019}^{0}$ mm | 1 | | 31 | $(60\pm0.05)$ mm | 1 | |
| 14 | $(60\pm0.05)$ mm | 2 | | 32 | $(10\pm0.018)$ mm | 0.5 | |
| 15 | $(44.5\pm0.05)$ mm(2 处) | 4 | | 33 | $\phi8_{0}^{+0.015}$ mm （2 处） | 1 | |
| 16 | $25_{0}^{+0.013}$ mm | 1.5 | | 34 | $60°\pm2'$ | 2 | |
| 17 | $11.5_{0}^{+0.015}$ mm | 1 | | 35 | $30°\pm1'$ （4 处） | 4 | |
| 18 | $R28$ mm | 2 | | 36 | ⊥ 0.012 A （6 处） | 3 | |

| 序号 | 考核项目 | 配分 | 备注 | 序号 | 考核项目 | 配分 | 备注 |
|---|---|---|---|---|---|---|---|
| 37 | ⟋ 0.01　（6处） | 3 | | 42 | ⟋ 0.03　（下面2处） | 1 | |
| 38 | $R_a$1.6 μm 面　（6处） | 3 | | 43 | 件2与件3间隙　（6处） | 3 | |
| 39 | $R_a$1.6 μm 孔　（2处） | 1 | 序号 29～39 为件4,共21分 | 44 | ∥ 0.03 A （2处） | 2 | 序号 40～44 为装配分 |
| 40 | 件1与件4间隙(12处) | 6 | | 45 | 安全文明生产 | 5 | |
| 41 | ⟋ 0.03　（上面3处） | 3 | | | | | |

# 附录

## 中级钳工知识试卷(一)

**一、选择题**(第 1 - 80 题。选择正确的答案,将相应的字母填入题内的括号中。每题 1 分。满分 80 分)

1. 标注形位公差代号时,形位公差项目符号应填写在形位公差框格左起(　　)。
(A)第一格　　　　　(B)第二格　　　　　(C)第三格　　　　　(D)任意

2. 零件图的技术要求的标注必须符合(　　)的规定注法。
(A)工厂　　　　　(B)行业标准　　　　　(C)部颁标准　　　　　(D)国家标准

3. 局部剖视图用(　　)作为剖与未剖部分的分界线。
(A)粗实线　　　　　(B)细实线　　　　　(C)细点画线　　　　　(D)波浪线

4. 在零件的主、俯、左三个视图中,零件对应部分的主、俯视图应(　　)。
(A)长对正　　　　　(B)高平齐　　　　　(C)宽相等　　　　　(D)长相等

5. 内径百分表表盘沿圆周有(　　)刻度。
(A)50　　　　　(B)80　　　　　(C)100　　　　　(D)150

6. 发现精密量具有不正常现象时,应(　　)。
(A)自己修理　　　　　　　　　　　(B)及时送交计量室修理
(C)继续使用　　　　　　　　　　　(D)可以使用

7. 孔的最大极限尺寸与轴的最小极限尺寸之代数差为负值叫(　　)。
(A)过盈值　　　　　　　　　　　　(B)最小过盈
(C)最大过盈　　　　　　　　　　　(D)最大间隙

8. 零件(　　)具有的较小间距和峰谷所组成的微观几何形状不平的程度叫做表面粗糙度。
(A)内表面　　　　　　　　　　　　(B)外表面
(C)加工表面　　　　　　　　　　　(D)非加工表面

9. 将能量由(　　)传递到工作机的一套装置称为传动装置。
(A)汽油机　　　　　(B)柴油机　　　　　(C)原动机　　　　　(D)发电机

10. 下述(　　)场合宜采用齿轮传动。
(A)小中心距传动　　　　　　　　　(B)大中心距传动
(C)要求传动比恒定　　　　　　　　(D)要求传动效率高

11. 在高温下能够保持刀具材料切削性能的是(　　)。
(A)硬度　　　　　(B)耐热性　　　　　(C)耐磨性　　　　　(D)强度

12. 高速钢常用的牌号是(　　)。
(A)CrWMn　　　　　(B)W18Cr4V　　　　　(C)9SiCr　　　　　(D)Cr12M0V

13. 修整砂轮一般用(　　)。

(A)油石　　　　　(B)金刚石　　　　　(C)硬质合金刀　　　　(D)高速钢

14. 钻床夹具有:固定式、回转式、移动式、盖板式和(　　)。

(A)流动式　　　　(B)翻转式　　　　　(C)摇臂式　　　　　(D)立式

15. 机床照明灯应选(　　)伏电压。

(A)6　　　　　　　(B)24　　　　　　　(C)110　　　　　　(D)220

16. 零件的加工精度对装配精度(　　)。

(A)有直接影响　　(B)无直接影响　　　(C)可能有影响　　　(D)可能无影响

17. 錾削用的手锤锤头是碳素工具钢制成,并淬硬处理,其规格用(　　)表示。

(A)长度　　　　　(B)重量　　　　　　(C)体积　　　　　　(D)高度

18. 锉刀共分三种:普通锉、特种锉、(　　)。

(A)刀口锉　　　　(B)菱形锉　　　　　(C)整形锉　　　　　(D)椭圆锉

19. 一般手锯的往复长度小应小于锯条 K 度的(　　)。

(A) 1/3　　　　　(B) 2/3　　　　　　(C) 1/2　　　　　　(D) 3/4

20. 钻直径超过 30 mm 的大孔一般要分两次钻削,先用(　　)倍孔径的钻头钻孔,然后用与要求的孔径一样的钻头扩孔。

(A) 0.3~0.4　　　(B) 0.5~0.7　　　　(C) 0.8~0.9　　　　(D) 1~1.2

21. 孔径较大时,应取(　　)的切削速度。

(A)任意　　　　　(B)较大　　　　　　(C)较小　　　　　　(D)中速

22. 刮削后的工件表面,形成了比较均匀的微浅凹坑,创造了良好的存油条件,改善了相对运动件之间的(　　)情况。

(A)润滑　　　　　(B)运动　　　　　　(C)摩擦　　　　　　(D)机械

23. 粗刮时,显示剂调得(　　)。

(A)干些　　　　　(B)稀些　　　　　　(C)不干不稀　　　　(D)稠些

24. 粗刮时,粗刮刀的刃磨成(　　)。

(A)略带圆弧　　　(B)平直　　　　　　(C)斜线形　　　　　(D)曲线形

25. 研磨的基本原理包含着物理和(　　)的综合作用。

(A)化学　　　　　(B)数学　　　　　　(C)科学　　　　　　(D)哲学

26. 主要用于碳素工具钢、合金工具钢以及高速钢工件研磨的磨料是(　　)。

(A)氧化物磨料　　(B)碳化物磨料　　　(C)金刚石磨料　　　(D)氧化铬磨料

27. 在研磨中起调和磨料、冷却和润滑作用的是(　　)。

(A)研磨液　　　　(B)研磨剂　　　　　(C)磨料　　　　　　(D)研具

28. 用手工研磨生产效率低,成本高,故只有当零件允许的形状误差小于 0.005 mm,尺寸公差小于(　　) mm 时,采用这种方法加工。

(A)0.001　　　　　(B)0.01　　　　　　(C)0.02　　　　　　(D)0.03

29. 直径大的棒料或轴类多件常采用(　　)矫直。

(A)压力机　　　　(B)手锤　　　　　　(C)台虎钳　　　　　(D)活络扳手

30. 在一般情况下,为简化计算,当 $r/t \geqslant 8$ 时,中性层系数可按(　　)计算。

(A) $X_0 = 0.3$　　　(B) $X_0 = 0.4$　　　(C) $X_0 = 0.5$　　　(D) $X_0 = 0.6$

31. $D_0 = (0.75~0.8)D_1$ 是确定绕弹簧用心棒直径的经验公式,其中 $D_1$ 为(　　)。

(A)弹簧内径　　　　　(B)弹簧外径　　　　　(C)钢丝直径　　　　　(D)弹簧中径

32. 产品装配的常用方法有完全互换装配法、(　　　)、修配装配和调整装配法。

(A)选择装配法　　　(B)直接选配法　　　(C)分组选配法　　　(D)互换装配法

33. 下面(　　　)不是装配工作要点。

(A)零件的清理、清洗　(B)边装配边检查　　(C)试车前检查　　　(D)喷涂、涂油、装管

34. 产品的装配工作包括部件装配和(　　　)。

(A)总装配　　　　　(B)同定式装配　　　(C)移动式装配　　　(D)装配顺序

35. 零件的密封试验是(　　　)。

(A)装配工作　　　　(B)试车　　　　　　(C)装配前准备工作　(D)调整工作

36. 为消除零件因偏重而引起振动,必须进行(　　　)。

(A)平衡试验　　　　(B)水压试验　　　　(C)气压试验　　　　(D)密封试验

37. 尺寸链中封闭环公差等于(　　　)。

(A)增环公差　　　　　　　　　　　　　　(B)减环公差

(C)各组成环公差之和　　　　　　　　　　(D)增环公差与减环公差之差

38. 装配工艺规程的内容包括(　　　)。

(A)装配技术要求及检验方法　　　　　　　(B)工人出勤情况

(C)设备损坏修理情况　　　　　　　　　　(D)物资供应情况

39. 立钻 Z525 主轴最高转速为(　　　)。

(A)97 r/min　　　(B)1 360 r/min　　　(C)1 420 r/min　　　(D)480 r/min

40. 钻床主轴和进给箱的二级保养要更换(　　　)零件。

(A)推力轴承　　　　(B)调整锁母　　　　(C)传动机构磨损　　(D)齿轮

41. 在拧紧圆形或方形布置的成组螺母纹时,必须(　　　)。

(A)对称地进行　　　　　　　　　　　　　(B)从两边开始对称进行

(C)从外自里　　　　　　　　　　　　　　(D)无序

42. 静连接花键装配,要有较少的过盈量,若过盈量较大,则应将套件加热到(　　　)后进行装配。

(A) 50°　　　　　　(B) 70°　　　　　　(C) 80°~120°　　　(D) 200°

43. 销是一种(　　　),形状和尺寸已标准化。

(A)标准件　　　　　(B)连接件　　　　　(C)传动件　　　　　(D)固定件

44. 带在轮上的包角不能太小,三角带包角不能小于(　　　),才保证不打滑。

(A)150°　　　　　　(B)100°　　　　　　(C)120°　　　　　　(D)180°

45. 张紧力的调整方法是靠改变两带轮的中心距或用(　　　)。

(A)张紧轮张紧　　　　　　　　　　　　　(B)中点产生 1.6 mm 的挠度

(C)张紧结构　　　　　　　　　　　　　　(D)小带轮张紧

46. 带轮相互位置不准确会引起带张紧不均匀而过快磨损,对中心距不大的测量方法是(　　　)。

(A)长直尺　　　　　(B)卷尺　　　　　　(C)拉绳　　　　　　(D)皮尺

47. 带陷入槽底,是因为带轮槽磨损造成的,此时的修理方法是(　　　)。

(A)更换轮　　　　　(B)更换三角带　　　(C)带槽镀铬　　　　(D)车深槽

48. 带传动机构使用一般时间后,三角带陷入槽底,这是(　　　)损坏形式造成的。

(A)轴变曲　　　　(B)带拉长　　　　(C)带轮槽磨损　　　(D)轮轴配合松动

49. 链传动中,链和轮磨损较严重,用(　　)方法修理。

(A)修轮　　　　　(B)修链　　　　　(C)链、轮全修　　　(D)更换链、轮

50. 转速高的大齿轮装在轴上后应作(　　)检查,以免工作时产生过大振动。

(A)精度　　　　　(B)两齿轮配合精度　(C)平衡　　　　　(D)齿面接触

51. 轮齿的接触斑点应用(　　)检查。

(A)涂色法　　　　(B)平衡法　　　　(C)百分表测量　　　(D)直尺测量

52. 蜗杆的轴心线应在蜗轮轮齿的(　　)。

(A)对称中心平面内　　　　　　　　(B)垂直平面内

(C)倾斜平面内　　　　　　　　　　(D)不在对称中心平面内

53. 把蜗轮轴装入箱体后,蜗杆轴位置已由箱体孔决定,要使蜗杆轴线位于蜗轮轮齿对称中心面内,只能通过(　　)方法来调整。

(A)改变箱体孔中心线位置　　　　　(B)调整垫片厚度

(C)只能报废　　　　　　　　　　　(D)把轮轴车细、加偏心套改变中心位置

54. 凸缘式联轴器的装配技术要求在一般情况下应严格保证(　　)。

(A)两轴的同轴度　(B)两轴的平行度　(C)两轴的垂直度　(D)两轴的安定

55. 联轴器只有在机器停车时,用拆卸的方法才能使两轴(　　)。

(A)脱离传动关系　(B)改变速度　　　(C)改变运动方向　(D)改变两轴相互位置

56. 离合器装配的主要技术要求之一是能够传递足够的(　　)。

(A)力矩　　　　　(B)弯矩　　　　　(C)扭矩　　　　　(D)力偶力

57. 当受力超过一定限度时,自动打滑的离合器叫(　　)。

(A)侧齿式离合器　(B)内齿离合器　　(C)摩擦离合器　　(D)柱销式离合器

58. 常用向心滑动轴承的结构形式有整体式、(　　)和内柱外锥式。

(A)部分式　　　　(B)可拆式　　　　(C)剖分式　　　　(D)叠加式

59. 整体式滑动轴承,当轴套与座孔配合过盈量较大时,宜采用(　　)压入。

(A)套筒　　　　　(B)敲击　　　　　(C)压力机　　　　(D)温差

60. 剖分式滑动轴承的轴承合金损坏后,可采用(　　)的办法,并经机械加工修复。

(A)重新浇注　　　(B)更新　　　　　(C)去除损坏处　　(D)补偿损坏处

61. 液体静压轴承是用油泵把(　　)送到轴承间隙强制形成油膜。

(A)低压油　　　　(B)中压油　　　　(C)高压油　　　　(D)超高压油

62. 轴承合金具有良好的(　　)。

(A)减摩性　　　　(B)耐磨性　　　　(C)减摩性和耐磨性　(D)高强度

63. 典型的滚动轴承由内圈、外圈、(　　)、保持架四个基本元件组成。

(A)滚动体　　　　(B)球体　　　　　(C)圆柱体　　　　(D)圆锥体

64. 滚动轴承型号在(　　)中表示。

(A)前段　　　　　(B)中段　　　　　(C)后段　　　　　(D)前、中、后三段

65. 轴承的轴向固定方式有两端单向固定方式和(　　)方式两种。

(A)两端双向固定　(B)一端单向固定　(C)一端双向固定　(D)两端均不固定

66. 轴、轴上零件及两端(　　),支座的组合称轴组。

(A)轴孔　　　　　(B)轴承　　　　　(C)支承孔　　　　(D)轴颈

67. 柴油机的主要运动件是(　　)。

(A)气缸　　　　　　(B)喷油器　　　　　　(C)曲轴　　　　　　(D)节温器

68. 能按照柴油机的工作次序,定时打开排气门,使新鲜空气进入气缸和废气从气缸排出的机构叫(　　)。

(A)配气机构　　　　(B)凸轮机构　　　　　(C)曲柄连杆机构　　(D)滑块机构

69. 设备修理,拆卸时一般应(　　)。

(A)先拆内部、上部　(B)先拆外部、下部　(C)先拆外部、上部　(D)先拆内部、下部

70. 相互运动的表层金属逐渐形成微粒剥落而造成的磨损叫(　　)。

(A)疲劳磨损　　　　(B)砂粒磨损　　　　　(C)摩擦磨损　　　　(D)消耗磨损

71. 液压系统产生故障之一爬行的原因是(　　)。

(A)节流缓冲系统失灵　　　　　　　　　(B)空气混入液压系统

(C)油泵不泵油　　　　　　　　　　　　(D)液压元件密封件损坏

72. 丝杠螺母传动机构只有一个螺母时,使螺母和丝杠始终保持(　　)。

(A)双向接触　　　　(B)单向接触　　　　　(C)单向或双向接触　(D)三向接触

73. 用检查棒校正丝杠螺母副同轴度时,为消除检验棒在各支承孔中的安装误差,可将检验棒转过(　　)后再测量一次,取其平均值。

(A)60°　　　　　　　(B)180°　　　　　　　(C)90°　　　　　　　(D)360°

74. 操作钻床时不能戴(　　)。

(A)帽子　　　　　　(B)手套　　　　　　　(C)眼镜　　　　　　(D)口罩

75. 危险品仓库应设(　　)。

(A)办公室　　　　　(B)专人看管　　　　　(C)避雷设备　　　　(D)纸筒

76. 泡沫灭火机不应放在(　　)。

(A)室内　　　　　　(B)仓库内　　　　　　(C)高温地方　　　　(D)消防器材架上

77. 起吊时吊钩要垂直于重心,绳与地面垂直时,一般不超过(　　)。

(A)75°　　　　　　　(B)65°　　　　　　　(C)55°　　　　　　　(D)45°

78. 锯割时,回程时应(　　)。

(A)用力　　　　　　(B)取出　　　　　　　(C)滑过　　　　　　(D)稍抬起

79. 钳工车间设备较少工件摆放时,要(　　)。

(A)堆放　　　　　　(B)大压小　　　　　　(C)重压轻　　　　　(D)放在工件架上

80. 其励磁绕组和电枢绕组分别用两个直流电源供电的电动机叫(　　)。

(A)复励电动机　　　(B)他励电动机　　　　(C)并励电动机　　　(D)串励电动机

**二、判断题**(第 81 - 100 题。将判断结果填入括号中。正确的填"√",错误的填"×"。每题 1 分。满分 20 分)

81. 表面粗糙度的高度评定参数有轮廓算术平均偏差 $Ra$;微观不平度十点高度 $Rz$ 和轮廓最大高度 $Ry$ 个。　　　　　　　　　　　　　　　　　　　　　　　　　　　　(　　)

82. 绘制零件图的过程大体上可分:(1)形体分析、确定主视图;(2)选择其他视图,确定表达方案;(3)画出各个视图;(4)标注正确、完整、清晰合理的尺寸;(5)填写技术要求和标题栏等阶段。　　　　　　　　　　　　　　　　　　　　　　　　　　　　　　　(　　)

83. 形状公差是形状误差的最大允许值,包括直线度、平面度、圆度、圆柱度、线轮廓度、面轮廓度 6 种。　　　　　　　　　　　　　　　　　　　　　　　　　　　　　　　(　　)

84. 磨床液压系统进入空气,油液不洁净,导轨润滑不良,压力不稳定等都会造成磨床工作台低速爬行。 （　）

85. 精加工磨钝标准的制订是按它能否充分发挥刀具切削性能和使用寿命最长的原则而确定的。 （　）

86. 刀具磨损越慢,切削加工时就越长,也就是刀具寿命越长。 （　）

87. 选定合适的定位元件可以保证工件定位稳定和定位误差最小。 （　）

88. 夹紧机构要有自锁机构。 （　）

89. 钢回火的加热温度在 $A_1$ 线以下,因此,回火过程中无组织变化。 （　）

90. 大型工件划线时,如果没有长的钢直尺,可用拉线代替,没有大的直角尺则可用线坠代替。 （　）

91. 利用分度头可在工件上划出圆的等分线或不等分线。 （　）

92. 用接长钻头钻深孔时,可一钻到底,不必中途退出排屑。 （　）

93. 钻孔时所用切削液的种类和作用与加工材料和加工要求无关。 （　）

94. 研具材料比被研磨的工件硬。 （　）

95. 弯曲有焊缝的管子,焊缝必须放在其弯曲内层的位置。 （　）

96. 键的磨损一般都采取更换键的修理办法。 （　）

97. 圆锥式摩擦离合器在装配时,必须用仪器测量检查两圆锥面的接触情况。 （　）

98. 车床丝杠的横向和纵向进给运动是螺旋传动。 （　）

99. 钻床变速前应取下钻头。 （　）

100. 钳工工作场地必须清洁整齐、物品摆放有序。 （　）

# 中级钳工知识试卷(二)

**一、选择题**(第 1~80 题。选择正确的答案,将相应的字母填入题内的括号中。每题 1 分。满分 80 分)

1. 零件图中标注极限偏差时,上下极限偏差小数点对齐,小数点后位数相同零偏差( )。
(A)必须标出 (B)不必标出 (C)文字说明 (D)用符号表示

2. 千分尺固定套筒上的刻线间距为( ) mm。
(A)1 (B)0.5 (C)0.01 (D)0.001

3. 内径百分表盘面刻有 100 刻度,两条刻线之间代表( ) mm。
(A)0.1 (B)0.01 (C)0.01 (D)1

4. 孔的最小极限尺寸与轴的最大极限尺寸之代数差为负值叫( )。
(A)过盈值 (B)最小过盈 (C)最大过盈 (D)最小间隙

5. 表面粗糙度基本特征符号√表示( )。
(A)用去除材料的方法获得的表面 (B)无具体意义,小能单独使用
(C)用不去除材料的方法获得的表面 (D)任选加工方法获得的表面

6. 将能量由原动机传递到( )的一套装置称为传动装置。
(A)工作机 (B)电动机 (C)汽油机 (D)接收机

7. 液压传动的工作介质是具有一定压力的( )。
(A)气体 (B)液体 (C)机械能 (D)电能

8. 液压系统中的液压泵属( )。
(A)动力部分 (B)控制部分 (C)执行部分 (D)辅助部分

9. 国产液压油的使用寿命一般都在( )。
(A)三年 (B)二年 (C)一年 (D)一年以上

10. 磨削加工的主运动是( )。
(A)砂轮圆周运动 (B)工件旋转运动 (C)工作台移动 (D)砂轮架运动

11. 利用已精加工且面积较大的导向平面定位时,应选择的基本支承点( )。
(A)支承板 (B)支承钉 (C)自位支承 (D)可调支承

12. 在夹具中,夹紧力的作用方向应与钻头轴线的方向( )。
(A)平行 (B)垂直 (C)倾斜 (D)相交

13. 钻床夹具的类型在很大程度上取决于被加工孔的( )。
(A)精度 (B)方向 (C)大小 (D)分布

14. 为改善 T12 钢的切削加工性,通常采用( )处理。
(A)完全退火 (B)球化退火 (C)去应力火 (D)正火

15. 封闭环公差等于( )。
(A)各组成环公差之差 (B)再组成环公差之和
(C)增环公差 (D)减环公差

16. 采用无心外圆磨床加工的零件一般会产生( )误差。
(A)直线度 (B)平行度 (C)平面度 (D)圆度

17. 在零件图上用来确定其他点、线、面位置的基准称为( )基准。
(A)设计 (B)划线 (C)定位 (D)修理

18. 分度头的手柄转一周,装夹在主轴上的工件转( )。

(A)1 周      (B)20 刷      (C)40 周      (D)1/40 周

19. 錾子的前刀面与后刀面之间夹角称( )。

(A)前角      (B)后角      (C)楔角      (D)副后角

20. 平面锉削分为顺向锉、交叉锉、( )。

(A)拉锉法      (B)推锉法      (C)平锉法      (D)立锉法

21. 锯割软材料或厚材料选用( )锯条。

(A)粗齿      (B)细齿      (C)硬齿      (D)软齿

22. 对于标准麻花钻而言,在主截而内( )与基面之间的夹角称为前角。

(A)后刀面      (B)前刀面      (C)副后刀面      (D)切削平面

23. 在钻壳体与其相配衬套之间的骑缝螺纹底孔时,由于两者材料不同,孔中心的样冲眼要打在( )。

(A)略偏于硬材料一边          (B)略偏于软材料一边

(C)两材料中间          (D)衬套上

24. 孔的精度要求较高和表面粗糙度值要求较小时,应取( )的进给量。

(A)较大      (B)较小      (C)普通      (D)任意

25. 常用螺纹按( )可分为三角螺纹、方形螺纹、条形螺纹、半圆螺纹和锯齿螺纹等。

(A)螺纹的用途          (B)螺纹在轴向剖面内的形状

(C)螺纹的受力方式          (D)螺纹在横向剖面内的形状

26. M3 以上的圆板牙尺可调节,其调节范围是( )。

(A) 0.1~0.5 mm    (B) 0.6~09 mm    (C) 1~1.5 mm    (D) 2~1.5 mm

27. 在钢和铸铁件上加工同样直径的内螺纹时,钢件的底孔直径比铸铁件的底孔直径( )

(A)稍小      (B)小很多      (C)稍大      (D)大很多

28. 套丝前圆杆直径应( )螺纹的大径尺寸。

(A)稍大于      (B)稍小于      (C)等于      (D)大于或等于

29. 检查用的平板其平面度要求 0.03,应选择( )方法进行加工。

(A)磨      (B)精刨      (C)刮削      (D)锉削

30. 在研磨时,部分磨料嵌入较软的( )表面层,部分磨料则悬浮于工件与研具之间。

(A)工件      (B)工件,研具      (C)研具      (D)研具和工件

31. 用于宝石、玛瑙等高硬度材料的精研磨加工的磨料是( )。

(A)氧化物磨料      (B)碳化物磨料      (C)金刚石磨料      (D)氧化铬磨料

32. 在研磨外圆柱面时,可用车床带动工件,用手推动研磨环在工件上沿轴线作往复运动进行研磨,若工件直径小于 80 mm 时,车床转速应选择( )。

(A)50 r/min      (B)100 r/min      (C)250 r/min      (D)500 r/min

33. 矫直棒料时,为消除因弹性变形所产生的回翘可( )一些。

(A)适当少压          (B)用力小

(C)用力大          (D)使其反向弯曲塑性变形

34. 当金属薄板发生对角翘曲变形时,其矫平方法是沿( )锤击。

(A)翘曲的对角线          (B)没有翘曲的对角线

(C)周边          (D)四周向中间

35. 若弹簧内径与其他零件相配,用经验公式 $D_0 = (0.75~0.8)D_1$ 确定心棒直径时,其系数应取( )值。

(A)大      (B)中      (C)小      (D)任意

36. 装配精度检验包括工作精度检验和(　　)检验。

(A)几何精度　　　　(B)密封性　　　　(C)功率　　　　(D)灵活性

37. 装配工艺规程的内容包括(　　)。

(A)所需设备工具时间额定　　　　(B)设备利用率

(C)厂房利用率　　　　(D)耗电量

38. 编制工艺规程的方法首先是(　　)。

(A)对产品进行分析　　(B)确定组织形式　　(C)确定装配顺序　　(D)划分工序

39. 要在一圆盘面上划出六边形,每划一条线后分度头的手柄应摇(　　)周,再划第二条线。

(A)2/3　　　　(B)6·2/3　　　　(C)6/40　　　　(D)1

40. 利用分度头可在工件上划出圆的(　　)。

(A)等分线　　　　　　　　(B)不等分线

(C)等分线或不等分线　　　　(D)以上叙述都不正确

41. 立钻电动机二级保养要按需要拆洗电动机,更换(　　)润滑剂。

(A)20#机油　　(B)40#机油　　(C)锂基润滑脂　　(D)1#钙基润滑脂

42. 螺纹装配有双头螺栓的装配和(　　)的装配。

(A)螺母　　　　(B)螺钉　　　　(C)螺母和螺钉　　　　(D)特殊螺纹

43. 在拧紧(　　)布置的成组螺母时,必须对称地进行。

(A)长方形　　　　(B)圆形　　　　(C)方形　　　　(D)圆形或方形

44. 松键装配在键长方向、键与轴槽的间隙是(　　)毫米。

(A)1　　　　(B)0.5　　　　(C)0.2　　　　(D)0.1

45. 销连接在机械中主要是定位,连接成锁定零件,有时还可作为安全装置的(　　)零件。

(A)传动　　　　(B)固定　　　　(C)定位　　　　(D)过载剪断

46. 圆柱销一般靠(　　)固定在孔中,用以定位和连接。

(A)螺纹　　　　(B)过盈　　　　(C)键　　　　(D)防松装置

47. 销是一种标准件,(　　)已标准化。

(A)形状　　　　(B)尺寸　　　　(C)大小　　　　(D)形状和尺寸

48. 过盈连接是依靠孔、轴配合后的(　　)来达到坚固连接。

(A)摩擦力　　　　(B)压力　　　　(C)拉力　　　　(D)过盈值

49. 当过盈量及配合尺寸较大时,常采用(　　)装配。

(A)压入法　　　　(B)冷缩法　　　　(C)温差法　　　　(D)爆炸法

50. 在带动传中,不产生打滑的皮带是(　　)。

(A)平带　　　　(B)三角带　　　　(C)齿形带　　　　(D)可调节三角带

51. 两带轮相对位置的准确要求是(　　)。

(A)保证两轮中心平面重合　　　　(B)两轮中心平面平行

(C)两轮中心平面垂直　　　　(D)两轮中心平面倾斜

52. 带传动机构使用(　　)时间后,三角带陷入槽底,这是带轮槽磨损损坏形式造成的。

(A)一年　　　　(B)二年　　　　(C)五年　　　　(D)一段

53. 链传动的损坏形式有链被拉长、链和链轮磨损和(　　)。

(A)脱链　　　　(B)链断裂　　　　(C)轴颈弯曲　　　　(D)链和链轮配合松动

54. 转速(　　)的大齿轮装在轴上后应作平衡检查,以免工作时产生过大振动。

(A)高　　　　(B)低　　　　(C)1 500 r/min　　　　(D)1 440 r/min

55. 在接触区域内通过脉冲放电,把齿面凸起的部分先去掉,使接触面积逐渐扩大的方法叫

( 　　 )。

  (A)加载跑合　　　　(B)电火花跑合　　　　(C)研磨　　　　　　(D)刮削

**56.** 蜗轮副正确的接触斑点位置应在( 　　 )位置。

  (A)蜗杆中间　　　　　　　　　　　　(B)蜗轮中间

  (C)蜗轮中部稍偏蜗杆旋出方向　　　(D)蜗轮中部稍偏蜗轮旋出方向

**57.** 凸缘式联轴器的装配技术要求要保证各连接件( 　　 )。

  (A)联接可靠　　　　　　　　　　　　(B)受力均匀

  (C)不允许有自动松脱现象　　　　　(D)以上说法全对

**58.** 十字沟槽式联轴器在工作时允许两轴线有少量径向( 　　 )。

  (A)跳动　　　　(B)偏移和歪斜　　　　(C)间隙　　　　(D)游动

**59.** 用涂色法检查离合器两圆锥面的接触情况时,色斑分布情况( 　　 )。

  (A)靠近锥顶　　　(B)靠近锥底　　　(C)靠近中部　　　(D)在整个圆锥表面上

**60.** 整体式向心滑动轴承是用( 　　 )装配的。

  (A)热胀法　　　(B)冷配法　　　(C)压入法　　　(D)爆炸法

**61.** 剖分式滑动轴承常用定位销和轴瓦上的( 　　 )来止动。

  (A)凸台　　　(B)沟槽　　　(C)销、孔　　　(D)螺孔

**62.** 滑动轴承的主要特点之一是( 　　 )。

  (A)摩擦小　　　(B)效率高　　　(C)工作可靠　　　(D)装拆方便

**63.** 滑动轴承装配的主要要求之一是( 　　 )。

  (A)减少装配难度　　　　　　　　　(B)获得所需要的间隙

  (C)抗蚀性好　　　　　　　　　　　(D)获得一定速比

**64.** 液体静压轴承是用油泵把高压油送到轴承间隙里,( 　　 )形成油膜。

  (A)即可　　　(B)使得　　　(C)强制　　　(D)终于

**65.** 主要承受径向载荷的滚动轴承叫( 　　 )。

  (A)向心轴承　　　　　　　　　　　(B)推力轴承

  (C)向心、推力轴承　　　　　　　　(D)单列圆锥滚子轴承

**66.** 滚动轴承型号有( 　　 )数字。

  (A)5位　　　(B)6位　　　(C)7位　　　(D)8位

**67.** 通过改变轴承盖与壳体端面间垫片厚度 $\delta$ 来调整轴承的轴向游隙 $S$ 的方法叫( 　　 )法。

  (A)调整游隙　　　(B)调整垫片　　　(C)螺钉调整　　　(D)调整螺钉

**68.** 轴、轴上零件及两端轴承,支座的组合称( 　　 )。

  (A)轴组　　　(B)装配过程　　　(C)轴的配合　　　(D)轴的安装

**69.** 按工作过程的需要,定时向气缸内喷入一定数量的燃料,并使其良好雾化,与空气形成均匀可燃气体的装置叫( 　　 )。

  (A)供给系统　　　(B)调节系统　　　(C)冷却系统　　　(D)起动系统

**70.** 拆卸精度较高的零件,采用( 　　 )。

  (A)击拆法　　　(B)拉拔法　　　(C)破坏法　　　(D)温差法

**71.** 螺旋传动机械是将螺旋运动变换为( 　　 )。

  (A)两轴速垂直运动　　(B)直线运动　　　(C)螺旋运动　　　(D)曲线运动

**72.** ( 　　 )间隙直接影响丝杠螺母副的传动精度。

(A)轴向　　　　　　(B)法向　　　　　　(C)径向　　　　　　(D)齿顶

73. 钳工上岗时只允许穿(　　)。

(A)凉鞋　　　　　　(B)拖鞋　　　　　　(C)高跟鞋　　　　　　(D)工作鞋

74. 钻床开动后,操作中允许(　　)。

(A)用棉纱擦钻头　　(B)测量工作　　　　(C)手触钻头　　　　(D)钻孔

75. 电线穿过门窗及其他可燃材料应加套(　　)。

(A)塑料管　　　　　(B)磁管　　　　　　(C)油毡　　　　　　(D)纸筒

76. 钻床变速前应(　　)。

(A)停车　　　　　　(B)取下钻头　　　　(C)取下工件　　　　(D)断电

77. 工具摆放要(　　)。

(A)整齐　　　　　　(B)堆放　　　　　　(C)混放　　　　　　(D)随便

78. 使用电钻时应戴(　　)。

(A)线手套　　　　　(B)帆布手套　　　　(C)橡皮手套　　　　(D)棉手套

79. 工作完毕后,所用过的工具要(　　)。

(A)检修　　　　　　(B)堆放　　　　　　(C)清理、涂油　　　(D)交接

80. 熔断器的作用是(　　)。

(A)保护电路　　　　(B)接道、断开电源　(C)变压　　　　　　(D)控制电流

**二、判断题**(第 81－100 题。将判断结果填入括号中。正确的填"√",错误的填"×"。每题 1 分。满分 20 分)

81. 带传动是依靠作为中间挠性件的带和带轮之间的摩擦力来传动的。　　　　(　　)

82. 液压传动具有传递能力大,传动平稳,动作灵敏容易实现无级变速过载保护,便于实现标准化、系列化和自动化等特点。　　　　　　　　　　　　　　　　　　　　　　(　　)

83. 刀具耐热性是指金属切削过程中产生剧烈摩擦的性能。　　　　　　　　　(　　)

84. 粗加工磨钝标准是按正常磨损阶段终了时的磨损值来制订的。　　　　　　(　　)

85. 钻床可采用 220 V 照明灯具。　　　　　　　　　　　　　　　　　　　(　　)

86. 淬火后的钢,回火温度越高,其强度和硬度也越高。　　　　　　　　　　(　　)

87. 选择锉刀尺寸规格,取决于加工余量的大小。　　　　　　　　　　　　　(　　)

88. 平面刮刀淬火后,在砂轮上刃磨时,必须注意冷却防止退火。　　　　　　(　　)

89. 煤油、汽油、工业甘油均可作研磨液。　　　　　　　　　　　　　　　　(　　)

90. 立式钻床的主要部件包括主轴变速箱、进给变速箱、主轴和进给手柄。　　(　　)

91. 锉配键是键磨损常采取的修理办法。　　　　　　　　　　　　　　　　　(　　)

92. 当过盈量及配合尺寸较大时,常采用压入法装配。　　　　　　　　　　　(　　)

93. 当带轮孔增大必须镶套,套与轴为螺纹连接套与带轮常用加骑缝螺钉方法固定。(　　)

94. 轮齿的接触斑点应用涂色法检查。　　　　　　　　　　　　　　　　　　(　　)

95. 蜗杆的轴心线应在蜗轮轮齿的对称中心平面内。　　　　　　　　　　　　(　　)

96. 联轴器的任务是传递扭矩,有时可作定位作用。　　　　　　　　　　　　(　　)

97. 离合器的装配技术要求之一是能够传递足够的扭矩。　　　　　　　　　　(　　)

98. 相同精度的前后滚动轴承采用定向装配时,其主轴的径向跳动量不变。　　(　　)

99. 液压系统产生故障之一爬行原因是空气混入液压系统。　　　　　　　　　(　　)

100. 工业企业在计划期内生产的符合质量的工业产品的实物量叫产品质量。　(　　)

# 高级钳工知识考核模拟试卷

**一、填空题**(请将正确的答案填在横线空白处;每空 1 分,共 20 分)

1. 曲柄压力机中的曲柄连杆机构,不但能使＿＿运动转变成＿＿运动还能起到力的＿＿作用。

2. 定位元件的作用是使工件相对于＿＿和＿＿获得正确的加工位置。

3. 夹具装配精度,主要是由各个＿＿配合面之间的位置精度组成的,其中也包括两个配合面的＿＿的大小和＿＿的分布。

4. 在很多场合,测量精度主要取决于所采用量具和量仪的＿＿,所选择的量具和量仪必须与夹具的＿＿相适应。

5. 弯曲模的间隙如过小,将使制件的边部＿＿,弯曲力＿＿,间隙如过大,制件弯曲后将产生较大的＿＿。

6. 大型工件划线时,为了调整方便,一般都采用＿＿。

7. 研磨量块时,量块应在整个平板表面运动,使平板各部＿＿,以保证平板工作面的准确性。研磨时应采用＿＿的往复运动,而且纹路方向要平行于量块的＿＿。

8. 测量冲裁件尺寸时,应测量其＿＿的尺寸,落料件量其＿＿,冲孔件量其＿＿。

**二、判断题**(下列判断正确的请打"√",错误的打"×";每题 2 分,共 30 分)

1. 曲轴式冲床和偏心式冲床的主要区别之一是曲轴式冲床的滑块行程较大。　　　（　　）

2. 在夹具中用一个平面对工件的平面进行定位时,可限制工件的三个自由度。　　（　　）

3. 合像水平仪是用来测量水平位置或垂直位置微小转角的角值测量仪。　　　　（　　）

4. 万能工具显微镜能精确测量螺纹的各要素和形状复杂工件的轮廓形状。　　　（　　）

5. 同一种材料,在落料和冲孔两道工序中,为了得到相同的光亮带厚度,间隙必须一致。

　　　　　　　　　　　　　　　　　　　　　　　　　　　　　　　　　（　　）

6. 在弯曲工序中,因为有弹性变形的存在,所以回弹是绝对不可避免的。　　　　（　　）

7. 采用补偿法装配夹具,可以使装配链中各组成环元件的制造公差适当放大,便于加工制造。

　　　　　　　　　　　　　　　　　　　　　　　　　　　　　　　　　（　　）

8. 冷冲模常用的顶件装置有刚性顶件装置和弹性顶件装置。　　　　　　　　　（　　）

9. 对于特大型工件,可用拉线与吊线法来划线,它只需经过一次吊装、找正,就能完成工件三个位置的划线工作,避免了多次翻转工件的困难。　　　　　　　　　　　　（　　）

10. 湿研的优点是研磨效率高,量块表面色泽光亮如镜,所以量块的超精研磨一般采用湿研方式。　　　　　　　　　　　　　　　　　　　　　　　　　　　　　　　　（　　）

11. 在电火花加工中,提高脉冲频率会降低生产率。　　　　　　　　　　　　　（　　）

12. 线切割机床中加在电极丝与工件间隙上的电压是稳定的。　　　　　　　　　（　　）

13. 碳钢焊条一般按焊缝与母材等强度的原则来选用。　　　　　　　　　　　　（　　）

14. 气焊、气割时,氧气的消耗量比乙炔大。　　　　　　　　　　　　　　　　（　　）

15. 拉深件拉深高度太大的原因,可能是凸模圆角半径太小。　　　　　　　　　（　　）

**三、单项选择题**(下列每题的选项中,只有 1 个是正确的,请将其代号填在横线空白处;每题 2 分,共 30 分)

1. 摩擦压力机是利用＿＿来增力和改变运动形式的。

A. 曲柄连杆机构　　　　　　　B. 齿轮机构　　　　　　　C. 螺旋传动机构

2. 既能起定位作用,又能起增大定位刚性作用的支承,就是____。

A. 辅助支承　　　　　　　　　B. 基本支承　　　　　　　C. 可调支承

3. 钻套在钻夹具中用来引导刀具对工件进行加工,以保证被加工孔位置的准确性,因此它是一种(　　)。

A. 定位元件　　　　　　　　　B. 引导元件　　　　　　　C. 夹紧元件

D. 分度定位元件

4. 使用齿轮基节仪测量齿轮基节时,至少在齿轮相隔____位置,对轮齿的左右两侧齿面进行测量。

A. 60°　　　　　　　　　　　　B. 180°　　　　　　　　　C. 120°

5. 精密的光学量仪在____进行测量、储藏。

A. 室温下　　　　　　　　　　B. 恒温室内　　　　　　　C. 车间内

6. 板料弯曲时,由于中性层两侧的应变方向相反,当压弯的载荷卸去后,中性层两侧的弹性回复称为____。

A. 变形　　　　　　　　　　　B. 同弹　　　　　　　　　C. 压弯

7. 精密夹具常用的装配方法是____。

A. 完全互换法　　　　　　　　B. 补偿装配法　　　　　　C. 选择装配法

8. 用环氧树脂固定模具零件时,由于室温固化,不需要加热或只用红外线灯局部照射,故零件____。

A. 不会发生变形　　　　　　　B. 只需稍加预热　　　　　C. 必须附加压力

9. 级进冲裁模装配时,应先将拼块凹模装入下模座后,再以____为定位安装凸模。

A. 下模座　　　　　　　　　　B. 上模座　　　　　　　　C. 凹模

10. 大型工件划线时,应尽量选定精度要求较高的面或主要加工面作为第一划线位置,主要是____。

A. 为了减少划线的尺寸误差和简化划线过程

B. 为了保证它们有足够的加工余量,经加工后便于达到设计要求

C. 便于全面了解和校正,并能划出大部分加工线

11. 手工研磨量块时,量块应在整个平板表面运动,使平板各部分磨损均匀,以保持平板工作面的准确性。同时应采用直线式的往复运动,而且纹路方向要____于量块的长边。

A. 平行　　　　　　　　　　　B. 垂直　　　　　　　　　C. 交叉

12. 在电火花加工中,____电极在加工过程中相对稳定,生产率高,损耗小,但机加工性能差,磨削加工困难,价格较贵。

A. 黄铜　　　　　　　　　　　B. 纯铜　　　　　　　　　C. 铸铁

13. 应力集中较小的焊接接头是____。

A. 搭接接头　　　　　　　　　B. T形接头　　　　　　　C. 角接接头

D. 对接接头

14. 焊接过程中需要焊工调节的参数是____。

A. 焊接电源　　　　　　　　　B. 药皮类型　　　　　　　C. 焊接电流

D. 焊接位置

15. 拉深模试冲时,冲压件起皱的原因之一是____。

A. 拉深间隙太大　　　　　B. 凹模圆角半径太小　　　C. 板料太厚

D. 毛坯尺寸太小

**四、简答题**(每题 4 分,共 20 分)

1. 光学分度头有何优点?

2. 冲裁间隙的大小对模具的寿命有何影响?

3. 冷冲模装配后为什么要试冲?

4. 试述电火花加工中工作液的主要作用。

5. 拉深模工作时,造成冲压件表面拉毛的原因是什么? 应怎样进行调整?

# 技师工具钳工知识考核模拟试卷(一)

**一、填空题**(请将正确的答案填在横线空白处;每空 0.5 分,共 10 分)

1. 作业环境安全方面的检查可划分为三大类:作业环境____、作业环境____和作业环境____。

2. 采用机械加工的方法,直接改变毛坯的形状、尺寸和表面质量使其成为零件的过程,称为____。

3. 试模时,对注射压力、注射时间、注射温度的调整顺序为:先选择较低的____、较低的____和较长的____进行注射成型;如果制件充不满,再提高____。

4. 一般注射机有高速注射和低速注射两种速度。在成型薄壁、大面积制件时,采用____;对厚壁、小面积的制件则采用____。

5. 气压传动系统由____、____、____和____组成。

6. 常用的节流调速回路有____节流调速和____节流调速两种回路。

7. 模具 CAD/CAM 系统的作用主要体现在两个方面,一是用____代替了人的手工劳动,二是利用____和____技术实现了生产的集成化。

**二、判断题**(下列判断正确的请打"√",错误的打"×";每题 1.5 分,共 30 分)。

1. 在大批量生产中,工时定额根据经验估定。 (　　)

2. 结构工艺性是指所设计的零件能满足使用要求。 (　　)

3. 热处理工序主要用来改善材料的力学性能和消除内应力。 (　　)

4. 在冲裁时,材料越硬,间隙取值越大;材料越软,间隙取值越小。 (　　)

5. 划线时,千斤顶主要用来支承半成品工件或形状规则的工件。 (　　)

6. 喷吸钻适用于中等直径深孔的加工。 (　　)

7. 热塑性制件有时尺寸不稳定是由于模具强度不良、精度不良造成的,与注塑机及注塑工艺无关。 (　　)

8. 热固性制件色泽不匀、变色,是由于塑粉质量不佳或成型条件不良造成硬化不良或颜料分解变色。 (　　)

9. 气压传动节能、高效,适用于集中供气和近距离输送。 (　　)

10. 闭锁回路属方向控制回路,可采用滑阀机能为中间封闭或 PO 连接的换向阀来实现。
(　　)

11. 为提高进油节流调速回路的运动平稳性,可在同油路上串联一个换装硬弹簧的单向阀。
(　　)

12. 采用减压回路,可获得比系统压力低的稳定压力。 (　　)

13. 企业应在每年年初开始编制年度安全技术措施计划。 (　　)

14. 员工在厂区内因运输工具的问题而造成的伤亡属于非因工伤亡。 (　　)

15. CAD/CAM 系统所用的加工设备一般都是自动化程度高、精度高的设备。 (　　)

16. 简易模具通常采用低熔点合金、铝合金、锌基合金、铍铜合金以及各类高分子材料来制作。 (　　)

17. 驱动装置是数控机床的控制核心。 (　　)

18. 数控机床 G00 功能是以机床设定的最大运动速度定位到目标点。 (　　)

19. 在程序中，*X*、*Z* 表示绝对坐标值地址，*U*、*W* 表示相对坐标值地址。 （　　）

20. 刀具位置偏置补偿可分为刀具形状补偿和刀具磨损补偿两种。 （　　）

**三、单项选择题**（下列每题的选项中，只有 1 个是正确的，请将其代号填在横线空白处；每题 2 分，共 30 分）

1. 规定产品或零部件制造工艺过程和操作方法等的工艺文件称为＿＿＿。

A. 工艺规程 　　　　B. 工艺系统 　　　　C. 生产计划 　　　　D. 生产纲领

2. 三坐标测量机＿＿＿阿贝误差。

A. 不存在 　　　　B. 无法根本消除 　　　　C. 可补偿完全消除

3. 能够保证在冲裁过程中凸模和凹模之间间隙均匀、模具各部分保持良好运动状态的结构零件是＿＿＿。

A. 定位零件 　　　　B. 导向零件 　　　　C. 固定零件

4. 冲裁模合理间隙的选择原则之一是当冲裁件的断面质量要求很高时，在间隙允许的范围内采用＿＿＿。

A. 较大的间隙 　　　　B. 较小的间隙 　　　　C. 允许间隙的中间值

5. 卸荷回路＿＿＿。

A. 可节省动力消耗，减少系统发热，延长液压泵寿命

B. 可使液压系统获得较低的工作压力

C. 不能用换向阀实现卸荷

D. 只能用滑阀机能为中间开启型的换向阀实现

6. 卸荷回路属于＿＿＿。

A. 方向控制回路 　　B. 压力控制回路 　　C. 速度控制回路 　　D. 顺序动作回路

7. 在定量泵液压系统中，若溢流阀调定的压力为 $35×10^5$ Pa，则系统中的减压阀可调定的压力范围为＿＿＿ Pa。

A. $0～35×10^5$ 　　B. $5×10^5～35×10^5$ 　　C. $0～30×10^5$ 　　D. $5×10^5～30×10^5$

8. 在一般情况下，对注塑模的维修只需＿＿＿。

A. 局部修复 　　　　B. 整体修复 　　　　C. 全部更换

9. ＿＿＿属于易燃和可燃的固体。

A. 硝基苯 　　　　B. 一氧化碳 　　　　C. 硫黄

10. 数控机床的主要机械部件被称为＿＿＿，它包括底座、床身、主轴箱、进给机构等。

A. 主机 　　　　B. 数控装置 　　　　C. 驱动装置

11. TND360 型数控车床为＿＿＿轮廓控制的卧式数控车床。

A. 两坐标 　　　　B. 三坐标 　　　　C. 四坐标

12. 一般数控车床的数控装置都是＿＿＿，就是利用刀具相对于工件运动的轨迹进行控制的系统。

A. 轮廓控制系统 　　B. 点位直线控制系统 　　C. 点位控制系统

13. 数控机床的标准坐标系为＿＿＿。

A. 机床坐标系 　　　B. 工件坐标系 　　　C. 右手直角笛卡儿坐标系

14. 程序段"G04 X3;"表示执行暂停＿＿＿ s 时间。

A. 0.3 　　　　B. 3 　　　　C. 30

15. 在下列辅助功能指令中，＿＿＿是无条件程序暂停指令。

A. M00            B. M01            C. M02

## 四、简答题(每题4分,共24分)

1. 零件加工要划分加工阶段的原因是什么?

2. 在进行冲裁件的结构工艺性设计时应注意哪些问题?

3. 畸形工件划线有哪些工艺要点?

4. 简述枪钻切削部分的特点。

5. 处理生产事故的内容包括哪些?

6. 什么是快速经济制模技术?有哪些应用?

## 五、计算题(6分)

如图卷-1所示,材料为Q235,料厚1 mm,采用分开加工制造模具,计算凸、凹模刃口部分尺寸及公差。

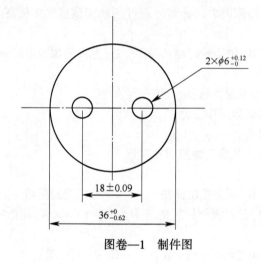

$2 \times \phi 6^{+0.12}_{-0}$

$18 \pm 0.09$

$36^{+0}_{-0.62}$

图卷—1　制件图

# 技师工具钳工知识考核模拟试卷(二)

**一、填空题**(请将正确的答案填在横线空白处;每空 0.5 分,共 10 分)

1. 劳动安全卫生能有效地防止和减少____,避免和降低____,保证职工在劳动过程中的____和____。

2. 扁钻有____扁钻和____扁钻两种。

3. 将原材料转变为成品的所有劳动过程,称为____。

4. 试模时,对注射压力、注射时间、注射温度的调整顺序为:先选择较低的____、较低的____和较长的____进行注射成型;如果制件充不满,再提高____。

5. 按选用的控制元件类型,气动系统可分为____系统、____系统、____或____系统。

6. 当型腔面的局部因意外事故或其他原因造成损坏时,在采用焊补、镶件法修理又不适宜的情况下,可以采用____法或____法来修复型腔。

7. 提高冷作模具钢的使用性能目前有两种发展途径:一种是以降低含碳量和____含量,提高钢中____分布均匀度,从而提高模具的韧性,改善其使用性能;另一种是通过提高材料的____来改进模具的使用性能。

**二、判断题**(下列判断正确的请打"√",错误的打"×";每题 1.5 分,共 30 分)

1. 在单件小批量生产时,应尽量选用通用的机床和工具、夹具、量具,以缩短生产准备时间和减少费用。                                    (    )

2. 结构工艺性是指所设计的零件能满足使用要求。            (    )

3. 要提高装配精度,必须提高零件的加工精度。              (    )

4. 在一定的范围内,间隙越大,模具的寿命越高。            (    )

5. 三坐标测量系统符合阿贝原则,故其测量精度高。          (    )

6. 可转位浅孔钻适合在车床上加工中等直径的浅孔,也能用于钻孔、镗孔和车端面。(    )

7. 热塑性制件的熔接痕是由于融料分流汇合时料温下降、树脂与附和物不相溶等原因,使融料分流汇合时熔接不良造成的,它只是在表面产生明显的细接缝线。              (    )

8. 热固性制件有起泡现象是由于成型时产生气体造成的,与排气状况无关。    (    )

9. 气压传动不适合在易燃、易爆、潮湿、多尘、强磁、振动、辐射等恶劣条件下工作。(    )

10. 进油节流调速回路与回油节流调速回路具有相同的调速特点。        (    )

11. 容积调速回路中的溢流阀起安全保护作用。              (    )

12. 事故发生以后,现场的物品应保持原状,不得冲洗,以便物证的收集。    (    )

13. 安全技术措施主要针对的是车间的生产活动,由各车间讨论后制定即可,不需涉及企业管理层。                                    (    )

14. 在冲裁模中,凸模、凹模、固定板和卸料板等基本上都是二维半零件,一般采用数控线切割加工。所以,对于冲裁模 CAD/CAM 系统,CAM 主要考虑工作零件的线切割自动编程及其工艺的实现。                                  (    )

15. 冷作模具钢的主要性能是在工作温度下具有较高的强度和韧性、抗氧化性、耐蚀性、高温硬度、耐磨性及抗冷热疲劳性。                        (    )

16. 快速经济制模技术非常适合于新产品开发、样品的试制、工艺验证或大批量生产的需要。                                    (    )

17. 数控装置是数控机床的控制系统,它采集和控制着机床所有的运动状态和运动量。

　　　　　　　　　　　　　　　　　　　　　　　　　　　　　　　　　　( )

18. 数控机床 G02 功能是逆时针圆弧插补,G03 功能是顺时针圆弧插补。　　( )

19. 在程序中,F 只能表示进给速度。　　　　　　　　　　　　　　　　　　( )

20. 刀具形状补偿是对刀具形状及刀具安装的补偿。　　　　　　　　　　　( )

**三、单项选择题**(下列每题的选项中,只有 1 个是正确的,请将其代号填在横线空白处;每题 2 分,共 30 分)

1. 在工艺过程卡片或工艺 1 片的基础上,按每道工序所编制的一种工艺文件,称为机械加工____。

　　A. 工艺卡片　　　　　B. 工序卡片　　　　　C. 工艺过程卡片　　　　　D. 调整卡片

2. 在三坐标测量机上,直接实现对工件进行测量的部件是____,它直接影响三坐标测量机测量的精度、操作的自动化程度和检测效率。

　　A. 工作台　　　　　B. 导轨　　　　　C. 测头

3. 在冲压过程中,确定材料或工件在冲模中正确位置的零件是____。

　　A. 定位零件　　　　　B. 导向零件　　　　　C. 固定零件

4. 间隙对冲裁工作的影响是,当间隙大或较大时,冲裁力____。

　　A. 增大　　　　　B. 减小　　　　　C. 适中

5. 液控单向阀的闭锁回路比用滑阀机能为中间封闭或 *PO* 连接的换向阀闭锁回路的锁紧效果好,其原因是____。

　　A. 液控单向阀结构简单

　　B. R 液控单向阀具有良好的封闭性

　　C. 换向阀闭锁回路结构复杂

　　D. 液控单向阀闭锁回路锁紧时,液压泵可以卸荷

6. 增压回路的增压比等于____。

　　A. 大、小两液压缸直径之比

　　B. 大、小两液压缸直径之反比

　　C. 大、小两活塞有效作用面积之比

　　D. 大、小两活塞有效作用面积之反比

7. 容积、节流复合调速回路____。

　　A. 主要由定量泵与调速阀组成

　　B. 工作稳定,效率较高

　　C. 运动平稳性比节流调速回路差

　　D. 在较低速度下工作时运动不够稳定

8. 为了使工作机构在任意位置可靠地停留,且在停留时其工作机构在受力的情况下不发生位移,应采用____。

　　A. 背压回路　　　　　B. 平衡回路　　　　　C. 闭锁回路

9. ____属于爆炸性物品。

　　A. 沥青　　　　　B. 硝化甘油　　　　　C. 酒精

10. 数控机床执行机构的驱动部件为____,它包括主轴电动机、进给伺服电动机等。

　　A. 主机　　　　　B. 数控装置　　　　　C. 驱动装置

11. TND360 型数控车床的回转刀架具有____个工位。

A. 四　　　　　　　B. 八　　　　　　　C. 十

12. 半闭环系统一般利用装在电动机上或丝杠上的____获得反馈量。

A. 光栅　　　　　　B. 光电脉冲圆编码器　C. 感应开关

13. 在数控机床中____坐标是由传递切削动力的主轴所确定。

A. $X$ 轴　　　　　　B. $Y$ 轴　　　　　　C. $Z$ 轴

14. 在加工中心上选择工件坐标系,可使用____指令。

A. G50　　　　　　B. G53　　　　　　C. G54

15. 在下列辅助功能指令中,____表示主轴正转指令。

A. M03　　　　　　B. M04　　　　　　C. M05

## 四、简答题(每题 4 分,共 24 分)

1. 简述机械加工工艺规程的作用。

2. 试说明冲裁间隙对模具寿命的影响。

3. 试分析热固性制件出现表面斑点的原因。

4. 简述气压传动的优缺点。

5. 制定安全技术措施时要做哪些工作?

6. 模具 CAD/CAM 系统有何作用及功能?

## 五、计算题(6 分)

某铸件箱体的主轴孔设计要求为 $\phi180J6\left(^{+0.018}_{-0.007}\right)$,在成批生产中加工顺序为:粗镗—半精镗—精镗浮动镗,其各工序的加工余量和相应所达到的公差等级见表卷-1。试查阅有关手册,计算出各工序的基本尺寸和各工序尺寸及其偏差,填入表中。

表 卷-1　　　　　　　　　　　　　　　　　　mm

| 工序名称 | 工序余量 | 工序所能达到的公差等级 | 工序基本尺寸 | 工序尺寸及其偏差 |
|---|---|---|---|---|
| 浮动镗孔 | 0.2 | IT6 | | |
| 精镗孔 | 0.6 | IT7 | | |
| 半精镗孔 | 3.2 | IT9 | | |
| 粗镗孔 | 6 | IT11 | | |
| 毛坯孔 | 10 | IT16 | | |

# 中级钳工知识试卷(一)标准答案与评分标准

## 一、选择题

评分标准:各小题答对给1分;答错或漏答小给分,

| | | | | | | | | | |
|---|---|---|---|---|---|---|---|---|---|
| 1. A | 2. B | 3. B | 4. C | 5. B | 6. A | 7. B | 8. A | 9. D | 10. A |
| 11. A | 12. A | 13. D | 14. B | 15. B | 16. D | 17. A | 18. D | 19. C | 20. B |
| 21. A | 22. B | 23. A | 24. B | 25. B | 26. A | 27. C | 28. C | 29. C | 30. C |
| 31. C | 32. B | 33. C | 34. B | 35. A | 36. A | 37. A | 38. A | 39. B | 40. C |
| 41. D | 42. C | 43. D | 44. D | 45. D | 46. B | 47. D | 48. D | 49. C | 50. C |
| 51. A | 52. D | 53. D | 54. A | 55. B | 56. C | 57. D | 58. B | 59. D | 60. C |
| 61. A | 62. C | 63. B | 64. C | 65. A | 66. C | 67. B | 68. A | 69. A | 70. B |
| 71. B | 72. A | 73. D | 74. C | 75. D | 76. A | 77. D | 78. D | 79. C | 80. A |

## 二、判断题

评分标准: 各小题答对给1分;答错或漏答不给分,也不扣分。

| | | | | | | | | |
|---|---|---|---|---|---|---|---|---|
| 81. √ | 82. √ | 83. × | 84. √ | 85. × | 86. × | 87. × | 88. √ | 89. √ |
| 90. √ | 91. × | 92. × | 93. × | 94. √ | 95. √ | 96. × | 97. √ | 98. × |
| 99. √ | 100. × | | | | | | | |

# 中级钳工知识试卷(二)标准答案与评分标准

## 一、选择题

评分标准: 各小题答对给1分;答错或漏答不给分,也不扣分。

| | | | | | | | | | |
|---|---|---|---|---|---|---|---|---|---|
| 1. A | 2. D | 3. D | 4. A | 5. C | 6. B | 7. B | 8. C | 9. C | 10. B |
| 11. B | 12. B | 13. B | 14. B | 15. B | 16. A | 17. B | 18. C | 19. B | 20. B |
| 21. C | 22. A | 23. B | 24. B | 25. A | 26. A | 27. A | 28. B | 29. A | 30. C |
| 31. A | 32. A | 33. D | 34. A | 35. A | 36. A | 37. C | 38. A | 39. B | 40. C |
| 41. A | 42. C | 43. A | 44. C | 45. A | 46. A | 47. D | 48. C | 49. D | 50. C |
| 51. A | 52. A | 53. B | 54. A | 55. C | 56. C | 57. D | 58. C | 59. C | 60. C |
| 61. C | 62. C | 63. C | 64. C | 65. C | 66. C | 67. C | 68. C | 69. C | 70. C |
| 71. B | 72. B | 73. C | 74. B | 75. C | 76. C | 77. D | 78. D | 79. D | 80. B |

## 二、判断题

评分标准: 各小题答对给1分;答错或漏答不给分,也不扣分。

| | | | | | | | | |
|---|---|---|---|---|---|---|---|---|
| 81. √ | 82. √ | 83. √ | 84. √ | 85. × | 86. √ | 87. √ | 88. √ | 89. × |
| 90. √ | 91. √ | 92. × | 93. × | 94. × | 95. × | 96. √ | 97. × | 98. √ |
| 99. × | 100. √ | | | | | | | |

# 高级钳工知识考核模拟试卷答案

## 一、填空题

1. 旋转　往复直线　放大　2. 机床　刀具　3. 相关元件　接触面积　接触点　4. 精确度　测量方法　5. 变薄　增大　回弹　6. 三点支承　7. 磨损均匀　直线式长边　8. 光亮带部分　最大尺寸　最小尺寸

## 二、判断题

1. √　2. √　3. √　4. √　5. ×　6. ×　7. √　8. √　9. √　10. ×
11. ×　12. ×　13. √　14. √　15. ×

## 三、单项选择题

1. C　2. C　3. B　4. C　5. B　6. B　7, B　8. A　9. C　10. B
11. A　12. B　13. D　14. C　15. A

## 四、简答题

1. 答:它是直接把刻度刻在与分度主轴连在一起的玻璃刻度盘上,通过目镜观察刻度的移动进行分度,从而避免了蜗轮副制造误差对测量结果的影响,所以具有较高的测量精度。

2. 答:过小的间隙对模具寿命不利,而大的间隙,由于凸模侧面与材料的摩擦力降低,减小了磨损,从而提高了模具寿命。

3. 答:试冲是模具制造中的最后一环,它对模具寿命的长短、冲制件种类的好坏、操作方便与否等都有密切关系。试冲的目的是可以暴露缺陷,及时修补和调整,同时也可以最后确定冲制件坯料尺寸。

4. 答:(1)保证电极间隙具有适当的绝缘电阻,使每个脉冲放电结束后迅速消除电离,恢复间隙的绝缘状态,以避免电弧放电现象。(2)压缩放电通道,使放电能量高度集中在极小的区域内,既加强了电蚀能力,又提高了加工精度。(3)使工具电极和工件表面迅速冷却。(4)利用工作液的强迫循环,及时排除电极间隙的电蚀产物。同时,工作液中放电时的高压冲击波有利于把电蚀产物从加工区域中排除。

5. 答:拉深模工作时,造成冲压件表面拉毛的主要原因是:(1)拉深间隙太小或不均匀;(2)凹模圆角不光洁;(3)模具或板料不清洁;(4)凹模硬度太低,板料有黏附现象;(5)润滑油质量太差。

可采取以下措施来调整:(1)修整拉深间隙;(2)修光凹模圆角;(3)清理模具及板料;(4)提高凹模硬度或减小表面粗糙度值,进行镀硬铬及氮化处理;(5)更换润滑油。

# 技师工具钳工知识考核模拟试卷(一)答案

## 一、填空题

1. 布设状况　条件　防护设施　2. 机械加工工艺过程　3. 注射压力　温度　时间　注射压力　4. 高速注射　低速注射　5. 能源装置　执行元件　气动控制元件　辅助元件　工作介质　6. 进油　回油　7. 计算机　数据共享　网络

## 二、判断题

1. ×　2. ×　3. √　4. √　5. ×　6. √　7. ×　8. √　9. ×　10. √
11. √　12. √　13. ×　14. ×　15. √　16. √　17. ×　18. √　19. √　20. √

## 三、单项选择题

1. A　2. B　3. B　4. B　5. A　6. B　7. D　8. A　9. C　10. A
11. A　12. A　13. C　14. B　15. A

## 四、简答题

1. 答:零件加工要划分加工阶段的原因如下:

(1)利于保证加工质量。

(2)便于合理使用设备。

(3)便于安排热处理工序和检验工序。

(4)便于及时发现毛坯缺陷以及避免损伤已加工表面。

2. 答:在进行冲裁件的结构工艺性设计时应注意以下问题:

(1)冲裁件的形状应力求简单、规则,使排样时废料最少。

(2)零件内、外形转角处避免尖角,如无特殊要求,应用 $R > 0.25t$($t$ 为料厚)的圆角过渡。

(3)零件外形需避免有过长或过窄的悬臂和凹槽。

(4)冲裁件上孔与孔之间、孔与零件边缘之间的距离不能过小,以免影响凹模强度和冲裁质量,其距离主要与孔的形状和料厚有关;弯曲件或拉深件上确定孔的位置时,应使孔壁位于两交接面圆角区之外的部位,以防冲孔时凸模因受不对称的侧压力作用而啃伤刃口或使小凸模折断。

(5)零件上冲孔的尺寸不宜过小,否则极易损坏冲孔凸模。冲孔的最小尺寸与孔的形状、材料种类和厚度、冲孔凸模工作时是否有导向装置有关。

3. 答:(1)划线的尺寸基准应与设计基准一致,否则会增加划线的尺寸误差和尺寸几何计算的复杂性,影响划线质量和效率。

(2)工件的安置基面应与设计基面一致,同时考虑到畸形工件的特点,划线时经常要借助于某些夹具或辅助工具来进行校正。

(3)正确借料。由于畸形工件的形状奇特、不规则,划线时更需要重视借料这一环节。

(4)合理选择支承点。划线时,畸形工件的重心位置一般很难确定,即使工件重心或工件与专用划线夹具的组合重心落在支承面内,也经常需加上相应的辅助支承以确保安全。

4. 答:枪钻切削部分的特点有:切削刃仅在轴线一侧,没有横刃,钻尖偏离轴心线距离为 $e$,外、内刃偏角为 $\kappa_{r1}$、$\kappa_{r2}$,其余偏角为 $\psi_{r1}$、$\psi_{r2}$。由于内刃切出的孔底有锥形凸台,加强了钻头的定心作用,同时由于内、外刃偏角与钻头偏距的配置合理,外、内刃切削时产生一个恰当的径向合力 $F_y$,与孔壁支承反力平衡,维持钻头工作稳定。内刃前面刃磨时应控制与钻头轴心线距离为 $H$,一般取 $H = (0.01 \sim 0.015)d$,钻削时能形成一个直径为 $2H$ 的芯柱,称导向芯柱,它也能起定心导向作用。由于导向芯柱直径很小,因此,它能自行折断并随切屑排出。

5. 答:(1)确定生产事故的性质。

(2)紧急处理生产事故。

(3)调查生产事故。

(4)分析生产事故。

(5)计算伤害率。

6. 答:快速经济制模技术就是指采用专门的制模材料,如低熔点含金、中熔点合金、锌合金、高分子树脂等,以铸造成型或压制成型等方法,取代传统的机械加工方法来制造模具的加工技术。该技术简化了模具的制造工艺,缩短了模具的制造周期,降低了模具的制造成本。其制模周期比同类钢模具缩短 70%~90%,制模成本降低 60%~80%。

快速经济制模技术非常适合于新产品开发、样品的试制、工艺验证或中、小批量生产的需要。例如采用 RPM 原型复制石膏模具、复制钒(或锌)合金注塑模具及复制硫化硅橡胶模具等。目前,我国将快速经济制模技术主要应用于汽车覆盖件的新产品试制和中、小批量生产中。

### 五、计算题

解:由图形可知,该制件为无特殊要求的一般冲孔料件。

(1)冲孔凸、凹模刃口尺寸计算。

$2 \times \phi 6$ mm 两小孔由冲孔同时得知。$Z_{min} = 0.10$ mm,$Z_{max} = 0.13$ mm,$\delta_p = 0.02$ mm,$\delta_d = 0.02$ mm,$x = 0.75$ mm.

因为 $0.02 + 0.02 > 0.13 - 0.10$,不能满足 $\delta_p + \delta_d \leqslant Z_{max} - Z_{min}$,故取:

$\delta_p = 0.4(Z_{max} - Z_{min}) = 0.4 \times 0.03 = 0.012$(mm)

$\delta_d = 0.6(Z_{max} - Z_{min}) = 0.6 \times 0.03 - 0.018$(mm)

所以:

$d_p = (d_{min} + x\Delta)_{-\delta_p}^{0} = (6 + 0.75 \times 0.12)_{-0.012}^{0} = 6.09_{-0.012}^{0}$(mm)

$d_d = (d_{min} + x\Delta + Z_{min})_{0}^{+\delta_d} = (6.09 + 0.10)_{0}^{+0.018} = 6.19_{0}^{+0.018}$(mm)

孔距尺寸:

$L_d = (L_{min} + 0.5\Delta) \pm 0.125\Delta$

$\quad = [(18 - 0.09) + 0.5 \times 0.18] \pm 0.125 \times 0.18 = 18 \pm 0.023$(mm)

(2)落料凸、凹模刃口尺寸计算

$\phi 36$ mm 外圆尺寸由落料得知。$Z_{min} = 0.10$,$Z_{max} = 0.13$,$\delta_p = 0.02$ mm,$\delta_d = 0.03$ mm,$x = 0.5$。

因为 $0.02 + 0.03 0.13 - 0.10$,不能满足 $\delta_p + \delta_d \leqslant Z_{max} - Z_{min}$,故取:

$\delta_p = 0.4(Z_{max} - Z_{min}) = 0.4 \times 0.03 = 0.012$(mm)

$\delta_d = 0.6(Z_{max} - Z_{min}) = 0.6 \times 0.03 - 0.018$(mm)

所以:

$D_d = (D_{max} - x\Delta)_{0}^{+\delta_d} = (36 - 0.5 \times 0.62)_{0}^{+0.018} = 35.69_{0}^{+0.018}$(mm)

$D_d = (D_{max} - x\Delta - Z_{min})_{-\delta_p}^{0} = (36.69 - 0.10)_{-0.012}^{0} = 35.69_{-0.012}^{0}$(mm)

# 技师工具钳工知识考核模拟试卷(二)答案

## 一、填空题

1. 伤亡事故　职业危害　安全　健康　　2. 整体式　装配式　　3. 生产过程　　4. 注射压力　温度　时间　注射压力　　5. 气阀控制　逻辑元件控制　射流元件控制　混合控制　　6. 挤胀　撑胀　　7. 合金元素　碳化物　耐磨性

## 二、判断题

1. √　　2. ×　　3. ×　　4. √　　5. ×　　6. √　　7. ×　　8. ×　　9. ×　　10. ×
11. √　　12. √　　13. √　　14. √　　15. ×　　16. ×　　17. √　　18. ×　　19. ×　　20. √

## 三、单项选择题

1. B　　2. C　　3. A　　4. B　　5. B　　6. C　　7. B　　8. C　　9. B　　10. C
11. B　　12. B　　13. C　　14. C　　15. A

## 四、简答题

1. 答:(1)工艺规程是组织和指导生产的主要技术文件。

(2)工艺规程是生产准备和计划调度的主要依据。

(3)工艺规程是新建或扩建工厂、车间的基本技术文件。

2. 答:间隙是影响模具寿命的各种因素中最主要的因素。冲裁过程中,凸模与被冲的孔之间、凹模与落料件之间均有摩擦,而且间隙越小,摩擦越严重。在实际生产中,模具受到制造误差和装配精度的限制,凸模不可能绝对垂直于凹模平面,而且间隙也不会绝对均匀分布。合理的间隙可使凸模、凹模侧面与材料间的摩擦减小,并减缓间隙不均匀的不利影响,从而提高模具的使用寿命。

3. 答:(1)制件内有外来杂质,尤其是油类物质。

(2)模具抛光不良,镀铬层不良。

(3)制件粘模。

(4)塑料中有大颗粒树脂,集中附在制件表面上。

(5)压模清理不好,表面不干净。

(6)脱模剂使用不当。

4. 答:

(1)气压传动之所以能够得到迅速发展和广泛被应用,是因为它具有如下优点:

①工作介质是空气,来源方便,取之不尽,用之不竭,使用后直接排入大气而无污染,不需要设置专门的回收装置。

②空气的黏度很小,所以流动时压力损失较小,节能、高效,适用于集中供气和远距离输送。

③动作迅速,反应快,调节方便,维护简单,系统有故障时容易排除。

④工作环境适应性好。特别适合在易燃、易爆、潮湿、多尘、强磁、振动、辐射等恶劣条件下工作,排气不污染环境,在食品、轻工、纺织、印刷、精密检测等场合中应用更具优势。

⑤成本低,具有过载保护功能。

(2)气压传动与其他传动相比,具有以下缺点:

①空气具有可压缩性,不易实现准确的速度控制和很高的定位精度,负载变化时对系统的稳定性影响较大。

②压缩空气的压力较低,所以一般用于输出力较小的场合。当负载小于 10 kN 时,采用气压传动较为适宜。

③排气噪声较大,高速排气时应加消声器,以降低排气噪声。

5. 答:(1)设计安全技术措施的内容。

(2)布置车间任务。

(3)制定具体措施计划。

(4)综合整理措施计划。

(5)召开安全生产会议。

(6)下达安全技术措施计划。

6. 答:

(1)模具 CAD/CAM 系统的主要作用:

①用计算机代替了人的手工劳动,使模具的设计与制造不仅速度快、准确性高,而且质量好、综合性强。

②利用数据共享和网络技术实现了生产的集成化,这不仅提高了生产率,缩短了设计、制造周期,而且大幅度地降低了成本。

(2)模具 CAD/CAM 基本功能:

①具有三维图形绘制及处理功能。

②具有数据分析与处理功能。

③具有数控加工自动编程及实时控制功能。

## 五、计算题

解:将计算得到的各工序基本尺寸和各工序尺寸及其偏差填入表内,见表卷-2。

表 卷-2          mm

| 工序名称 | 工序余量 | 工序所能达到的公差等级 | 工序基本尺寸 | 工序尺寸及其偏差 |
|---|---|---|---|---|
| 浮动镗孔 | | | 180 | $180^{+0.018}_{-0.007}$ |
| 精镗孔 | | | $180-0.2=179.8$ | $179.8^{+0.040}_{0}$ |
| 半精镗孔 | | | $179.8-0.6=179.2$ | $179.2^{+0.100}_{0}$ |
| 粗镗孔 | | | $179.2-3.2=176$ | $176^{+0.250}_{0}$ |
| 毛坯孔 | | | $176-6=170$ | $170^{+1}_{-1.5}$ |

# 参 考 文 献

[1] 韩树明,成建群. 机械拆装技能实训[M]. 北京:外语教学与研究出版社,2015.

[2] 劳动和社会保障部教材办公室. 钳工工艺与技能训练[M]. 北京:中国劳动社会保障出版社,2001.

[3] 陈智刚,唐健均. 使用手动工具的零件加工[M]. 苏州:苏州大学出版社,2013.

[4] 张华. 模具钳工工艺与技能训练[M]. 北京:机械工业出版社,2004.

[5] 孙晓华,草洪利. 装配钳工工艺与实训[M]. 北京:机械工业出版社,2013.

[6] 劳动和社会保障部教材办公室. 工具钳工(高级)[M]. 北京:中国劳动社会保障出版社,2007.

[7] 葛金印,朱仁盛. 机械常识[M]. 北京:高等教育出版社,2010.

[8] 胡胜. 机械制图[M]. 北京:机械工业出版社,2013.

[9] 王曦,王德洪,金米玲. 钳工技能实训[M]. 北京:人民邮电出版社,2009.

[10] 郑爱权,倪红海. 钳工技能实训[M]. 北京:外语教学与研究出版社,2015.

[11] 【西德】阿尔诅尼狄克等. 机械工人基础知识[M]. 北京:机械工业出版社,1981.

[12] 劳动和社会保障部教材办公室. 工具钳工(中级)[M]. 北京:中国劳动社会保障出版社,2007.

[13] 黄涛勋. 钳工(高级)[M]. 北京:机械工业出版社,2006.

[14] 劳动和社会保障部教材办公室. 工具钳工(技师 高级技师)[M]. 北京:中国劳动社会保障出版社,2007.

[15] 崔陵,娄海滨. 零件测量与质量控制技术[M]. 2版. 北京:高等教育出版社,2014.

[16] 人力资源和社会保障部教材办公室. 金属材料与热处理[M]. 6版. 北京:中国劳动社会保障出版社,2011.

[17] 劳动和社会保障部教材办公室. 钳工技术[M]. 北京:中国劳动社会保障出版社,2000.